覆土罐成品油库总承包施工技术

中建三局第二建设工程有限责任公司　主编

中国建筑工业出版社

图书在版编目（CIP）数据

覆土罐成品油库总承包施工技术／中建三局第二建
设工程有限责任公司主编．— 北京：中国建筑工业出版
社，2021.1
ISBN 978-7-112-25866-6

Ⅰ. ①覆… Ⅱ. ①中… Ⅲ. ①地下油库-建筑施工
Ⅳ. ①TU94

中国版本图书馆 CIP 数据核字（2021）第 024859 号

本书结合最近五年在大型覆土罐油罐新建及扩建工程建设经验，分 5 章对不同地区的工程施工组织管理经验进行总结，对不同地形地质情况下的土石方挖填及边坡支护施工技术进行介绍，特别对钢筋混凝土覆土罐和钢制储油内罐的施工工艺进行了创新。内容主要包括：施工部署及总承包管理、地基处理施工技术、结构施工技术、钢制内罐及工艺管道施工技术、项目施工经验总结及改进。本书适合特种装备总承包施工、管理人员参考使用，也可供投资建设方、EPC 总承包商等参考借鉴。

责任编辑：万　李　范业庶
责任校对：张　颖

覆土罐成品油库总承包施工技术
中建三局第二建设工程有限责任公司　主编

*

中国建筑工业出版社出版、发行（北京海淀三里河路 9 号）
各地新华书店、建筑书店经销
北京鸿文瀚海文化传媒有限公司制版
北京建筑工业印刷厂印刷

*

开本：787 毫米×1092 毫米　1/16　印张：15½　字数：386 千字
2021 年 9 月第一版　2021 年 9 月第一次印刷
定价：**56.00** 元
ISBN 978-7-112-25866-6
（37123）

《覆土罐成品油库总承包施工技术》
编 委 会

顾　　问	陈卫国
主　　任	张　琨
副 主 任	樊涛生　刘自信
委　　员	刘　波　范先国　郑承红　傅学军　屠孝军
	邹战前　李辉进　徐国政　蒋保胜　吴利恒
	饶　淇
主　　编	唐碧波
副 主 编	胡远航　姚建忠　周智鹏　金壹泽　黄开良
编写人员	王泽健　孟　伟　刘　超　杨清林　陈　明
	杨雄伟　李　科　仲响召　乔建喜　李　睿
	彭正庄　宋大帅　梁贵登　杨玉才　赵　飞
	胡　磊　王肖雄　韩　松　陈　杰　刘新春
	王一林　林　格　王开宇　郑兴平　俞　锋
	杨锦文　石江波　李江华　孙雪梅

中建三局第二建设工程有限责任公司简介

中建三局第二建设工程有限责任公司（以下简称"公司"）是世界 500 强中国建筑股份有限公司的重要骨干企业之一。成立于 1954 年，注册资本金人民币 10 亿元，现年营业收入 403 亿元，固定资产净值 8.7 亿元。

公司现有建筑工程施工总承包特级资质、市政公用工程施工总承包特级资质；机电工程施工总承包壹级资质；钢结构工程、地基基础工程、消防设施工程、防水防腐保温工程、建筑装修装饰工程、建筑机电安装工程、建筑幕墙工程及环保工程八大专业承包壹级资质；电力工程和石油化工工程施工总承包贰级资质；桥梁工程及隧道工程专业承包贰级资质；模板脚手架专业承包资质（不分等级）；市政行业、建筑行业（建筑工程、人防工程）甲级设计资质，拥有完整的资质体系。

公司现有员工 1 万余人，其中中级技术职称人员 743 人，教授级高级工程师及高级职称 570 人。国家一级注册建造师 731 人，其中全国优秀项目经理 79 人。

公司坚持"投资＋建造"两轮驱动，以"房建＋基础设施＋海外"为三驾马车，实现业务板块协调发展。立足房建主业稳定发展，注重履约品质；加速转型发展，积极推进基础设施与海外业务；强化管理升级，推进"两化"融合，力争实现"三局支柱、中建先锋、行业标杆"企业的奋斗目标，建设"发展品质优、价值创造强、品牌形象佳、社会尊重、员工幸福"的百年名企。在超高层建筑施工、复杂空间钢结构建筑安装、工业建筑精准施工、机电高品质建造等方面达到国内和国际先进水平；在现代民用及工业建筑总承包建造、特大型桥梁建造、生态修复及环境治理施工、智慧社区及绿色建造等方面具有独特优势。

公司目前有 51 项工程荣获鲁班奖（国家优质工程奖）；8 项工程获评詹天佑奖；6 项工程获评全国绿色施工示范工程，17 项工程立项为全国绿色施工示范工程；获国家级科学技术奖 1 项，获国家专利 435 项。企业荣获"全国五一劳动奖状""中国建筑成长性百强企业""全国守合同重信用企业""湖北省希望工程突出贡献奖""全国建筑业先进企业""全国优秀施工企业"等。

前　言

　　石油是国家生存和发展不可或缺的战略资源，对保障国家经济，社会发展和国防安全有着不可估量的作用。国内原油储存能力目前远低于国际平均水平，且战略储备中多为原油，成品油占比很少，而原油炼制生产需要一定时间，国家炼制产能多分布于沿海进口石油方便地区，中西部部分地区炼油生产资源偏少。

　　随着我国经济的快速发展和现代化进程的加快，对油的需求和依赖度越来越高，增加成品油储备，特别是中西部地区的成品油储备必要性和迫切性日益凸显。成品油储备库的建设是国家能源安全战略的重要组成部分，根据经济发展水平，国家会周期性地进行投资建设。成品油的储备建设完成后，对抵抗国际油价波动风险，平衡油价，稳定社会和人心，应对大疫、大灾、战争等突发事件方面具有极大意义。

　　成品油储备库多分布在偏僻隐秘、对环境和人民生活影响小的山区。如何在地形地质极其复杂的野外，安全高效且在合理概算投资内完成工程建设，是各参建方关注的重点。

　　结合我们最近5年内大型覆土罐油罐新建及扩建工程（工程建设地点在东中西部均有分布）建设经验进行本书的编制。全书分5个章节对不同地区的工程施工组织管理经验进行了总结，对不同地形地质情况下的土石方挖填及边坡支护施工技术进行了介绍，特别是对钢筋混凝土覆土罐和钢制储油内罐的施工工艺进行了创新，书中最后一部分从设计、技术、管理三个方面对施工经验总结及改进心得进行了分享。

　　由于编者本身知识、经验所限，书中难免出现一些缺陷和不足，敬请各位专家和同仁批评指正，并提供宝贵意见。

目　　录

1 施工部署及总承包管理

随着我国石油行业的发展，我国成品油库的建设也在逐步推进。油库的主要作用是存储、接收、发放石油或者相关的石油产品，它是连接我国原油生产、加工以及成品油供应的桥梁与纽带，在我国石油发展与应用的过程中起着尤为重要的作用。

作为重要的石油储备场所，油库的建设对于国家战略发展有着重要意义。尤其是随着社会的发展，油库的现代化建设显得更为迫切。截至目前，成品油库在我国石油行业发展过程中的作用已经不仅仅是存储和输转石油的作用。从我国现代化油库的建设来看，还存在油库功能单一、信息化水平低、适应能力不强、人才短缺等问题。在我国，一些铁道部门、冶金部门、电力部门以及交通部门在发展过程中也会建造成品油库，以此来实现自身的发展，为自身的建设和发展提供充足的动力。因此，本书对现代新建成品油库施工技术和管理进行分析。

1.1 项目特点及施工组织重难点

1. 项目特点

覆土罐油库项目属国家级战略油品储备工程，其建设规模较大，要求具有一定的隐蔽性，同时油库也要满足周边区域日常用油的调配需求，所以该类项目大多建在交通条件较为便利的山区。由于储备油库需要随着国家的发展不断地增加储备库容，因此该类项目多为扩建工程，同时覆土罐的单罐容积普遍为 $10000m^3$，单体结构较大，以上性质决定了覆土罐油库工程施工具有以下特点：

（1）功能划分明显，需要多区域同时穿插施工，其中主要包含储油区、作业区、行政区及武警营区；

（2）山区及群体工程施工具有工程体量大、工序交叉复杂、现场协调难度大等特点；

（3）罐壁、罐顶及储罐施工对防渗漏、成型要求高；

（4）施工不影响原有库区生产，新旧工艺管道对接、爆破、土方开挖、穹顶高支模施工对安全管理要求高；

（5）爆破、山洪、废水及油污排放对环境保护提出较高的要求。

2. 施工组织重难点

通过对不同的覆土罐油库项目进行施工，结合相应项目的设计要求、施工环境及相关工程施工经验进行分析，总结出表 1.1-1 所示的该类工程在管理和施工过程中的重难点。

序号	分类	重难点
1	群体工程施工协调	(1)爆破、土方开挖运输的平面组织； (2)各单体及专业间工序协调； (3)新建油库区与原有作业区各自独立，不影响生产的组织协调
2	重点工序施工控制	(1)地质复杂，要做好地基基础处理； (2)覆土罐施工防渗漏控制； (3)大型薄壳穹顶施工控制； (4)钢制储罐焊接及成型控制； (5)工艺管道施工控制
3	重点安全管理	(1)原有储罐及工艺管道拆除的安全防护； (2)爆破、拆除、穹顶及钢储罐施工等重点工序施工的安全防护； (3)涉密管理及人员进出安全管理
4	环境及水土保护	(1)爆破作业等对山体的安全防护； (2)废水、油污排放等对环境的保护； (3)雨季对山洪、泥石流等采取的防护措施

1.2　施工组织及部署

1.2.1　施工组织架构及职责

1. 施工组织架构

根据项目基本组织架构及覆土罐油库项目多专业、多阶段的施工特点并结合多个油库项目管理的成功经验，此类油库项目管理宜采用如图 1.2-1 所示的组织架构及表 1.2-1 所示的人员配备表。

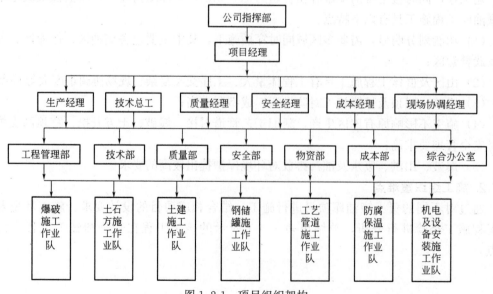

图 1.2-1　项目组织架构

项目部各机构及部门人员配备一览表 表 1.2-1

序号	管理层次	所属部门	职务（岗位）	人员数量
1	项目领导班子		项目经理	1
2			生产经理	1
3			技术总工	1
4			现场协调经理	1
5			质量经理	1
6			成本经理	1
7			安全经理	1
8	项目管理层	技术部	技术工程师	2
9			计划工程师	1
10			资料员	1
11			试验员	1
12		工程管理部	土建工程师	3
13			焊接工程师	1
14			电气工程师	1
15			管道工程师	2
16			测量员	2
17			平面及现场协调人	1
18		安全部	安全员	3
19		质量部	质量员	2
20		成本部	预算员	2
21		物资部	材料员	2
22		综合办公室	综合管理员	1
		合计		32

2. 项目部各岗位（部门）职责

覆土罐油库项目施工具有场地大、专业多、交叉作业频次高、安全质量控制点多、涉及材料种类广等特点，因此项目部各岗位要明确责任，严格履行岗位职责，才能保证项目的各项工作顺利推进，具体岗位职责见表 1.2-2。

岗位职责表 表 1.2-2

岗位名称	主要管理职责
项目经理	（1）代表公司履行工程承包合同，执行公司的质量方针，实现工程质量目标及各项合同目标； （2）策划项目组织机构的构成及人员配备，部署项目人员、物资、设备、资金等主要生产要素的供给方案； （3）制订项目规章制度，明确项目管理部各部门和岗位职责，在总部管理职责划分的基础上，结合工程需要和具体要求，进行详细的管理职责、目标职责的划分，并负责考核； （4）主持审批项目管理方案，组织实施项目管理的目标与方针，批准各专业实施方案，并监督协调其实施行为； （5）施工过程中与业主、监理直接对接，解决、处理业主和监理安排的重大事项和问题； （6）组织召开专业间的各类协调会议，解决生产中存在的矛盾和问题，积极协调好项目与所在地政府部门及周边关系； （7）全面利用单位内部资源为工程实施创造保障条件； （8）负责项目整体资金运作，维持现金流的合理； （9）作为HSE（健康、安全与环境管理）的第一责任人并负责承包人（包括其分包和供货商）在合同范围工作中的HSE绩效

岗位名称	主要管理职责
生产经理	(1)协助项目经理做好施工现场内部协调工作,重点为各生产要素的计划及管理工作; (2)作为现场施工各阶段劳动力情况计划及管理的主要执行者,通过现场人员管理网络系统随时掌控现场劳动力情况,出现异常及时预警;通过区域劳动力的调配,完成项目劳动力的整体调配工作,同时负责赶工措施的具体实施; (3)总体负责现场施工机械整体安排,指导施工机械具体管理部门合理、有序地进行现场施工机械的调度、维护、管理,工作的重点为汽车式起重机作业的工作效率及工作安全; (4)负责控制施工现场内部的整体作业环境,协同项目经理做好现场平面的管理,各种工序、工作面的交接、移交工作,负责工程的成品保护工作的具体实施
技术总工	(1)领导技术部,负责项目部技术工作的开展,提供技术支持、服务,参与各个环节的深化设计评审、审核; (2)审核各专业的施工组织设计与施工方案,并协调各专业之间的技术问题; (3)主持整个项目的安全技术措施、大型机械设备的安装及拆卸、脚手架的搭设及拆除、季节性安全施工措施编制; (4)负责指导贯彻施工组织设计,并根据项目实际情况对施工组织设计进行必要的修改调整及补充完善;施工前对各工种进行分部分项技术(安全)交底; (5)与设计、监理经常沟通,保证设计、监理的要求在各专业作业队中贯彻实施; (6)主持图纸内部会审、施工组织交底及技术交底; (7)及时组织技术人员解决工程施工中出现的技术问题,组织对本项目的关键技术难题进行科技攻关,进行新工艺、新技术的研究; (8)负责工程材料设备选型的相关工作; (9)主持项目计量设备管理、检验、试验及测量; (10)领导工程资料管理组对工程资料进行收集、归纳、存档及管理
质量经理	(1)监督项目部的质量管理,参与组织工程质量策划,对本工程施工质量具有一票否决权; (2)贯彻国家及行业的有关工程施工规范、质量标准,严格执行国家施工质量验收统一标准,确保项目阶段质量目标和总体质量目标的实现; (3)领导项目的质量部,建立质量保证体系,主持项目的质量工作会议,形成书面整改意见并负责监督、整改; (4)负责与业主和监理工程师的质量工作协调,协助业主和监理工程师组织好竣工验收工作; (5)配合主持现场的质量协调会并负责监督检查,向业主和监理工程师提交工程质量情况报表
安全经理	(1)监督项目部的安全管理工作,参与组织工程安全策划,对本工程施工安全具有一票否决权; (2)贯彻国家对地方的有关工程安全与文明施工规范,确保本工程总体安全,文明施工目标和阶段安全与文明施工目标的顺利实现; (3)领导项目的安全部,建立安全生产和文明施工管理保证体系,主持项目的安全工作专题会议,主持对安全方案、文明施工方案及消防预案的审核工作; (4)督促、收集、分析每周安全资料,并形成书面报告上报委员会主管领导; (5)组织项目的安全协调会,并负责监督检查,向业主和监理工程师提交安全情况报表; (6)督促项目安全环境体系的有效运行,负责各阶段的具体实施;确保在场人员遵守项目的HSE规定
成本经理	(1)主管成本部的各项管理工作; (2)监督项目的履约情况,控制工程造价和工程进度款的支付情况,确保投资控制目标的实现; (3)审核项目各专业制订的物资和设备计划,督促项目及时采购所需的材料和设备,保证包括甲供物资在内的工程设备、材料的及时供应

岗位名称	主要管理职责
工程管理部	(1)负责土建结构、钢储罐、机电设备工程的生产组织、进度计划落实,施工方案的实施,工序协调,质量控制等工作;负责土建施工与其他专业间的协调和施工配合; (2)负责结合进度计划及保证措施,对资源投入、劳动力安排、材料设备进出场等问题提出计划报项目部审定; (3)负责参与编制项目质量计划、各类施工技术方案、项目职业健康安全管理计划、环境管理计划; (4)负责现场施工的管理控制工作,与业主、监理工程师进行混凝土工程检验批、分部分项工程、隐蔽工程等中间过程的检查和验收; (5)负责提请和安排项目的内部生产协调例会,协调各专业间的施工问题,建立合理、完善的施工秩序; (6)负责审核各专业施工进度计划,对各单体及专业的进度实施进行监控,并根据反馈信息及时发现问题; (7)负责施工现场总平面的管理及协调工作
技术部	(1)负责项目施工的技术管理工作; (2)负责组织各类主要技术方案的编制、审定工作和统筹设计变更,包括各种工况的验算; (3)负责施工过程中的测量监测、试验检测等工作; (4)负责技术文件收发、归档,技术资料及声像资料的收集整理工作,项目阶段交验和竣工交验,竣工档案; (5)负责施工影像的收集与管理; (6)负责协助项目总工进行新材料、新工艺在本项目的推广和科技成果的总结; (7)负责组织与复查工程测量,组织原材料、半成品的鉴定、检验工作,以及配合比、焊接的技术控制和计量
质量部	(1)贯彻国家及储备系统有关工程施工规范、工艺标准、质量标准,确保工程总体质量目标和阶段目标的实现; (2)负责组织编制项目质量计划并监督实施,对质量目标进行分解落实,加强过程控制和日常管理,保证项目质量保证体系有效运行; (3)负责实施项目过程中工程质量的质检工作,加强各分部分项工程的质量控制; (4)加强对各专业及工序的质量检查和监督,确保各工序及单体的质量符合规范要求; (5)负责监督第三方无损检测,确保检测结果真实有效,收集统计检测数据,定期进行数据分析保证焊接质量合格率; (6)负责工程竣工验收备案,在自检合格基础上向业主提交工程质量合格证明书,提请业主组织工程竣工验收
安全部	(1)负责项目安全生产、文明施工和环境保护工作; (2)负责编制项目职业健康安全、环境管理计划和制度并监督实施,制订员工安全培训计划,并负责组织实施; (3)负责每周安全生产例会,定期和不定期组织安全和文明施工的检查,加强安全监督管理,消除施工现场安全隐患; (4)负责安全目标的分解落实和安全生产责任制的考核,确保项目安全文明施工目标的组织和管理活动有效; (5)负责危险源的识别和过程危险管控; (6)负责项目安全应急预案的编制,进行安全应急演练,保证施工生产的正常进行; (7)制订项目HSE程序,为员工及工人提供培训,为特殊作业活动提供专门HSE指导以及随时提供监督检查; (8)为HSE提供必要标识、布告、材料设备和奖励

岗位名称	主要管理职责
成本部	(1)贯彻执行公司质量方针和项目规划,熟悉合同中业主对产品的质量要求,并传达至项目相关职能部门; (2)负责组织项目人员对项目合同的学习和交底; (3)主持项目各类经济合同的起草、确定、评审; (4)负责经营报价、进度款结算及工程决算; (5)负责专业施工队伍、材料供应商的报价审核; (6)组织经济活动分析,进行项目建设成本控制; (7)监控账户,监督项目资金使用,确保专款专用
物资部	(1)负责项目物资设备的采购和供应工作; (2)负责项目物资采购招标文件的编制和供应商选择; (3)负责提供呈报业主和监理工程师审批的材料样品; (4)负责物资进出库管理和仓储管理,负责对材料的标识进行统一策划; (5)监督检查所有进场物资的质量,做好质保资料的收集整理工作; (6)做好对特殊物资如炸药、油料等的保管工作,确保重要物资管理流程规范
综合办公室	(1)负责劳动工资管理,进行工资表编制和发放; (2)负责项目所有来往书信、文件、图纸、电子邮件、影像资料的收发、签转、打印、登记、归档工作; (3)负责项目施工现场CI形象(企业形象系统)管理; (4)负责现场后勤管理与协调; (5)负责项目门禁、保卫工作及社会关系协调; (6)负责做好与周边单位协调的具体工作

1.2.2 施工部署及流程

1. 施工总体部署

根据施工合同工期、施工图纸内容和业主对于作业区拆迁改造后尽早恢复生产的要求,本工程应从整体和全局层面对施工的重点、先后次序、相互衔接关系对整个项目进行合理安排,创造条件使储油区、作业区、越野区多区域同时施工,形成有机的施工整体,满足合同总工期、部分分期交付使用的要求,从而取得较好的效益。为此,需要对施工段划分、施工顺序、资源投入等方面进行总体策划。

2. 项目分区

覆土罐油库项目普遍具有占地广、单体多、结构尺寸统一、功能区域划分明显等特点,在该类项目施工过程中可以进行四个层次的划分部署,第一层次是根据业主使用功能可以划分为储油区、作业区、行政区、武警营区四个大区。例如,如图1.2-2所示为某储备油库功能区域划分,该层次各区域各自独立,施工和使用过程不会相互影响,可以独立施工。

第二层次是储油区内的划分区域,油库项目的建设重点在储油区,10000m^3覆土罐均在该区域,也是油库项目施工的主要区域,各油库项目的建设规模不同,该区域划分部署区别较大,根据以往施工多个油库的项目经验及覆土罐的主要施工工序,该区域划分时结合地形、地貌及油罐分布可以将每8~9个覆土罐划分为一个区作为独立的施工区,配备相应的施工资源,有利于形成流水施工。

例如某油库储油区共25个罐室,划分为三个施工区,其中一区7个罐室,二、三区均为9个罐室,现场三个区同时施工。

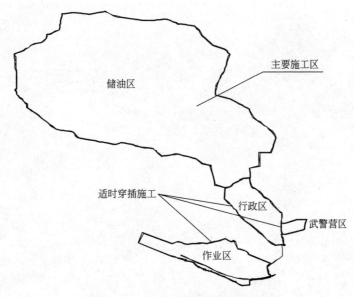

图 1.2-2　某储备油库功能区域划分

第三层次为单个施工区内的施工部署，工序统一，单个施工区内可以依据工序先后形成流水施工，具体部署情况如下。

（1）土石方开挖部署

罐室开挖的土石方除回填临时场地外，应就地进行分类后再运输堆放，既便于毛石利用，又利于进行罐室回填，减少外购土方量。

1）每2个罐室为一个土石方开挖组，爆破和土石方转运在两个罐室之间转场交错进行。例如某油库项目一个区的情况如下：28♯爆破（5d），28♯转运（9d）、27♯爆破（5d），27♯转运（9d）、28♯爆破（5d）、……。

2）每组配备3～5台风炮、4台挖机、2台自卸车。

3）受基坑作业面积的限制，每个基坑单日极限转运土石方量为300～400m³（10h工作制）。

4）在此部署下，单基坑土石方开挖进度控制为100个工作日。

（2）主体结构施工部署

罐室主体施工期间每2个罐室结构为一组同时施工，模板材料周转使用，各施工班组穿插进行作业，保证工序流水不窝工。并且，首个罐室施工必须优先，只有首罐尽早进行转场工况，才能保证本计划的资源投入与转场计划的顺利实现，进而将整个工程的绝对工期提前。因此，开工之初必须立即进入首个罐室的施工高潮期。

（3）钢储罐施工部署

1）钢储罐施工必须在现场建一条预制、防腐流水线。投入多个安装班组在储油区各施工区域内独立作业。

2）因为钢储罐的施工进度快于混凝土罐室的进度，所以钢储罐施工的开始时间应在储油区每个施工区已完成4～5个罐室主体结构之时。

某覆土罐油库单个施工区施工部署演示图如图1.2-3所示。

图 1.2-3 某覆土罐油库单个施工区施工部署演示图

第四层次部署主要结合单个罐室结构特点进行,如图 1.2-4 所示,其依据为罐室从开挖到防腐结束的全部工序,结合各工序进行适时的穿插作业。

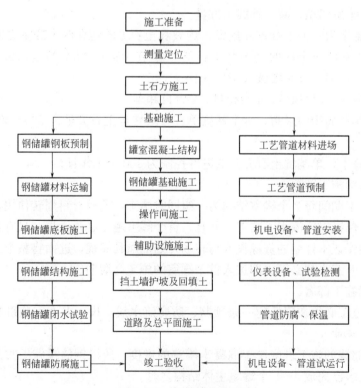

图 1.2-4 钢储罐施工工序

3. 储油区工艺管道施工的施工部署

罐室钢储罐通过工艺管道与倒罐泵房相连，由倒罐泵房实现各钢储罐内介质的转移，因此在事故水池建成后，可从事故水池连接临时管道与储油区工艺管道连通，实现对钢储罐冲水。因此要求先建倒罐泵房，并随罐室施工进展，有计划地进行与之相联系的管沟及工艺管道，为冲水试验做好准备。由于管沟和工艺管道一般随消防道路敷设，如距离过近，在罐室施工中不宜过早施工，防止交叉作业导致被压坏。离消防道路较远的可视条件先做，过路套管宜先做。

4. 挡土墙和消防道路施工部署

挡土墙在有条件情况下宜先建、多点同时进行施工，不应在已回填坡脚切土砌筑。扩宽消防道路基本上沿原消防道路，原则上在罐室完成全部工作后进行路面混凝土浇筑，由远及近进行；前期已有的较好路基和路面，可作为临时施工道路使用。

5. 施工界面划分和专业配合

结合我公司多个油库项目施工的经验，可将其整个施工阶段划分为六个阶段，依照先后顺序依次为施工准备阶段、土石方爆破开挖阶段、罐室主体结构施工阶段、钢储罐焊接施工阶段、工艺管道焊接及机电安装阶段、总平施工阶段，各阶段主要施工内容及持续时间见表 1.2-3。

施工阶段划分表   表 1.2-3

序号	名称	分包队伍	重点工作	持续时间(d)
第一阶段	施工准备	临建队伍、临水临电、土方爆破单位	临建搭设，施工通道修建，现场临水、临电的铺设，库区内全封闭隔离围挡的修建	30
第二阶段	土石方爆破开挖	土方爆破单位	主要为现场各罐室基坑爆破开挖及道路土石方平衡	300
第三阶段	罐室主体结构施工	主体劳务、盘扣架单位、钢结构单位、防水单位	混凝土罐室结构施工	365
第四阶段	钢储罐焊接施工	钢储罐施工单位、防腐单位	钢板预制、转运及罐体焊接、试水、防腐等工作	450
第五阶段	工艺管道焊接及机电安装	工艺施工单位、防腐单位	工艺管线沟槽开挖，工艺管道除锈、管线焊接，设备安装调试、试运行等	250
第六阶段	总平施工	消防单位、安防单位、机电单位	消防用水、用电、安防自控、水电暖通挡土墙、罐体土方回填、截排洪沟、库区道路绿化以及零星工程	穿插整个施工期间

注：以上持续时间结合某油库施工总结（25 个罐室），具体时间根据建设规模确定，各阶段相互穿插进行。

1.3 施工总平面布置及管理

1.3.1 施工总平面布置

油库项目具有占地广、单体分布距离远、多数处于山区、土石方开挖转运量大、施工与现有储油生产同步施工、施工周期长、阶段多等特点，对总平面布置及管理要求高，合理的平面布置可以促进现场施工进度。

1. 施工总平面布置原则

（1）生产区与施工区隔离

本工程主要在储油库区内施工，保证已有生产区的安全生产是重点，在现场平面管理中必须将生产区和施工区隔离开，严格遵守驻地武警和业主保卫科的已有各项管理规定，设立门禁系统，所有人员进行实名登记并进行必要的政审，严禁无关人员进出生产区或施工区。施工现场大门处布置如图 1.3-1 所示。

图 1.3-1　施工现场大门

（2）兼顾周边环境

油库工程施工期间，总平面布置需要充分考虑周边环境条件及对施工场地的影响，以最大程度减小对本工程正常施工的影响为原则，主动消解或回避矛盾。

（3）合理利用现有道路

油库工程建设多是在原库区基础上进行扩建，所以原库区道路已经基本形成运输能力，在布置施工场地和施工通道时合理利用现有道路，以保证现场能迅速形成生产力，同时保证原有储油库的正常使用。

（4）根据施工分区特点进行布置

油库工程作业任务多，工程分布广，无法统一布置施工现场，必须划分施工区，再结合各施工区工作量和任务特点进行平面布置。

（5）结合施工阶段进行动态管理

油库工程施工过程主要涉及土石方爆破开挖、罐室主体结构施工、钢储罐焊接施工、土方回填施工、道路及总平面施工等不同阶段，并且各阶段的主要施工内容有很大区别，各施工阶段对场地的要求也不同，因此场地的布置要结合各施工阶段的要求进行变换。

（6）生活区、办公区布置不影响库区生产

油库项目施工现场是禁止住人的，所以生活区、办公区的临建设施建在库区以外区域，开工进场后需要与业主和当地有关部门协商，在库区外就近选用地势平坦、交通方便的空地作为临建场地，建立标准化生活、办公区，便于管理，同时方便施工人员步行至现场。

2. 现场道路布置

油库项目施工在进行施工道路规划时要本着减少与现有罐区之间接触，节约封闭隔离资源同时方便进场后快速展开施工的原则，在施工道路规划过程中充分考虑、合理利用库区现有道路以及新建道路作为施工通道，尽可能地利用离核心罐区较远的储油区原有道路，尽量减少临时道路的修建。最好能独自设置施工区专用大门，避免影响原有储油罐区的正常生产作业。

3. 生产区与施工区布置

为保证施工期间储油区的正常生产，施工方进场后一定要将生产区和施工区进行隔离。

由于油库工程多在山区，地势不平坦且山区风大，隔离围挡需要的材质及安装要求更高，我公司结合油库项目在山区作业的特点，根据油库管理的相关文件要求，建议隔离围挡采用镀锌方钢骨架和彩钢板制作，下侧采用砖砌，方便围挡基础可以随着山势地形延伸，彩钢瓦围挡详图及现场围挡如图1.3-2～图1.3-5所示。

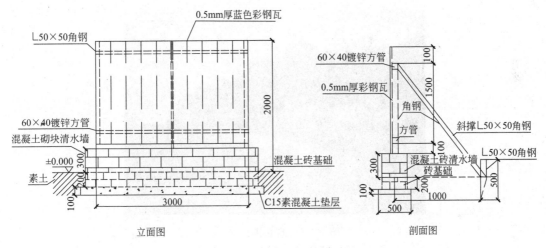

图 1.3-2 彩钢瓦围挡详图

图 1.3-3 现场围挡（一）

图 1.3-4　现场围挡（二）

图 1.3-5　现场围挡（三）

4. 各主要施工阶段平面布置

（1）土石方开挖阶段

本阶段重点是土石方堆场的选择及堆场内的土质分类，油库项目土石方爆破开挖量大，基本都在几十万立方米以上，同时罐室施工完成后回填工程量也巨大，都在十几万立方米以上，因此在选择堆场时必须考虑堆场容量及运输便利，同时要将石头与土分开堆放，便于后期回填取用。

例如在施工某覆土罐油库项目过程中，其土石方开挖及回填量达到了 100 万 m^3，我公司结合现场地势及工程施工部署安排共在现场设置了 4 个堆土场，各堆土场均设置在离罐室较近的空地，方便多个区同时作业，也未占用新建工程用地，不影响后续工程施工。土石方开挖阶段平面布置如图 1.3-6 所示。

结合该项目现场施工部署及拉土运距的问题，我公司将对 4 个堆土场做以下规划：施工一区、二区前期开挖土方运至 1 号堆土场，待临时道路修通之后，遵循就近堆放原则，施工一区土方堆放在 3 号堆土场，施工二区土方堆放在 4 号堆土场；施工三区附近无堆土位置，所有施工三区土方全部运到 2 号堆土场进行堆放。经过现场测量及计算 4 个堆土场满荷堆土时，完全满足现场三个区罐室土石方同时开挖需求。

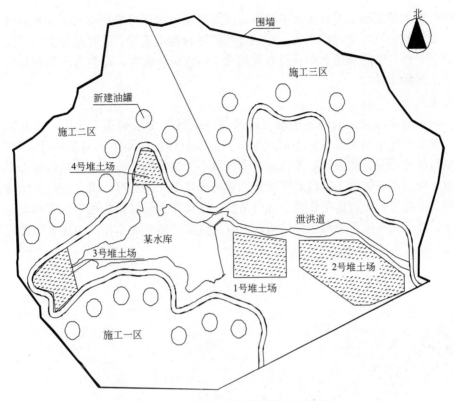

图 1.3-6　土石方开挖阶段平面布置图

考虑到土方开挖过程中有表面种植土、石块、一般素土三种类型土方，且在后期回填要使用，结合地质勘察报告中各土质所占的比例，我公司将各堆土场进行划分，不同土质进行分类堆放，便于后期回填使用。本油库项目的各类土质比例如下：表面种植土：一般素土：石块＝1：2：3，其堆土场地划分如图 1.3-7 所示。

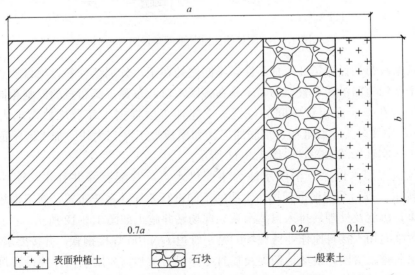

图 1.3-7　堆土场地划分
a—堆土场地长度；b—堆土场地宽度

储油区施工按照施工图排水防洪要求,同时避免雨水通过岩层渗透至基坑导致开挖边坡滑坡,沿开挖边坡顶布设截水沟,并结合场区原有排水系统,连接疏通排水系统。基坑开挖完成后,外环梁底部地面向巷道方向做成1%的排水坡度,在巷道预留洞口边设集水坑,安设水泵抽水排放。

（2）主体施工阶段

油库项目罐室混凝土结构主体施工阶段与一般混凝土结构施工相同,需要钢筋加工区、木工加工区及材料堆放区,不同的是:一般项目作业面集中,加工区可以集中设置,而油库项目作业面多、间隔远,尤其是多个区域多个罐室同步施工,材料转运会影响主体施工进度,所以在主体施工阶段要结合施工部署布置多个加工区,将一定范围的罐室主体结构材料集中加工,再转运至作业点进行吊装,这样有利于材料的集中管理和安全文明施工。例如,我公司在油库项目主体结构施工时就设置了多个加工棚,主体施工阶段平面布置如图 1.3-8、图 1.3-9 所示。

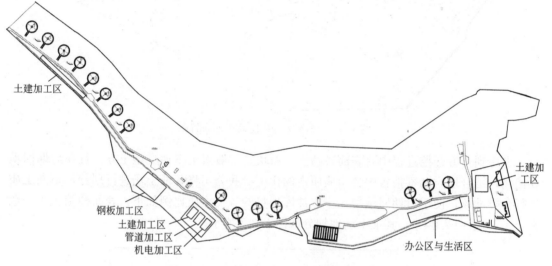

图 1.3-8　主体施工阶段平面布置图（一）

以上两个项目均设置了 3 个加工区,不同之处在于,分别结合各自项目特点布置加工区,第一个是沿道路沿线布置,第二个是在各区入口处布置,其布置的原则相同:便于材料转运且设置在作业面相对中间的位置。土建加工区根据工序及堆放需求占地尺寸为30m×20m,主要分为钢筋堆场、钢筋加工区和模板加工区三大块。加工区平面布置及现场钢筋加工区实景如图 1.3-10、图 1.3-11 所示。

储油区施工用水以原有消防水池为主要供水点,并配有深井补水,深井泵排量为$15m^3/h$;排水、排污系统根据现场污水源的不同进行差异性系统布置,施工现场的各类排水统一收集,沉淀及处理后排入自然水系。现场钻井施工如图 1.3-12 所示。

作业区临时用水接自原作业区现场的给水管道 $DN100$ 焊接钢管,并按要求报装水表。结合场内永久排水管网,沿场地四周及临时道路设置坡度1%排水沟,并设置沉淀池,进行有组织排水至排污口。同时在大门出入口处设置洗车槽,配备高压冲洗水枪,以免渣土运输车辆出入带泥,引起扬尘污染。排水沟定期清掏,保持畅通,防止雨季高水位时发生

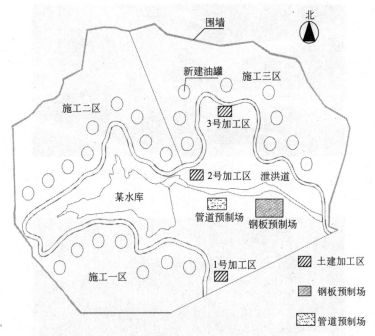

图 1.3-9 主体施工阶段平面布置图（二）

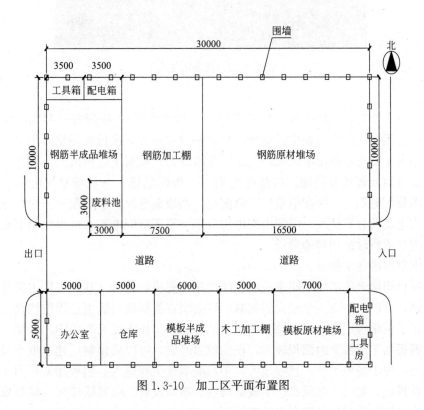

图 1.3-10 加工区平面布置图

图 1.3-11　现场钢筋加工区实景图

图 1.3-12　现场钻井施工

雨水倒灌。

临时用电主要是：现场机械维修所需照明（如电焊机）；夜间警示照明所需用电；日常办公、生活照明。结合后期生产需要，根据临时水电方案进行现场临时用电布置，采取放射式多路主干线送至各用电区域，再采用分级放射式或树干式构成配电网络，并在配电柜及二级配电箱处做重复接地。按照配电柜（一级配电箱）→现场总配电箱（二级配电箱）→现场分配电箱（三级配电箱）三级配电，两级漏电保护原则配电。根据施工现场平面布置及用电负荷分布情况，电源由配电房分别引至下级配电箱，再由此箱引至各用电部位，当电缆穿道路时采用埋地敷设。

（3）钢制内罐施工阶段

油库项目钢储罐施工均在罐室混凝土结构施工完成后进行，其加工厂主要是预制钢板及喷砂除锈，可以集中在一个较大的区域，我公司在类似项目施工过程中均设置了钢板加工厂，搭建了钢结构厂房，保证预制钢板及喷砂除锈工作不受天气影响，保证了钢板的除锈质量。钢板加工厂需要的面积较大，根据项目经验，可以将预制厂建在堆土场上，该区域为回填土，便于场地平整，且场地大，不影响后续工程施工。钢板加工厂内主要有：钢板堆场、卷板机、龙门式起重机、半成品堆场、喷涂设备、除锈涂漆区、成品堆场、辅助用地、仓库、配电室等，具体布置及现场照片如图1.3-13～图1.3-15所示。

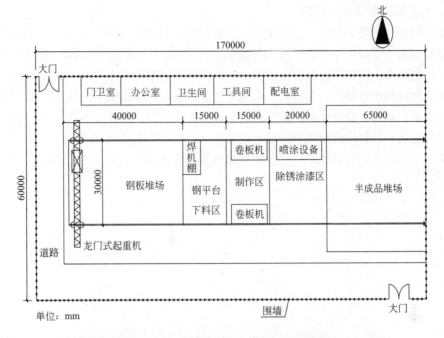

图 1.3-13 钢制内罐施工阶段平面布置图

图 1.3-14 钢板加工厂俯瞰图

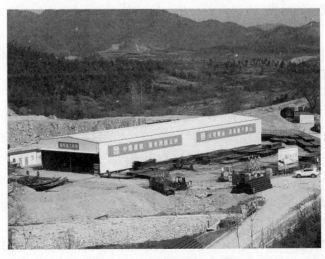

图 1.3-15 钢板加工厂正面图

（4）工艺管道安装施工阶段

油库项目的工艺管道及机电设备施工工程量较大，且前期无法进行施工，只能等到土建结构及钢储罐施工完成后才可以穿插进行施工，后期施工工期较紧张，须在前期尽早完成大量的管道预制工作，以减少后期的工作量。所以，工艺管道及机电设备安装工程也需要较大的预制场地和材料堆放场地，在进行平面规划时必须提前考虑好此点，布置过程中要结合现场地形及交通便利性，管道预制厂需要用电量较大，应尽量设置在钢板加工厂附近，避免重复布置临时电缆，且管道预制与钢储罐是配套施工，便于各专业统一协调。例如，我公司施工的某油库项目的工艺管道加工厂位置及详细布置如图1.3-16、图1.3-17所示。

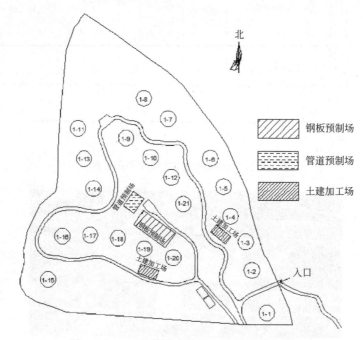

图1.3-16　工艺管道安装施工阶段平面布置图

（5）总图外线施工阶段

本阶段主要工作是罐室土方回填、护坡、挡土墙及道路等施工，因此合理地规划使用道路是本阶段平面布置的重点。施工时，按先上后下、先里后外的原则合理安排各项施工任务。即先进行罐顶回填、排水沟、截洪沟、护坡施工，再进行道路施工，最后进行总图绿化施工。

（6）办公区、生活区平面布置

由于油库项目施工的特殊性质，项目办公区、生活区必须设置在油库以外区域，若条件允许可以自行建设板房，条件不允许可以租用当地民房。同时，因为生活区和办公区离施工现场较远，可在施工现场的施工区分别设置多个集装箱，作为现场办公点和临时休息点，以方便施工现场的管理。

（7）现场临电及临水布置

油库项目占地普遍较大且在山区，因此临电、临水的布置必须规划详细，具体可结合项目实际情况进行合理布置，但需要注意以下几个问题：用电布置需考虑现场土石方爆

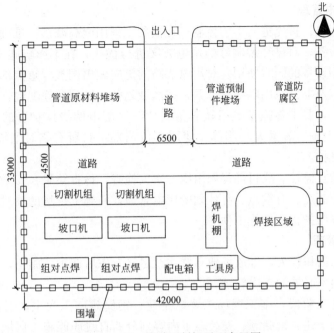

图 1.3-17　管道预制场平面布置图

破、开挖，管线开挖，道路施工阶段的电缆安全，尽量设置在不需开挖区域，道路成形的区域可沿道路边设置，有新建道路的可以在远离爆破罐室的山上布置，避免施工过程中挖断或炸断电缆；用水布置需要考虑钢储罐试水，钢储罐的容积为 10000m³，且考虑多个罐室同时试水，在布置管线室要规划好管径及倒罐的线路，可以合理利用新建的事故池提前蓄水（新建油库均有 10000m³ 的事故池，可以优先施工事故池）。

1.3.2　总平面管理及协调

施工总平面管理由生产经理负责组织、协调，并由工程管理部具体实施。施工中根据工程进度的实施情况，发布分阶段总平面管理实施计划，制订平面管理办法，对施工场地统一安排、统一调度，保证平面管理计划的顺利实施。

1. 总平面管理计划

依照工程进度网络计划，制订详细的大型机具进退场、主材及周转材料进退场、各工种施工队伍进退场等专项计划，以确保工程进度、均衡利用平面为目标，制订出符合实际情况的总平面管理实施计划。

2. 总平面给水排水管理

根据油库项目各罐室结构及其他单体工程、挡墙、护坡的用水量及用水点，对整个施工现场的临时用水线路做出统一规划并进行管理，在保证各施工点用水的前提下线路布置合理。安全管理部门将每天对施工现场的供水线路进行检查，保证水表、管线等供水设备处于完好状态，防止供水管线跑、冒、滴、漏，节约用水。

现场排水系统畅通是保证现场文明施工的重要工作，生活、办公区的污水排放，尽可能利用当地已有的下水管道或排放沟；储罐、管道水压试验后，试压水只能在经批准的地方排放，排放前需经过化验并符合要求。

3. 总平面用电管理

为确保安全用电，首先进行事前控制。在预测工程用电高峰后，准确测算电负荷，合理配置临时用电设备，对已经编制好的用电方案进行优化，在不影响施工进度的前提下，尽量避免多台大型设备的同时使用。对用电线路的走向做出调整，重点部位施工线路、一般用电施工线路以及办公区用电线路分开，按区域划分，做到合理配置、计划用电。

在安全用电上，要求各施工班组认真落实"三级配电两级保护"的规定，做到"三明"，即设备型号明确、容量大小明确、使用部位明确。对所有临时电线一律实行架空，不得随地乱拖、乱拉。

重点部位要重点监控。项目部每周组织一次大检查，检查结果在安全例会上进行分析讲评。通过这种有制度、有重点、有计划的用电管理，使施工现场的临时用电形成一个比较规范的局面，以维护正常的施工秩序。

4. 施工用地管理

油库工程普遍面积较大，堆放场地布置注意尽量考虑后期工艺施工，按照项目指定位置存放，避免材料不必要的多次转运。

在工程结构施工阶段，施工现场主要以土建、钢储罐施工为主，工艺及机电安装配合。项目部采取以土建、钢储罐、安装施工内容划分的直线职能施工区域管理体制，由项目部的有关部门负责上述施工区域的现场管理。

5. 总平面动态管理

由于施工现场面积大，为了保证施工区域整洁、有序，避免现场堆放的随意性，塑造良好的工程建设形象，同时为保证工程按照施工进度计划要求有条不紊地组织施工，现场平面的使用必须进行统一管理，由生产经理负责组织、协调，并由项目安全部具体实施，根据进度计划安排的施工内容实施动态管理。

1.4 施工资源配置

油库案例项目施工的主要内容是覆土罐室混凝土结构和 $10000 m^3$ 钢储罐结构，因此这两部分的施工进度及质量直接影响整个项目成败。在选择重要资源及施工方法时需要优胜劣汰，结合项目实际情况进行选择。

1.4.1 主要施工资源配置

1. 商品混凝土

覆土罐油库项目罐室混凝土均有防渗要求，因此为了保证混凝土的质量，必须选择商品混凝土，根据我公司已施工的多个油库项目来判定，油库交通便利，周边 30km 范围内均有商品混凝土站可以满足供应要求，采用商品混凝土既能满足质量要求，又可以有效缩短工期。

覆土罐是在山体中爆破开挖后施工，因此混凝土泵车在浇筑过程中无法沿罐室一圈架设，考虑将泵车架设在罐室斜通道入口处，在爆破过程中考虑泵车站位，将通道口处加宽预留 15m 宽泵车架设位置。根据计算，在罐室浇筑过程中采用两种规格的泵车可满足现场浇筑，基础及下段罐壁施工时采用 48m 泵车，罐壁上段及罐顶施工时采用 56m 泵车浇筑（泵车具体架设位置如图 1.4-1 所示）。

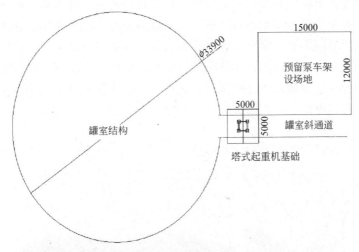

图 1.4-1　某油库项目泵送混凝土现场照片

2. 垂直运输设备

油库项目的垂直运输可采用塔式起重机或汽车式起重机，具体需结合项目罐室的分布情况进行确定，若2个罐室间距相对较近，且沿道路分布，可采用塔式起重机，因为1台塔式起重机可以同时覆盖2个罐室主体，成本较低。若罐室分别相对零散，间距大于塔式起重机覆盖范围且离主道路较远，建议采用汽车式起重机作为垂直运输设备，汽车式起重机相对灵活。两种垂直运输方式各有优势，我公司在以往施工过程中均有采用。某油库项目现场使用汽车式起重机、塔式起重机照片如图1.4-2、图1.4-3所示。

图1.4-2 某油库项目现场使用汽车式起重机照片

图1.4-3 某油库项目现场使用塔式起重机照片

3. 覆土罐穹顶钢支撑胎架体系

在油库项目穹顶施工中采用已申报国家专利的覆土罐穹顶钢支撑胎架体系，用于穹顶混凝土施工。该套体系安全系数高，用材省，装拆方便，同时在穹顶混凝土养护期间，罐室内可进行材料转运、铺设中粗砂垫层等工作，在工期约束紧张的情况下可以取得一定的作业空间。覆土罐穹顶钢支撑胎架体系如图1.4-4、图1.4-5所示。

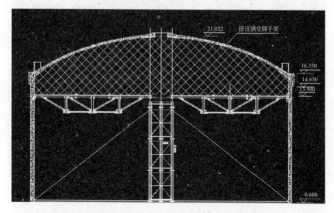

图1.4-4　覆土罐穹顶钢支撑胎架体系示意图

图1.4-5　覆土罐穹顶钢支撑胎架体系现场实施图

4. 混凝土罐室铝合金模板

油库项目的混凝土罐室结构数量多，尺寸统一，模板可采用铝合金模板，该模板体系是专门针对油库项目设计的弧形模板体系，其在施工过程中具有方便、快捷、成型质量优、成本低等特点，已在多个油库项目采用该铝合金模板体系，获得各业主单位的一致好评。

某油库项目罐室结构铝合金模板使用现场照片如图1.4-6所示。

5. 钢储罐安装顶升系统

覆土罐钢储罐需采用倒装法施工，罐体分段拼装后进行提升，传统提升罐体的方法有手动葫芦（捯链）提升法和电动葫芦法，这两种方法均存在一定的弊端：提升不均匀，导致罐体变形、准备工作量大、工程进度慢等。我公司通过改进工艺在覆土罐油库项目施工采用自动控制液压整体顶升施工法，一次性整体顶升的质量达到2000t以上，整体顶升面

图 1.4-6 某油库项目罐室结构铝合金模板使用现场照片

积达 20000m^2，在该施工方法上积累了丰厚的经验，在多项工程中均有成熟的应用，并获得多项省部级以上成果，该项技术应用在国内处于领先地位。某油库项目液压整体提升实施照片如图 1.4-7 所示。

图 1.4-7 某油库项目液压整体提升实施照片

6. 钢储罐防腐旋转吊篮

覆土罐油库项目钢储罐均为 10000m^3，罐体内外壁需要做除锈防腐工作，防腐工作量大，且罐体成型后罐壁高度达到 14m，传统做法需要在罐内沿罐壁一周搭设脚手架操作平台。需要搬运大量脚手架钢管进入罐体内，同时防腐施工周期较短，所搭设的操作平台在短期使用后又要拆除，脚手架的使用价值无法发挥到最大且进度缓慢。我公司发明了一套钢储罐内壁旋转吊篮防腐施工技术，且在同类工程中得到了很好的应用，该技术很好地解决了传统搭设脚手架施工存在的问题。某油库钢储罐防腐旋转吊架实施照片如图 1.4-8 所示。

图 1.4-8　某油库钢储罐防腐旋转吊架实施照片

1.4.2　资源投入数量及配比

重要资源的投入数量直接制约项目的施工进度，合理配置资源数量也是项目成败的关键，根据多个油库项目经验，总结出了各重要资源最优配比情况，以我公司施工的两个油库项目为例，油库新建 $10000m^3$ 覆土罐个数分别为 25 个和 15 个，分别划分为 3 个施工区和 2 个施工区同步施工，具体投入情况见表 1.4-1、表 1.4-2。

主要周转材料投入情况　　　　　　　　　　　　　　表 1.4-1

序号	名称	单位	25 个罐室,3 个区同时作业	15 个罐室,2 个区同时作业
1	铝合金模板	m²	2000	3981
2	型钢及定型钢管	t	450	420
3	脚手架及扣件	t	280	450
4	钢板(0.3mm 厚)	m²	13200	13200
5	木模板(1830mm×915mm×18mm)	m²	5000	4200
6	木方(100mm×50mm)	m³	1500	1260
7	安全网(密目式)	m²	50000	30000
8	安全网(尼龙)	m²	36000	24000
9	竹跳板	m²	10000	6500

主要机械设备投入情况　　　　　　　　　　　　　　表 1.4-2

序号	设备名称	型号规格	用于施工部位	25 个罐室,3 个区同时作业(台)	15 个罐室,2 个区同时作业(台)
1	塔式起重机	TCT5015	罐室吊装	6	4
2	液压挖掘机	WY-160	场地挖掘	12	10
3	汽车式起重机	25t	全场	2	4
4	龙门式起重机	MH5-30	预制厂	1	2
5	平板车	DHZ1113G2D	全场	2	2
6	自卸汽车	斯太尔	罐室	12	10
7	混凝土输送泵车	SY5382-56E	罐室	3	5

序号	设备名称	型号规格	用于施工部位	25个罐室,3个区同时作业(台)	15个罐室,2个区同时作业(台)
8	发电机	20kW	各区域	3	2
9	卷板机	25×2000	预制厂	2	2
10	喷砂机	JZF-600	预制厂	1	2
11	随车式起重机	8t	预制厂	3	2
12	推土机	T180	罐室	3	2
13	振动式压路机	18t	道路	4	2
14	逆变焊机	ZX7	各区域焊接	30	40
15	埋弧自动焊机	MZ-1000	储罐焊接	3	3
16	轴流风机	BDHF-6A2 12400m³/h 1260Pa	储罐通风	9	6
17	空压机	W-2.6	罐室	15	15

1.5 总承包管理

1.5.1 技术管理

1. 施工组织设计和施工方案管理

施工方案作为报请监理及公司审批施工的依据、施工过程中管理检查的依据、工程结算的依据之一,一定要体现出先行性、先进性、科学性、经济性与现实可行性的特点;编制人要具有创新思维,力求采用新工艺、新技术、新材料;技术交底必须具有先行性、针对性、可操作性与现实可行性,杜绝空泛、潦草、敷衍等大忌。

2. 设计变更、洽商管理

贯彻先洽商后施工的原则,维护设计文件的严肃性;根据施工实际,主动向设计人员提出具有改善性建议,以达到施工总体最佳效果;各种签证齐全后,及时落实设计变更,以防返工或减少返工损失;设计变更、洽商文件一定要及时完整地交给经营部门并提供或帮助核定返工量,以便及时办理经济洽商;设计变更、洽商要由技术部予以办理或发放。

3. 测量、试验管理

测量仪器每一年须送有关部门进行检校鉴定,工作中不得使用无检定或不合格的仪器;测量人员必须坚持测量工作程序,施测前应熟悉图纸并弄清各部位尺寸关系,做到从整体到局部,高精度计算控制低精度计算和测设步步有校核,确保测量放线成果的正确性;做到持证上岗,无证者不得从事试验工作;定期维修保养试验工具。

4. 资料管理

油库项目的资料管理不同于一般项目,具备严格的资料管理制度,工程质量、施工技术的记录、文件和资料必须明确:①工程干到什么部位记录到什么部位;②真实反映工程施工实际情况;③填写工整、洁净,档案用黑墨水填写;④签证、盖章齐全;⑤能交圈;

⑥及时向所在部门移交；⑦严格按照国家《照片档案管理规范》GB/T 11821—2002 进行管理。

5. 深化设计及 BIM 管理

油库项目专业多，管线及预留预埋错综复杂，钢储罐拼接焊缝多，在施工中相对烦琐，施工前提前进行深化设计及引进 BIM 技术，对钢储罐的拼板及工艺管线进行优化，有效节约成本。

（1）深化设计的原则

保证使用功能的原则；方便施工的原则；方便系统调试、检测、维修的原则；美观的原则；结构安全的原则；成本最优原则。

（2）深化设计管理要点

土建（建筑-结构-机电-装修综合图、防水节点大样、综合洞口、门窗后封堵大样、隔声降噪深化设计、设备基础预留预埋综合图）、钢储罐（储罐钢板排布深化设计、储罐钢板拼装施工模拟、储罐顶升施工模拟）、工艺及机电（工艺及机电综合协调线图，机房管道、设备综合排布及 BIM 模型图、机电末端综合排布图）、室外总平（室外管道综合排布、室外总平）。

（3）深化设计的管理职责

组织不同专业间图纸会审，若发现配合协调问题，则提出解决方案；参加各专业工程图纸会审，提出有关建议；审查各专业工程的施工组织设计，确保其满足管理要求；掌握各专业工程变更情况，分析其连锁变化及影响，提出建议方案报批并实施；提出施工可行性方案，为设计变更决策提供参考；制订图纸深化设计及送审计划表；审核深化设计单位的深化设计图纸；提交深化设计图纸至业主、监理、设计单位审核；配合并提交业主指定的分包工程深化设计相关平台资料；二次设计图纸报审，出施工图。

（4）BIM 软件选择

AutoCAD Revit 2013（建筑、结构、软件参数化三维建筑设备设计软件，建筑暖通、给水排水、电气、工艺管线综合碰撞检查专业设计应用软件）、AutoCAD Civil 3D（基础设施专业三维设计软件）、Navisworks Manage 2013（三维设计数据集成，软硬空间碰撞检测，项目施工进度模拟展示专业设计应用软件）、Autodesk 3ds Max（三维效果图及动画专业设计应用软件，模拟施工工艺及方案）、广联达 3D 图形算量软件（完成建筑、结构图形算量及钢筋 3D 翻样及加工料表编制）。

1.5.2 进度管理

1. 进度管理制度

油库项目施工专业交叉多，工序复杂，各专业相互制约，因此必须有严格的进度管理制度才能保证项目工期按时完成，在同类项目的管理中总结了以下进度管理制度：施工进度计划的编制及调整管理办法；施工进度计划责任制；工艺安装计划管理规定；土建工程计划管理规定；物资采购计划管理规定；大型设备进场计划管理规定；物资、构件、半成品检验试验计划管理规定；施工总平面布置管理规定；主要机械设备使用计划管理规定；交叉施工管理规定；工作面中间验收、移交管理规定；施工进度计划实施反馈制度；施工进度计划奖罚制度；进度计划分级管理制度等。

2. 施工进度计划控制方法

(1) 制订分级控制保证计划

根据总工期进度计划要求，强化节点控制，明确影响工期的材料、设备、分包单位的考察日期和进场日期，加强对各分包单位的计划管理；建立以时保日、以日保周、以周保旬、以旬保月、以月保季、以季保年、以年保总体的计划管理体系。

(2) 组织措施

油库项目施工必须选择具有同类工程施工经验的高素质人员组成精干高效的项目班子；选择经验丰富、具有同类工程施工经验的管理人员组成项目经理部；选择长期合作的优秀劳务队伍组织施工，确保整个项目的决策层、管理层、劳务层的高素质、高效率，从人员上保证工期目标的实现；加大资源配备与资金支持，保证各种生产资源及时、足量的供给；加强例会制度，解决矛盾、协调关系，保证按照施工进度计划进行。

(3) 技术措施

项目制订二、三级工期网络和节点控制，并进行动态管理，在此基础上合理、及时插入相关工序，进行流水施工；精心规划和部署，优化施工方案，科学组织施工，使项目各项生产活动井然有序、有条不紊，后续工序能提前穿插；积极推广应用新技术、新工艺和成熟、适用的科技成果，依靠科技提高工效，加快工程进度。

(4) 材料保证措施

项目必须有完善的材料供应商服务网络，拥有大批重合同、守信用、有实力的物资供应商，能保证工程所需材料及时到场；成立场内外交通协调小组，保障大宗材料、设备的顺利进出场；根据工程进展，各专业工程师提前做好材料需求计划，以供项目材料部门及时采购；项目试验员对进场材料及时取样（见证取样）送检，并将检测结果及时呈报监理工程师。

3. 建立完善的工期预控机制

以项目总进度控制为基础，确定各分部分项工程关键点和关键线路，并以此为工期风险预控重点。

(1) 进度计划分级管理

进度计划的分级预警监控见表 1.5-1。

进度计划的分级预警监控表 表 1.5-1

序号	级别	控制内容
1	一级总体控制计划(总计划)	表述各专业工程的阶段目标，并由此导出工程整体工期目标，形成总控制计划，提供给业主、监理。总控制计划采用横道图＋网络图方式进行管理，在开工前录入"PAM"项目管理软件系统中。在施工过程中，以总进度计划作为控制基准线，各部门及各组均以此进度计划为主线，编制可保证项目综合进度计划实现的各项管理计划，施工过程中进行监控和动态管理。总进度计划为我公司向业主承诺进度保证的方式之一
2	二级进度控制计划(阶段计划)	以总进度计划为基础，主要分部分项工程为目标，以专业阶段划分为基础，分解出每个阶段具体实施时所需完成的工作内容，并以此形成阶段计划，便于各专业进度的安排、组织与落实，实现有效地控制工程进度，在作业队进场时提供给他们，使他们对自己的工作时间有明确的认识。在每次月总结时，将二级进度完成向全体人员进行通报

序号	级别	控制内容
3	三级控制计划（月进度计划）	以二级进度计划为依据,进行流水施工和交叉施工间的工作安排,进一步加强控制范围和力度,月计划安排,考虑到每个参与工程施工的单位均需要重视,具体控制到每一个过程上所需的时间,充分考虑各专业间在具体操作时要控制的时间。所有部门与专业组所必须服从的重点,是优化动态管理的依据
4	辅助计划（周计划、补充计划和分项控制计划）	补充计划:每月 25 日向业主提供下月计划,对计划中出现的偏差进行纠偏,对修改后的计划及时制订补充计划,并上报监理审批。 分项控制计划:按照工程实施情况,制订分项控制计划,分项控制计划在专业交叉、施工进度较紧,或工序复杂的情况下采用流水节拍,并编制流水施工计划。 周计划:周计划是每周各专业具体完成工作计划的具体实施,由各专业现场负责人在工程例会上落实,并在下次工程例会上进行检查。将每周完成的工作情况与下周工作计划的调整和纠偏在监理例会向业主与监理进行通报

（2）运用现代化管理手段进行监测

各责任工程师每天对现场的施工情况进行检查、汇总记录，及时反映施工计划的执行情况。进度监测依照的标准包括：工作完成比例；工作持续时间；实物工程量完成比例（完成任务量可以用实物工程量、劳动消耗量和工作量三种物理量表示。为了比较方便，一般用它们实际完成量的累计百分比与计划的应完成量的累计百分比进行比较）；用工数量。

（3）加强现场监控及调度工作

调度工作主要对进度控制起协调作用。协调配合关系，解决施工中出现的各种矛盾，克服薄弱环节，实现动态平衡。调度工作的内容包括：检查作业计划执行中的问题，找出原因，并采取措施解决；督促供应单位按进度要求供应资源；控制施工现场临时设施的使用；按计划进行作业条件准备；传达决策人员的决策意图、发布调度令等；要求调度工作干得及时、灵活、准确、果断。

（4）加强数据分析对比工作

施工进度的检查与进度计划的执行是融合在一起的，计划检查是计划执行信息的主要来源，是施工进度调整和分析的依据，是进度计划控制的关键步骤。

进度计划预控的检查方法主要是对比法，即实际进度与计划进度进行对比，从而发现偏差，以便调整或修改计划，主要是在图上对比。按计划图形的不同采用不同的检查方法，包括：横道计划检查法、实际进度前锋线法等。

① 建立监测、分析、反馈进度实施过程的信息流动程序和信息管理工作制度，如工期延误通知书制度、工期延误内部通知书制度、工期延误检讨会、工期进展通报会等。

② 要求各队伍每日上报劳动力人数与机械使用情况，每周呈交进度报告，同时要求现场土建、工艺、机电工程师跟进现场进度。

③ 跟踪检查施工实际进度，专业工程师监督检查工程进展。根据对比实际进度与计划进度，采用图表比较法，得出实际与计划进度相一致、超前或拖后的情况。

1.5.3 质量管理

1. 质量管理制度

油库项目涉及专业广、交叉作业多，尤其是钢储罐焊接、管道对口、防腐涂刷等关键工序直接影响后期使用安全，若施工质量控制不严格出现质量隐患，将会出现重大质量引发的安全事故。制订如下详细的质量管理制度：施工图纸会审制度，样板引路制度，取样送检制度，工程质量三检制度，施工工艺交底制度，原材料、设备跟踪制度，质量通病防治专项制度，工程例会制度，成品保护制度，测量及计量器具性能精度检查制度，质量奖罚制度。

2. A、B、C质量控制

验收权限：A应由业主、监理见证确认后，才能进行下一道工序；B应由监理、施工方质检人员见证确认后，才能进行下一道工序；C应由施工方及作业队之间人员见证确认后，才能进行下一道工序。

A、B、C质量控制点：

(1) 储罐基础施工

原材料出厂合格证书、材质抽样检查（B）；定位放线复测（坐标、标高）（B）；基础验收、基础及防潮层隐蔽检查（A）；钢筋工程隐蔽检验（B）；模板检查（B）；混凝土强度检查（B）、砌筑砂浆强度检查（B）；基础内填砂密实度检查（B）；沥青砂施工厚度检查（B）；沥青砂表面不平度检查（A）；大型储罐基础沉降测试试验（B）；土建与设备安装工程中间交接检验（B）。

(2) 储罐制作安装

设备基础交接检查（B）；焊接工艺评定（A）；原材料验收（B）；底板防腐检查（B）；底板真空试验（B）；坡口加工及组对质量检查（B）；组对质量几何尺寸检查（B）；无损探伤结果确认及X光片复查（A）；梯子、平台、栏杆、附件检查（B）；充水试验（A）；防腐质量检查（B）；基础沉降观测（A）。

(3) 土石方工程

桩基工程检查、验收交接（A）；线路、建筑物平面坐标，高度测量控制布置（B）；基坑（槽）放线、开挖宽度、深度确认（A）（C）；轴线定位、标高测量（A）；基底钎深、地基验槽（A）；基底处理情况检查（B）；地基与基础隐蔽前检查（A）；回填标高，密实度检查（C）；土石方分项工程验收（B）；基础主体（钢筋混凝土结构）（A）。

(4) 模板

轴线定位标高测量（A）；模板选择、清扫、隔离剂涂刷检查（C）；支模强度、刚度、稳定性、支撑位置合理性检查（B）；预留孔、预埋件、中心、标度、尺寸检查（B）；模板接缝、沉降缝处理检查（B）；模板分项工程质量验收（B）。

(5) 钢筋

原材料产品合格证、材料证明书（B）；原材料规格、型号、数量检查（B）；钢筋焊接实验检查（B）；焊工合格证、操作证检查（B）；钢筋制作半成品检查（C）；预留连接钢筋锚固筋检查（C）；钢筋绑扎，隐蔽检查（A）；钢筋分项工程质量验收（B）。

(6) 混凝土

原材料及配合比检查（B）；混凝土或试块强度检查（B）；混凝土振捣检查（B）；混凝土搅拌（配合比、时间、计量）检查（C）；混凝土养护检查（C）。

(7) 建筑工程

定位放线检查（A）；混凝土坑（槽）验槽（A）；基础钢筋隐蔽验收（A）；基础模板

（C）；基础土方回填隐蔽（A）；砖样垂直度平整度检查（C）；圈梁、构造柱钢盘检查（A）；圈梁、构造柱钢盘模板（C）；现浇屋面模板；现浇屋面钢筋（A）；主体验收（A）；内样、顶棚抹灰（C）；外样抹灰（C）；门、窗验收（B）；木门安装（C）；铝合金窗安装（C）；内样、顶棚涂料（C）；外样涂料（C）；木门涂漆（C）；屋面防水（A）；竣工验收（A）。

（8）保护控制盘、屏及二次回路

设备材料核对（B）；土建安装交接检查（C）；基础型钢安装（C）；盘（屏）、柜安装（C）；接地安装（C）；小母线安装（C）；盘（屏）、柜内校线（C）；端子板接线（C）；继电器调整试验（C）；电气测量仪表校验（C）；绝缘电阻测定（C）；防爆、防护密封检查（A）；通电前检查（A）；电气模拟试验（A）；受电试运行（A）；外观及铭牌核对（B）。

（9）电机电气

接地或接零（C）；电机抽芯（A）；电机干燥（C）；控制设备安装（C）；电气配管（C）；防爆、防护密封检查（A）；电机试验（C）；接线及密封检查（C）；绝缘电阻测定（C）；试运转前检查（A）；电气模拟试验（A）；电机试运行（A）。

（10）避雷针（网）及接地装置

材质及规格核对（B）；接地体安装检查（C）；接地母线连接检查（C）；接地网整体检查（C）；阴极保护系统安装、调试（C）；隐蔽工程记录（A）；避雷引下线检查（C）；避雷网检查（C）；避雷针、塔制作安装（C）；静电接地跨接及连接（C）；防腐检查（C）；接地电阻测定（C）。

（11）电缆工程

材料规格、材质核对（B）；土建、安装交接检查（C）；桥、支架制作安装（C）；电缆导管安装（C）；电缆吊索安装（C）；电缆沟检查（C）；接地安装检查（C）；防腐处理检查（C）；敷设前绝缘检查（C）；电缆敷设（C）；电缆接头制作安装（C）；电缆整理、排列（C）；保护管密封检查（C）；隐蔽工程记录（A）；电缆标志桩、标牌（C）；电缆绝缘试验（C）；受电试运行（A）。

（12）照明装置

设备材料核对（B）；配电箱安装检查（C）；灯柱（杆）安装（C）；保护管安装（C）；线路敷设（C）；照明器具安装（C）；接地或接零检查（C）；防爆、防护密封检查（A）；绝缘电阻测定（C）；灯具试亮（A）。

（13）电缆槽架及主电缆

支架安装（C）；槽架安装（对口、拐弯、隔板、固定）（B）；涂漆（C）；电缆敷设（B）；盖板固定（C）。

（14）防腐蚀施工

设备、管道交接检查（B）；材料交接检查（B）；基层表面检查（B）；配料比检查（C）；底漆检查（A）；绝缘层或中间漆检查（B）；防腐蚀面层及外观检查（A）。

3. 检验、试验标准和方法

（1）土建工程质量验证标准和方法

① 土石方分项工程

桩基工程检查、验收交接（按《建筑地基基础工程质量验收标准》GB 50202，轴线位置及标交测量）；线路、建筑物平面坐标、高度测量控制布置（按总图，测量）；基坑（槽）放线开挖宽度、深度确认（按图纸要求，测量）；轴线定位、标高测量（按《工程测量成果检查验收和质量评定标准》YB 9008，测量）；基底钎探、地基验槽（按《土工试验方法标准》GB/T 50123，目测、尺量检查）；基底处理情况检查（按《建筑地基处理技术规范》JGJ 79，试验）；地基与基础隐蔽前检查（按《混凝土结构工程施工质量验收规范》GB 50204，尺量检查）；回填标高，密实度检查（按《土工试验方法标准》GB/T 50123，试验）；土石方分项工程验收（按《防洪标准》GB/T 50201，测量）。

② 基础主体（钢筋混凝土结构）

模板：轴线定位标高测量（按《工程测量成果检查验收和质量评定标准》YB 9008，测量）；模板选择、清扫、隔离剂涂刷检查（按《混凝土结构工程施工质量验收规范》GB 50204，目测、尺量检查）；支模强度、刚度、稳定性、支撑位置合理性检查（按《混凝土结构工程施工质量验收规范》GB 50204，目测）；预留孔、预埋件、中心、标度、尺寸检查（按《混凝土结构工程施工质量验收规范》GB 50204，尺量检查）；模板接缝、沉降缝处理检查（按《混凝土结构工程施工质量验收规范》GB 50204，目测）；模板分项工程质量验收（按《混凝土结构工程施工质量验收规范》GB 50204，测量）。

钢筋：原材料规格、型号、数量检查（按《土工试验方法标准》GB/T 50123，尺量检查）；钢筋焊接试验检查（按《土工试验方法标准》GB/T 50123，试验）；焊工合格证、操作证检查（有效性检查）；钢筋制作半成品检查（按《混凝土结构工程施工质量验收规范》GB 50204，按图检查）；预留连接钢筋锚固筋检查（按《混凝土结构工程施工质量验收规范》GB 50204，按图检查）；钢筋绑扎、隐蔽检查（按《混凝土结构工程施工质量验收规范》GB 50204，目测、尺量检测）；钢筋分项工程质量验收（按《混凝土结构工程施工质量验收规范》GB 50204，按图检查）。

混凝土：原材料及配合比检查（按《土工试验方法标准》GB/T 50123，试验）；混凝土或试块强度检查（按《混凝土强度检验评定标准》GB/T 50107，试验）；混凝土振捣检查（按《混凝土结构工程施工质量验收规范》GB 50204，旁站、目测）；混凝土搅拌（配合比、时间、计量）检查（按《混凝土结构工程施工质量验收规范》GB 50204，旁站、检查）；混凝土养护检查（按《混凝土结构工程施工质量验收规范》GB 50204，定期观察）；基础外观尺寸，标高检查（按《混凝土结构工程施工质量验收规范》GB 50204，测量）；基础预埋螺栓、预留螺栓孔尺寸位置高度检查（按《混凝土结构工程施工质量验收规范》GB 50204，按图复测）；基础隐蔽检查（按《混凝土结构工程施工质量验收规范》GB 50204，目测与测量）；基础沉降观测（按《混凝土结构工程施工质量验收规范》GB 50204，仪器测量）；混凝土分项工程质量验收（按《混凝土结构工程施工质量验收规范》GB 50204，资料检查、现场观测）。

（2）钢储罐制作安装质量验证标准和方法

设备基础交接验收（《立式圆筒形钢制焊接储罐施工规范》GB 50128、《钢制焊接常压容器》NB/T 47003.1，尺量）；主材验收（《立式圆筒形钢制焊接储罐施工规范》GB 50128、《钢制焊接常压容器》NB/T 47003.1，清点、外观检查）；焊接工艺及焊工资格确认（《承压设备焊接工艺评定》NB/T 47014，试验、有效性检查）；底板防腐检查（《涂覆涂料前钢材表面处理 表面清洁度的目视评定》GB/T 8923.1～8923.4，目测）；底板真空试验（《立式圆筒形钢制焊接储罐施工规范》GB 50128、《钢制焊接常压容器》NB/T 47003.1，负压、检验）；坡口加工及组对检查（《立式圆筒形钢制焊接储罐施工规范》GB 50128、《钢制焊接常压容器》NB/T 47003.1，尺、目测）；组对几何尺寸检查（《立式圆筒形钢制焊接储罐施工规范》GB 50128、《钢制焊接常压容器》NB/T 47003.1，尺测）；焊缝外观检查（《立式圆筒形钢制焊接储罐施工规范》GB 50128、《钢制焊接常压容器》NB/T 47003.1，透视）；无损检测（《承压设备无损检测》NB/T 47013.1～47013.10，X射线透视检查、渗透）；开孔方位检查（《立式圆筒形钢制焊接储罐施工规范》GB 50128、《钢制焊接常压容器》NB/T 47003.1，测量对图纸）；梯子、平台、栏杆附件检查（《立式圆筒形钢制焊接储罐施工规范》GB 50128、《钢制焊接常压容器》NB/T 47003.1，按图检查）；罐体试验（《立式圆筒形钢制焊接储罐施工规范》GB 50128、《钢制焊接常压容器》NB/T 47003.1，水试验）；人孔封闭检查（《立式圆筒形钢制焊接储罐施工规范》GB 50128、《钢制焊接常压容器》NB/T 47003.1，目测）。

4. 分项工程质量通病及质量保证措施

（1）储罐制作安装质量通病的防治措施

①不要忽视对储罐内表面的焊缝余高及光洁度要求。采用倒装法的储罐施工每完成一带板在顶升之前均须项目部、监理、业主共同检查内表面的光洁度、焊缝余高等合格后方能往上升，一般储罐内焊缝余高不得超过1mm，且需圆滑过渡，不得有毛刺。②储罐底板三层钢板搭接处焊接一次成型容易出现漏点。底板三层钢板搭接处焊接时焊工往往为了省事只焊一道，如此容易出现裂纹和漏焊情况，要求所有的三层钢板搭接焊缝必须焊两道以上，焊后用渗透探伤和真空试验进行全面检查，及时发现和处理漏点。③不要忽视储罐接管补强板透气孔的重要性。在进行储罐接管及补强板施工时较多的人忽视或不了解透气孔的作用，最后导致接管与罐壁的连接焊缝处出现漏点，因此接管补强板安装前必须按设计文件规定先开好透气孔，焊接工作完成后通过透气孔检查接管与罐壁焊缝有无漏点。

（2）设备安装质量保证措施

①变压器在吊装过程中应保持变压器平衡上升，防止变压器发生倾斜。在搬运或装卸前，应核对高压、低压侧方向，以免安装时调换方向发生困难。二次搬运中不应有严重的冲击和强烈振动，更不可损伤高低压绝缘子。②柜、屏、箱、盘安装垂直度允许偏差为1.5‰，相互间接缝不应大于2mm，成列盘面偏差不应大于5mm；多台成列安装时，应逐台按顺序成列找平找正，并将柜间间隙调整为1mm左右，带紧螺栓后再进行整体调整，误差较大的还要进行个别调整；配电柜安装完毕后，应使每台柜均单独与基础型钢做接地（PE）或接零（PEN）连接，以保证配电柜的接地牢固良好。连接接地线时，应将配电柜的接地螺栓与接地网的接地螺栓用导线相连。

（3）管道施工质量通病的防治

①管道清理及保护：管道施工时施工人员经常将工具、手套、水瓶等杂物遗忘在管道内，另因管道内沙子未清理干净，给吹扫试车带来重大安全隐患，要求向全体管道施工人员做书面交底，责任落实到人，谁安装谁负责；管道封闭焊接前必须拍照以及通知监理人员进行隐蔽检验，做好验收记录；管道预制、转运、安装时做好封口工作。②管道安装坡度：所有管道应该有正确的坡度。输油管的坡度要先复核各储罐基坑和罐底标高，若相对标高有误，会形成倒坡，使油品倒罐后的管道难以放空。

5. 季节性施工质量保证措施

（1）雨期施工质量保证措施

①施工期间密切注意天气预报，降雨来临前，做好相应防护及加固措施。②配备足够的防雨、防潮材料和设备，包括潜水泵、塑料薄膜、彩条布、雨衣、雨鞋等雨季物资；安排好雨期施工项目，不宜在雨期施工的工序如油漆、焊接等，应尽量避开雨期施工；如工期紧张，无法避开时搭好防雨棚，应做好现场安全防护，并做好安全技术交底。③做好现场的排水系统：运输道路应做好路拱，压密实，保证雨后通行不陷；道路两旁要做好排水沟，排水沟与总排水渠相通，并向排水方向找坡；对进出场设备造成的路基损害及时修复，以免影响后期设备材料搬运。④设备防护：现场中小型机械必须按规定加护罩或防雨棚，且接地可靠；施工现场用配电箱要加盖防雨篷布；机电设备的电闸要采取防雨、防潮措施，并应安装接地保护装置，以防漏电、触电，防止雨水进入漏电开关，造成短路。⑤施工材料：准备雨期施工材料及防护材料，水泥等物品码放处要通风良好，以防受潮；进入现场设备材料避免堆在低洼处，露天存放的垫高加彩条布盖好；现场材料库、设备库及仪表、电气试验室要有切实可行的防潮措施，以保证温度、湿度满足要求。

（2）高温天气施工质量保证措施

①保持工人宿舍清洁宽畅，通风良好，每间宿舍配备电扇（空调），给工人提供良好的休息环境。②高温期间采取"做两头、歇中间"避高温，延长午休时间，尽可能避开中午烈日暴晒，确保职工安全和健康。③后勤卫生保障措施落实：施工现场供应凉茶、桶装饮用水和盐汽水等清凉饮料，并为工人配备清凉油、人丹、风油精等防暑降温药品。④确保食堂、厕所、淋浴间等临时设施符合标准和满足防暑降温的要求，加强对饮用水、食品的卫生管理，严格执行食品卫生制度，做好施工现场的食品卫生防疫工作。⑤对一线工人进行挑选，杜绝年龄偏大、身体不适者。⑥加大对施工人员自我劳动保护、安全施工意识的宣传教育力度。

（3）冬期施工质量保证措施

① 土方工程：在冬期施工应做好连续施工；在基坑开挖土方时，基坑内留置 0.3m 厚余土，并将回填用土方和留土层均匀覆盖，防止冻结；必要时加草袋覆盖保温。填方前清除所留土层，并按每层 0.25m 铺土夯填，消除冰雪填方边坡表面面层 1m 范围内不得用冻土填筑；地面层下的填方，填土中不得含冻土块，填方上层选用未冻或透水性好的土料回填；室外的基坑（槽）或管沟可用含冻土块的土回填，但冻土块体积不得超过填土总体积的 15%，冻土大小不得超过 0.15m，并均匀分布；管沟底至管顶 0.5m 范围内不得用含有冻土块的土回填；冬季开挖土方上侧弃置冻土时，弃土堆置坡脚至挖方上边缘的距离，应为常温条件下规定的距离加上弃土堆的高度；回填土时，在保证基坑土不受冻、边坡不塌方时，可适当少填，待适宜气候再回填，对较为重要的部位或必要时，可采用砂土或砂石土回夯填。

② 工艺管道安装工程：阀门水压试验要排除积水，并擦拭干净，阀门口封闭并妥善保管；管道在低于 5℃ 条件下焊接时，应用汽油喷灯进行预热，温度按材质由技术人员依焊接规范确定。焊后要进行保温热处理，防止裂纹产生。当管道系统水压试验和水冲洗后，要排尽管道内积水；施焊场地环境温度要高于 5℃，空气要干燥，以免产生气孔、裂纹等焊接缺陷，管道接头处坡口要清理干净；管道采用氩弧焊打底焊接时，风速大于 4.5m/s，要设置焊接防护棚，在防护棚内施焊管道时，若环境相对湿度超标，可安装去湿机或碘钨灯，以降

低相对湿度；各类管道在焊接过程中，应采取措施，防止管内成为风道。

③ 电气、仪表安装工程：电气、仪表设备调校必须在 20℃的空调环境下进行；电气、仪表线缆安装接头处理要清理干净，导电母线的焊接要在 10℃以上环境进行；电气、仪表设备安装时不得有风雨雪侵蚀，电气、仪表的保护管安装同管道安装要求；电缆敷设在需要改变方向的关键点时应加套保温，以便于弯曲。

1.5.4 安全管理

1. 安全管理制度

油库项目施工的安全管理与一般项目的安全管理有很大区别，重点在动火作业、车辆及人员进出管理、动土作业、消防管理等，结合我公司多个油库项目的施工经验，总结出以下 14 条安全管理制度：门禁管理、作业许可证管理、安全教育管理、动火作业管理、动土作业管理、起重作业管理、危险物品管理、射线作业管理、高处作业管理、临时用电管理、安全防护管理、消防管理、季节性施工安全管理、非生产区安全管理及其他。

2. 安全管理措施

（1）全封闭隔离措施

为保证施工期间储油区的正常生产，防止施工人员闯入储油生产区以及运输车辆运行过程中产生的火星及静电影响储油区安全，我方进场后将对生产区和施工区采取隔离措施。

（2）爆破施工安全措施

① 爆破安全因素：爆破地处油库区，主要考虑爆破振动、爆破飞石对环境的影响。

② 爆破警戒要素：根据爆破点的实际地形情况和国家有关爆破安全规程，划定警戒区域；树立爆破危险区警示牌，写明爆破危险等内容；爆破前派专人在爆破区警戒点警戒，起爆前 20min，禁止人员、车辆进入警戒区内，撤离在警戒区域内的人员，并负责观察警戒区范围的动静，发现情况应及时用对讲机通知起爆站暂停起爆。

（3）土石方工程安全措施

① 山体护坡：罐室位于山体中，开挖过程中有采取放坡的保证措施，但遇到风化岩石层无法保证放坡系数。即使岩石边坡滑移塌方的风险较小，但由于罐体施工时间较长，边坡长期暴露，随时存在碎石滑落的危险，为保证基坑内施工的安全，我方拟采用覆盖网片的方式对较容易发生石块滑落的位置进行覆盖加固。同时，在后期施工过程中定期对边坡进行监测，尤其是暴雨季节更要加强监控，保证边坡安全的万无一失。

② 基坑排水措施：罐室主体施工周期长，若遇到雨期，基坑四周的雨水及山体中的渗透水都会集中到基坑中，大量雨水留入基坑会影响施工且造成塌方的危险，在基坑四周设置排水沟将雨水引入集水坑，再由潜水泵将雨水抽到基坑以外指定位置排放。

③ 土石方开挖注意事项：基坑开挖过程中土方应随挖随运，不得随意堆置于基坑周边；坑底部应留 30cm 余土，人工清理；如果基坑发生边坡失控现象，应立即停止土方开挖施工，调查原因，采取加固措施后才能继续进行土方开挖；严禁超挖，若不慎将土方超挖，补救方法为采用 C20 细石混凝土浇筑填补至设计标高的方法进行补救；开工前要做好各级技术准备和技术交底工作，施工技术人员要熟悉图纸，掌握现场测量桩及水准点的位置尺寸；施工中要配备专职测量工进行质量控制，及时控制开挖标高。

（4）钢支撑胎架施工安全措施

施工前编制详细的施工方案，现场搭设严格按照方案执行；钢支撑胎架体系应稳定、牢靠，能够形成稳定的空间体系且满足相关要求；架设过程中，罐室外拉设警戒线，严禁无关人员进入罐室内部，并及时铺设安全网及临边防护，确保施工人员安全作业，防止坠物；钢支撑胎架拆除时，卸下的材料禁止直接抛落，应使用卷扬机或电动葫芦缓慢吊运，连接销、螺栓等较小材料应打包后缓慢吊运；组装及拆除过程中高空作业人员必须在安全、可靠的环境下实施作业，平台上设置安全网、安全绳等安全设施，高空作业人员必须系安全带，安全带使用时确保高挂低用。

（5）钢储罐施工安全措施

钢储罐金属部分应可靠接地，仔细检查一次、二次电源线是否有破损情况，一次进线与罐体金属接触的部位应用橡胶板隔离；混凝土罐室入口设置送气轴流风机，钢储罐顶必须配置排风轴流风机，风机每小时排风量以5倍封闭容积为宜；在基础圈梁底部设置施工、检查人员进出钢储罐的通道，兼作应急通道和送排气通道；钢板或单元板运输的胎具应有防止构件滑动的措施；拱顶踏步可提前安装，以方便在拱顶上的操作施工。拱顶栏杆安装前，拱顶上部应按要求设置安全钢丝绳，上部作业人员应将安全带挂于安全绳上；所采用的起升设备应进行强度和稳定性校核，满足使用要求；每带壁板提升时应统一指挥，各负其责，分工明确，步调一致，随时观察高度标记，提升高度应一致，避免摆动。若发生倾斜，应暂时停止提升，及时调整罐体高度；如果因故停止提升，应采取措施处理，不得将罐体悬空时间过长，更不能过夜；罐内应采用安全电压照明；油罐强度、严密性、稳定性试验后应立即使储罐内部与大气相通，恢复到常压。

（6）旧储油罐及工艺管道拆除施工安全措施

拆除方案应经业主、监理审批；由业主负责停运及放空储罐及管线，并进行安全隔离，进行吹扫并检查合格无残留物；所有进入储罐的操作设备必须为防爆级别；工作人员消除静电后佩戴防毒面罩，穿戴防静电胶鞋，携带特制铜质工具才能进入储罐作业；备好消防车、地上消火栓等消防器材；需要由具备拆除施工经验的人员操作；必须采用三台相同型号规格的防爆可燃气体测试仪和一台可燃气体测爆仪，须能检测到40m范围以内可能存留的油品蒸气的浓度；切割前必须办理动火作业证并进行气体检测，之后切割原有环形焊缝，每次切割前必须重新进行油气浓度测量。

（7）新旧油管接驳施工安全措施

接驳方案应经业主、监理审批；由业主负责停运及放空管线，进行吹扫并检查合格无残留物；备好切割滚刀，严禁气割。备好接油桶、钢板、钢丝、胶泥等封堵材料；备好灭火毯、泡沫灭火器等消防器材；需要由具备接驳施工经验的人员操作。

3. 应急管理

某油库项目消防知识培训及应急演练如图1.5-1所示。

（1）防汛应急预案

油库项目施工时间跨度均超过3年，工程施工必定经历至少两个雨期，因此做好现场的防汛应急预案相当重要。

① 组织工作：成立以项目经理为第一责任人、项目管理人员和施工作业队长为组员的施工现场领导小组，将方案编制、措施落实、人员教育、料具供应、应急抢险等具体职

图 1.5-1　某油库项目消防知识培训及应急演练

责落实到主控及相关部门，同时明确各责任人。

② 现场准备：由于施工现场面积较大，现场四周设置明沟进行雨水排水，并做好排水坡度，将水引至现场设置的排水明沟，汇总后排入河道。施工现场应根据地形对场地进行平整、找坡硬化，以保证水流畅通，不积水，防止四邻地区水倒流进入场内。

（2）大风天气应急预案

① 及时了解天气预报，做好防范措施，在大风到来前进行全面检查。

② 大风来临时，必须立即停止吊装、焊接作业，及时将未就位的构件进行临时固定，对扳手、螺栓、焊条等小型材料用具必须装入工具包中带走；对于未安装好的屋面板，用麻绳将板与屋架牢牢捆绑，防止被风刮走。

③ 塔式起重机要细致检查一遍，同时塔式起重机的小车和吊钩均要停靠在最安全处，封锁装置必须可靠、有效。对塔式起重机拔杆进行了限位的应将拔杆用缆风绳固定在可靠的结构上，驾驶室的门窗要关闭锁好。大风到来时各机械停止操作，人员停止施工。

④ 在大风之后立即组织人员对机电设备、防雷接地、外架稳定性、现场消防设施等方面进行全面检查，保障安全生产。

4. 应急救援的基本要求

（1）物体打击应急措施

① 当施工现场发生物体打击事故时，目击者应高声呼救，并拨打应急电话通知现场应急办公室或应急负责人，同时也要通知离出事地点最近的管理人员，该管理人员应迅速赶到出事地点，对事故情况迅速做出初步判断，除临时承担指挥应急抢救工作外，应再一次电话通知现场应急负责人及相关人员。

② 发生重伤或死亡的严重事故时，应急负责人应及时指派应急人员迅速对现场进行警戒，并维持秩序。发生物体打击的区域要立即停止所有作业，并由相关的施工员、班组长带作业人员离开作业面，以班组为单位有序地从楼梯或脚手架的安全通道上撤离地面，直接由各自的项目队长带回生活区，不得在现场围观或逗留；并由应急抢险人员对事故发生点进行看护。

③ 应急抢险队应保护现场，疏散现场闲杂人员，禁止围观，避免拥挤造成高处坠落。

（2）高处坠落应急措施

① 当施工现场发生高处坠落事故时，目击者应高声呼救，并拨打应急电话通知现场应急办公室或应急负责人；同时，也要通知离出事地点最近的管理人员。该管理人员应迅速赶到出事地点，对事故情况迅速做出初步判断，除临时承担指挥应急抢救工作外，应再一次电话通知现场应急负责人及相关人员、现场救护人员马上赶到出事地点；电话通知时，应准确地说明事故地点、时间、受伤人数和受伤程度。

② 现场应急负责人接到报告后应及时赶到现场或紧急授权应急指挥部其他领导负责救援工作，并在第一时间通知医疗救护组或医务人员赶到现场进行救治。

（3）起重伤害应急措施

① 起重吊装的紧急情况往往发生在一瞬间，很多人都还没有反应过来，第一名示警者应大声呼喊："快跑"，并准确引导作业人员进行疏散。如作业人员行动有偏差，应直呼其姓名，给予正确引导，班组长和安全员应立即通过电话向项目经理报告"在哪里""什么事""具体情况"，简单、明了地重复两次。

② 起重设备倒塌后，坠落的构件可能悬浮不稳，影响设备、管道，损坏电缆、电线，如事故影响还在继续或加重，抢救人员不得进入事故现场，应通过扩声器指挥被重物压住或围困住的人员保持冷静并积极展开自救，告知已采取的具体救援措施，防止他们慌乱紧张，造成创伤面更大的伤害或引起倒塌坠落物的再次失稳，引导他们对流血处做力所能及的止血处理。

（4）坍塌应急措施

① 一旦发生结构坍塌，目击者或现场安全巡视员发现后，立即大声呼喊或用对讲机报告。

② 坍塌一般是由于掏挖或吊装构件位置控制不当，使结构失稳或受到不适当外力造成。这时，应停止掏挖；如正在吊装构件，应停止吊装。起重机操作人员应根据情况尽可能地采取措施减少损失，并控制构件空间位置，使其不下坠。

③ 现场应急负责人接到报警后，立即通知应急抢险队和医疗救护组就位，准备实施救护和抢险，同时下令所涉及的作业队、作业班组暂停施工，附近作业人员应先行撤离危险区，封锁施工区域，进入局部应急状态。

④ 如大面积坍塌，自身应急能力不能满足应急抢救的需要，应立即报告企业应急办公室、业主及政府有关部门，要求启动企业级及以上的应急预案及响应。

⑤ 现场救护由现场应急负责人指挥，组织应急抢险队、医疗救护组按已制订的应急措施实施救援，现场技术负责人根据现场情况进行有关技术方面的决策和指导。

⑥ 组织机械、人员进行抢救被坍塌掩埋的人员，且应防止抢救过程中的坍塌。对于受伤人员，应根据相关急救知识，把伤员平稳放上担架，禁止生拉硬拖，造成加重伤害或再次伤害。

⑦ 当伤员已经移出作业危险区后，对伤员可进行现场临时急救，较重的伤员应送往专业的医院进行抢救。

⑧ 现场应急负责人应组织人员隔离事故现场，准备开展相应的事故调查。

（5）触电应急措施

发现有人触电时，应立即使触电人员脱离电源。脱离方法如下：低压设备触电，救护人员应设法迅速切断电源，如拉开电源开关、刀闸，拔除电源插头等；或使用绝缘工具，如干燥的木棒、木板、绝缘绳子等绝缘材料解脱触电者；可抓住触电者干燥而不贴身的衣服，将其拖开，切记要避免碰到金属物体和触电者的裸露身体；可用绝缘手套或用干燥衣物等包起绝缘后解脱触电者；救护人员可站在绝缘物体或干木板上，自身绝缘后进行救护。为使触电者脱离导电体，最好用一只手进行。

（6）中毒、窒息应急处置

① 现场人员发现有人员中毒时应立即通知应急小组成员。

② 现场人员应先用湿毛巾捂住口鼻抢救中毒人员，并将患者移到通风良好、空气新鲜的地方，注意保暖。如毒气扩散范围过大，现场人员应撤离到安全地方，等待应急小组成员到来，抢救人员应配备防毒面具，投入抢救工作中。

③ 确保患者呼吸道通畅，对神志不清者应将头部偏向一侧，以防将呕吐物吸入呼吸道引起窒息。

④ 查找气体中毒原因，排除隐患，防止事故扩大或再发生。

（7）洪水应急措施

① 除了准备常用的应急物资外，要有针对性地准备防洪应急物资，如防洪使用的大口径潜水泵、挖掘机、草袋、应急灯等。

② Ⅰ级响应级别。按照国家、事件所在省和公司应急救援指挥部组织、指挥、协调的处理方案执行。

③ 当局部灾害区域发生洪水时，要首先采取排洪措施，疏通排洪渠道，或设置多台大口径潜水泵抽排。

④ 当洪水淹没施工现场，洪水水流冲击现场设备、设施及其基础时，首先要让洪水水流改道，流向易于分洪的地方，避免冲击设备设施。除了抗洪使用的临时电源外，切断施工现场所有电源，防止电危害。

⑤ 对于遇水将引起剧烈反应的化学品，及时采取措施隔离阻断，确保化学品不致在水浸中发生次生灾害。

⑥ 当洪水淹没道路时，要派员按道路布置图，摸清道路基本情况，设置道路指示牌，以利于应急运输车辆通行。

⑦ 需要上江河堤坝抢险的，按当地政府防汛指挥部的安排执行。

⑧ 在漫水通道设立引导牌，并在有车辆、行人通过的漫水井、涵口处设立明显的警示标识。

⑨ 为保证工程质量，不管是业主供应还是项目自行采购的材料，都必须满足设计要求或相应的标准、规范要求，并附有出厂合格证、质保书、检验报告等有关证书、资料。

1.5.5 物资管理

1. 物资计划管理

（1）物资部根据物资（含周转料具）需要，结合物资市场流通情况和价格信息，并按《工程合同》物资供应条款、物资供应渠道、季节性产供销情况及采购运输需要时间等，综合平衡，于每月25日前编制、报审《物资采购计划》后发送或下达；

（2）业主供应物资的《材料需用计划》（每季首月15日前、每月5日前报下季、下月

计划);

（3）向料具租赁单位报送《料具租赁计划》；

（4）运输物资的铁路、公路、河海、航空等的《运输计划》；

（5）当月采购、运输需要的财务《用款计划》；

（6）因工程设计变更、经营、维修需要料具时，按相关规定程序办理《变更计划》；

（7）物资计划必须详细列出物资的品名、规格型号、质量标准或技术要求，需要时间、数量、单价、用途，设计指定生产供货厂家、交验地点；加工订货的成品、半成品须附《成品、半成品加工计划》或《图样》；

（8）技术员负责各项计划的检查落实，执行中存在问题及时处理或报告项目生产经理处理，避免计划不落实，影响供应。

2. 设备、半成品、材料管理

（1）设备、半成品、材料采购管理

① 物资采购应公开竞标，采取集中招标或网络采购方式，一般每标段至少选择 3~5 家符合条件的供应商参与竞标，秉持"公开、公平、公正"的原则，选择优质、低价的物资供应商；

② 物资部以《物资采购计划》为依据，按施工进度计划对各分项工程需用物资进行采购，同时应对急用物资（如因设计变更而提出的物资计划）立即响应采购。

（2）设备、半成品、材料的质量保证措施

① 第一，应成立设备、材料选择小组：包括业主、设计、监理和工程总包单位；由选择小组共同对物资设备及材料进行最终选择并确定质量标准；第二，严格样品报批制度，通过实际评价确定最优选择；第三，对进场物资设备进行严格的验收，对不符合要求的物资坚决不能投入使用；

② 在工程合同中，明确哪些物资由业主提供，哪些物资由项目经理部直接采购；

③ 加强材料的质量控制，凡工程需用的成品、半成品、构配件及设备等严格按合同文件及有关质量标准采购，并事先得到监理工程师的批准；

④ 施工材料到现场后，必须由项目物资、技术及试验人员进行抽样检查，发现问题及时与供货商联系，采取相应的措施；

⑤ 合理组织材料的供应和材料的使用并做好储运、保管工作，指定专人妥善保管，并协助做好原材料的二次复试取样、送样工作；

⑥ 对于施工用主材应加强取样工作，对每批进场水泥必须取样进行安定性及强度等物理试验，钢筋原材料必须取样进行拉伸、弯曲等物理试验，所有防水材料必须进行取样分析，所有原材料均应在取得合格的试验证明后方可投入使用，坚决不在工程中使用不合格材料；

⑦ 所有材料供应商必须持有所供产品的合格证，按监理工程师的规定要求进行抽样复试工作，质量管理人员对提供的产品进行抽查监督，凡不符合质量标准、无合格证明的产品一律不准使用，并采取必要的封存措施，及时退场；

⑧ 建筑材料、设备是建筑工程的物质基础，合理使用材料是保证建筑工程质量合格的重要环节。一定把好工程质量第一关，杜绝不合格材料进入工地。

（3）设备、半成品、材料的运输措施

① 设备、半成品、材料装卸搬运工作必须按照迅速、合理、安全、节约的原则，组

织采购和材料的运输及装卸搬运工作；

② 建立物资装卸、搬运工作制度，对搬运人员进行岗前培训；使其熟知各种物资的装卸搬运特点和要求，并建立人员档案和培训记录；

③ 物资搬运作业必须保持物资完好无损，严禁野蛮装卸、乱堆乱码，不得以大压小、以重压轻，混杂乱放，装卸、搬运、堆码危险品和有毒的物资须使用相应的防护用品、工具，并严格遵守有关安全操作规程；

④ 在物资仓库管理的各个环节要充分考虑装卸搬运的合理性，减少装卸次数，缩短搬运距离，以减少装卸搬运作业的费用。

3. 物资验收及贮存

（1）工程物资到达现场，项目材料员严格按照合同及有关标准验收，办理《验收单》入账、上卡，并及时通知项目试验员取样；

（2）验收主要结构材料、新型材料、工程特殊材料、进口物资、安全防护用品等，应同时分批验收《材质合格证》或《出厂检验报告》《说明书》等技术文件；

（3）对验收不符合要求或经试验不合格的物资，按公司程序文件规定将该物资隔离，做好"不合格"标识，填报《不合格物资处置报告》，通知有关部门；

（4）根据物资的品种、技术要求，结合现场平面布置规定，及时贮存；贮存物资按其不同品种、规格、性能，分别保管，严禁混杂；包装水泥分批分垛架空贮存，大宗料具成垛、成堆、成方、成行整齐堆放，长大件一头齐；有毒、易燃、易爆、易损物资，专库、专堆、专架、专人保管，设警示醒目标识；

（5）物资库管员按不同物资品种性能、有效期等要求，采取定期或不定期巡回检查，适时做好清洁、除尘、防锈、通风工作，防止物资变质受损。

4. 物资出库

（1）物资出库按先进先出先用原则，做到经检验和试验不合格物资不出库，超有效期物资不出库；

（2）工程用主要结构材料、新材料、主要装饰材料、特殊需要材料，必须严格执行出库回库程序；

（3）对于甲供材料，项目指定专人担任甲供物资核领人，经核领人核领的领料单须经业主工程部有关专业人员审定、签字；

（4）工完节余物资，库管员按物资品种、规格、数量办理退料；

（5）现场散失零星料具、废旧物资、包装品，库管人员协同班组及施工员及时组织回收利用或修理合理利用，集中保管。

1.5.6 合同管理

1. 界面及责任划分

油库项目工序多、专业种类多，施工过程必须需要专业分包单位来配合完成，例如油罐及管线防腐、焊缝检测、防水工程施工、土石方开挖工程等。因此在进行项目管理时，必须明确各方的责任和义务，才能顺利推进项目各项目标的实现。

2. 总承包人一般义务

（1）现场施工管理及协调：总承包人必须安排对各专业分包工程和直接发包工程有相

关工作经验的现场技术人员负责协调及管理各有关专业分包工程和直接发包工程，包括安排现场必需的工地协调会议，协调各专业分包工程、直接发包工程与总承包工程的工作界面、争议和冲突，配合整体施工进度，监督各专业工程施工，保证专业分包工程的质量能满足要求。

（2）施工脚手架：在施工脚手架拆除前，总承包人应向各专业分包人及其他承包商无条件地提供现有的施工脚手架等设施以供使用，并保证上述设施使用过程的安全；总承包人应协调各专业分包人及其他承包商的施工需要及进度，于工程主要进出场入口等位置搭设满堂脚手架供该单位使用；专业分包应合理安排施工进度，在总承包人拆除脚手架前完成相应工程施工。

（3）施工场地：在施工作业区内，各专业分包人及其他承包商进场施工前，应向总承包人提供其施工构件所需场地面积、部位等需求，以便统一合理安排施工作业场地。对于作业区内临建设施，总承包人统一规划、布置，对作业区现场容貌进行管理，不得私自乱搭临建。总承包人负责施工作业区文明施工、安全生产管理，并自觉接受监理工程师的监督；项目办公区内公共区域的防盗保安、门卫、日常保洁、卫生清洁等工作统一由总承包人管理。

（4）施工临时道路：总承包人应协调各专业分包人及其他承包商的施工顺序、设备、材料进场时间、车辆流量控制，以确保现场施工道路畅通。总承包人负责施工临时道路的修筑与使用期间的维修和保养。

（5）施工用水、用电：总承包人在每个施工区域、楼层提供临时用水水龙头，以便于各专业分包人及其他承包商用水；总承包人在各规定楼层安设分电箱，以确保各专业分包人及其他承包商用电之便。

（6）垃圾清运：各专业分包人及其他承包商应做好各自区域内的废弃物与垃圾的整理工作。建筑废弃物与垃圾由各专业分包人及其他承包商按总承包人的要求集中到每层指定地点，由总承包人统一外运。

（7）安全设施：总承包人必须在施工临时道路入口处设置安全警示牌、限速等标识，保证场内交通畅通、安全，在靠近场地的主要施工地段要设置安全警示栏杆或标识；在"四口、五临边"位置按招标文件及当地有关文件要求做好安全防护工作，如设置安全设施、安全围网、围板和警示标识等；各专业分包人及其他承包商如施工需要须提前拆除时，必须经总承包人批准，并由总承包人采取有效补救措施，专业分包人及其他承包商必须配合。

（8）轴线与标高、施工收口处理：总承包人有义务为各专业分包人及其他承包商提供轴线和标高的控制点，包括在每层必要的位置设有标高控制线，以供各专业分包人及其他承包商做施工定位和高程使用。待各专业分包人及其他承包商施工完毕后，由总承包人负责最后一道工序的收口处理工作。

（9）总承包人应认真执行上述各项规定，并对执行情况进行检查、监督和管理，如专业分包人及其他承包商违反了规定而总承包人未及时发现、指出并采取相应管理措施的，且对此工程造成任何损失，总承包人应承担责任。

（10）专业分包人及其他承包商必须按照规定要求提交工程技术资料，总承包人对专业分包和其他承包商的相关技术资料进行归档备案管理。

3. 专业分包人及其他承包商一般义务

（1）接受总承包人的管理：专业分包人必须满足发包人与总承包人所签订的施工合同要求，在工期、质量、安全、现场文明施工等方面接受总承包人的管理和协调。其他承包商必须满足发包人与总承包人所签订的施工合同要求，在安全、现场文明施工等方面做出配合。若因专业分包人的原因导致总承包人需向发包人对整体工程的延误或专业分包工程的施工质量承担违约责任，专业分包人需向总承包人赔偿因其引致的损失。

（2）进入现场施工的必需条件：提交由发包人确认为专业分包人及其他承包商的证明文件；中标通知书（或具有同等效力的暂行施工协议）；专业分包人及其他承包商的营业执照及资质等级证书复印件；提交专业分包工程的"施工专项方案"，包括：施工方案简介、专业分包工程施工进度计划、主要技术措施方案、质量保证措施、安全保证措施、材料设备进场计划，劳动力进场计划，提供分包商施工简历，提供分包商施工组织体系简况；按分包合同约定做好分包工程保险等事宜。

（3）质量管理：对专业分包工程作业人员进行工艺过程技术交底和记录；实施有关质量检验规定，并做好质量检验记录；对工序间的技术接口实行交接手续；提供原材料、半成品、成品的产品合格证及质保书；做好不合格品处理的记录及纠正和预防措施工作；加强成品保护；认真做好本专业分包工程的验收交付工作；按合同规定做好本专业分包工程的回访保修工作；发生质量事故时，必须及时向总承包人报告，并做出事故分析调查及善后处理意见。

（4）进度管理：编制施工进度计划，包括编制施工方案、明确施工区域的划分、施工顺序与施工流向以及作业方式，同时明确施工方法和施工队伍的组织架构；编制科学、合理且可行的施工项目进度计划，以保证项目施工的均衡进行；编制资源供应计划，包括物料供应计划、机械设备的进场计划、劳务计划等；编制图纸优化及供应计划。

（5）执行月报制度：按月向总承包人报告本专业分包工程的执行情况；提交月度施工作业计划；提交各种资源与进度配合调度情况。

（6）顾全大局，主动做好协调工作：参加分包工作协调会议，积极支持和配合总承包人做好工作协调；及时根据总承包人工作安排主动调整进度计划；在进度上有任何提前及延误应及时向总承包人报告；专业分包人及其他承包商有权向总承包人提出工程协调的建议，总承包人应在规定的时间内做出回复和解决。

（7）安全、消防、现场标准化管理：遵守各种安全生产规程与规定；做好消防与治安管理工作；做好现场标准化管理工作。

（8）进场材料管理：各专业分包人及其他承包商应指定专人负责对进场所需材料的管理，并服从总承包人关于进场材料管理方面的要求；专业分包人及其他承包商提供材料（包括乙供材料、甲招乙供材料或甲供材料）进场的总计划，并提供月度材料进场计划；进场材料的流转程序：专业分包人及其他承包商各种进场材料必须在7d前按总承包规定的要求，向总承包人提出申请，待总承包批复后再执行。总承包人必须在2d内办理批复；材料进场后，总承包人向专业分包人及其他承包商提供必要的协助。

（9）劳动力管理：各专业分包人及其他承包商有责任约束所有员工遵守政府部门发布的有关政策、法律、法规、发包人的各项规章制度，以及施工现场的各项管理规定，确保现场文明施工有序进行；专业分包人及其他承包商应将进入现场的施工人员名单及照片向总承包人申报；专业分包人及其他承包商必须向总承包人提供劳务人员的身份证复印件，特殊工种的相应操作证及上岗证。

对上述专业分包人及其他承包商的一般义务，总承包人应采取有效措施督促其执行，并监督执行情况，对违反上述的有关规定的行为实际发生的，属自主分包项目的，总承包人承担全部违约责任，属专业承包项目，总承包人承担法定的连带责任。

4. 承包和分包主要管理人员责任

（1）项目经理：负责协助业主对分包商进行资质考察、询价及合同签订洽谈，施工过程中，及时与分包单位高层领导沟通，协商工程事宜。负责对分包单位进行计划、组织、实施、检查、协调、配合服务等管理责任。

（2）项目总工：负责组织分包单位图纸会审，审核其施工组织设计、深化设计图纸以及各分包单位的技术协调等技术管理。

（3）商务经理：负责协同业主对专业分包工程招标、拟订三方合同中总承包对分包管理的合同条款，协助业主对直接发包工程招标、合同洽谈，组织对工程实施过程中分包合同的交底、工程争端中合同条款解释以及工程签证的办理。对预算、施工成本进行管理。

（4）生产经理：总承包物资部、协调部、工程部，负责土建工程、钢结构工程、装饰工程施工与各分包工程间配合、协调。分包与分包之间工作面、进度计划、工序穿插、垂直运输机械、设备材料堆场、工作搭接、联合调试等工作的协调。

（5）质量总监：审核各专业分包工程质量创优计划，对其工程质量进行过程指导、跟踪检查管理，协助其质量通病的防治。

（6）安全总监：组织各专业分包作业人员进行进场安全交底、安全教育培训，审核各专业分包工程的专项安全措施方案，对各分包单位进行全过程安全管理；负责施工环境管理、现场安全管理，中国绿色建筑三星认证管理，现场文明施工管理。

（7）分包工程项目经理：接受总承包人对工程进度、工作面及施工机械的协调管理，优化各种资源配置，精心施工，对分包工程施工进度、质量、安全及文明施工向业主、总承包人负责。

（8）分包工程项目技术负责人：接受总承包技术部协调管理，组织本专业图纸会审，组织施工图深化设计，协调解决本专业分包工程与总承包、其他专业分包的技术对接问题。

5. 总承包人服务与协调

（1）业主：甲乙双方合同关系，双方履行施工项目承包合同，以实现总目标为目的依据合同及有关法律解决争议、纠纷。

（2）监理：监理与被监理关系（与业主有委托监理合同关系），接受业主授权范围内的监理指令，通过监理与业主经常沟通。

（3）设计：平等的业务合作配合关系（与业主有委托设计合同关系），项目经理部按设计图纸及文件制订施工组织设计，按图施工，与设计单位配合处理好设计变更、修改等工作。

（4）审图公司：甲乙双方合同关系（与总承包人有审图合同关系），按照审图合同关系，对总承包人的设计图进行审核。

（5）物资供应单位：有合同的为合同关系，双方履行合同；无合同者为买卖、需求关系，充分利用市场竞争体制、价格调节和制约机制。

（6）分包单位：与业主或者总承包人为分包合同关系，选择具有相应资质等级和施工能力的分包单位，双方履行分包合同、按合同处理经济责任、纠纷，分包单位接受项目经理部监督管理。

（7）公共部门：配合、协作关系（道路、市政管理、自来水、天然气、供电、通信等单位一般与业主签有合同），公共部门与项目施工关系极为密切，项目经理部应加强计划协调，在保证质量、施工协作、进度衔接等方面取得相应部门的支持和配合。

（8）组织关系：项目组织系统内各组成部分的分工作，信息沟通关系，按职能划分、设置组织机构；以制度形式明确各机构之间关系和职责权限；制订工作流程图、建立信息沟通制度，以协调方法解决问题、缓冲矛盾。

（9）经济制约关系：管理层与作业层存在弱化的行政领导关系，更多更直接的是以承包合同为中心的经济制约关系。坚持履行合同；在工作上、技术上为作业层创造条件，保护其利益；定期召开现场会，解决施工中存在的问题；作业层接受管理层指导、监督、控制。

（10）质量监督部门：接受其对施工全过程的质量监督、检查、竣工备案和质量评定。

（11）安全监督部门：安全报监，接受全过程监督检查，做好突发事件应急处理。

（12）消防部门：施工现场有消防平面图，符合消防规范。

（13）环境部门：尊重周边村委会、环保单位意见，改进工作，取得谅解与配合。

（14）公安部门：进场后向驻地派出所汇报工地性质、人员状况，为外来人员申报暂住证。

（15）公证、签证机构：委托合同公证、签证机构进行合同的真实性、可靠性的法律审查。

（16）金融机构：遵守金融法规，向银行借贷、委托、送审和申请，向保险公司投保。

（17）司法机构：在合同纠纷处理中，在调节无效或对仲裁不服时，可向法院起诉。

（18）街道办事处：与附近街道办事处做好沟通、协调工作，做好夜间施工前的通知及准备，减少对附近居民的影响。

1.5.7 管理经验总结

1. 管理亮点

（1）进度管控难点逐个突破

该类工程分布零散，施工跨度大，涉及的专业面广，施工难度较大，项目经理部采取一系列保障工程进度快速实施的措施如下：

① 土石方爆破是工程开工即面临的第一个难题，例如某工程，罐体基坑岩体为花岗岩，硬度高且易碎，部分基坑边坡高度超过 60m，施工难度大，进展也非常缓慢。为保证后续主体施工安全及工期，工程整体爆破采用预裂爆破，虽加大了成本但大大提高了山体的完整性，避免了安全事故的发生，也确保了进度的顺利开展。

② 针对当地商品混凝土泵车资源匮乏，为避免延误现场浇筑施工，长期租赁了 1 台泵车。

③ 针对混凝土罐胎架支撑体系耗费工时的问题，额外采用了施工周期更短的盘架支

撑体系。

④ 为保证现场后续多个罐室能同时施工，混凝土罐壁施工现场增加至3套铝合金模板。

⑤ 为避免现场施工作业面不能及时提供造成窝工，保证工人不至于撤场流失而造成延误后续工程的进度，经业主、监理核实确认，对窝工的工人进行积极的、适当的经济补偿。

（2）质量管控

① 培训上岗：对从事工艺管道或钢储罐焊接的技术人员进行严格的考试合格上岗制，对焊接的焊缝也做好作业人员、作业时间等可追查信息的记录，并按检测规范进行每段罐壁垂直度吊线、焊缝拍片检查等一系列质量检查工作，形成书面记录资料存档。

② 工序报验：均要求总包单位项目部必须严格遵从劳务队班组内部互检，劳务队、总包项目部内部质检人员自检，层层把关的三检制度。

③ 关键工序：如混凝土罐的浇筑，施工前落实劳务队人材机准备，场外派驻专人进驻商品混凝土站，全程监督原材质量及季节性施工商品混凝土拌合所需的添加剂等质保措施，浇筑过程中严格履行旁站制度，浇筑后严格依方案实施养护措施。

（3）劳务队管理

① 项目部与相关专业、劳务分包队召开专会拟定重要节点施工计划，并就此签订奖罚责任状；具体落实上，将大节点考核细分为某一标准段结构甚至某一具体工序的节点考核，兑现奖罚；一是便于及时进行进度的纠偏调整，二是逐步调动劳务队的积极性。

② 各劳务队间多次开展劳动竞赛，营造良性竞争的施工氛围，保证各队伍人材机的投入。

③ 多次举办"保安全抢进度促生产"等振奋人心的宣讲、誓师会等活动，凝聚战斗力。

2. 管理不足

（1）相关工程经验不足：前期在施工过程中对各工序存在一个"边熟悉边总结"的过程，项目部在一些工序衔接安排、人材机等资源配置上考虑不周。

（2）分包管控：各专业分包、劳务分包队管理人员专业能力、素质参差不齐，在落实生产组织上存在一定不足，鉴于一些客观原因未及时、有效调整。

（3）外部环境应对不足：该类项目一般地处偏远，遇大干快上阶段，因当地建筑劳务市场体量偏小、生产资源补给落后，尤其是缺乏专业素养较高的劳动力及特殊的机械设备（如大型泵车及长臂挖机），易延误进度，对应采取措施的效果未达期望。

（4）成本管控：现场成本管控不足主要体现在对材料管控、成品保护不足及忽视部分签证办理。外部原因：由于现场工作面大，施工作业点分散繁多，现场材料被偷盗消耗管理力量；内部原因：项目在工艺、土建及弱电智能化等强专业性方面的精细化管理有待进一步提高，导致现场材料浪费甚至维修返工等资源浪费情况偶有发生。

（5）场外关系协调：在红线及区间工程施工涉及的场外关系协调方面，项目对该因素预判不足，耗费大量的精力和时间。

2 地基处理施工技术

地貌即地球表面各种形态的总称，也称为地形。地表形态是多种多样的，成因也不尽相同，是内、外部地质作用对地壳综合作用的结果。内部地质作用造成了地表的起伏，控制了海陆分布的轮廓及山地、高原、盆地和平原的地域配置，决定了地貌的构造格架。而外部地质作用（流水、风力、太阳辐射能、大气与生物的生长和活动），通过多种方式，对地壳表层物质不断进行风化、剥蚀、搬运和堆积，从而形成了现代地面的各种形态。

地质构造直接影响到工程的选址和施工建设。在平原地区，因土层分布较厚，地基松软，存在冻土层或流沙层，在施工时需对地基进行处理。上海宝钢一期工程建设时，把$\phi 900mm$的钢管打入地下 60m 深，取得了较好的效果。在喀斯特地貌区，因多溶洞，岩层多间隙，地基验槽及处理方式尤为重要。三峡水利枢纽工程在选定坝址时，对当地的地质条件进行了详勘及探查。油库项目则要求地基均匀，且具有一定的承载力。

万吨级油库项目，因其分布的地表起伏情况从平原到丘陵、山区，地质构造情况从黏土层到微风化岩层，其工期、造价及施工难度均会受到较大影响。本书根据已建的油库项目的特点，从多角度阐述了项目的施工思路。

2.1 土方开挖及支护施工

2.1.1 覆土罐油库项目地质概况及重点、难点分析

1. 地质概况

（1）贵州某油库项目

本工程的地貌组合类型为溶蚀峰丛槽谷、溶蚀-侵蚀低中山沟谷和溶丘谷地，属于典型的喀斯特地貌。喀斯特地貌是具有溶蚀力的水对可溶性岩石（大多为石灰岩）进行溶蚀作用等所形成的地表和地下形态的总称，又称岩溶地貌。除溶蚀作用以外，还包括流水的冲蚀、潜蚀，以及坍陷等机械侵蚀过程。喀斯特地貌主要特征体现为溶洞、天坑等地理现象。

场区总体地势为北侧和西侧高，南侧和东侧低，最高点位于场区北部山顶，海拔1423.1m，最低点位于场区东部凹地，海拔 1274m，相对高差 149.1m。覆土罐区标高为1326.0～1388.0m，相对高差约 62m，场地为斜坡地带。

属亚热带季风湿润气候，冬季盛行东北气流，夏季盛行西南气流。气候温和，雨量充沛，雨热同季，年平均气温 13.1～17.1℃，降雨量主要集中在 4～10 月，平均达917.6mm。贵州某油库地貌如图 2.1-1 所示。

图 2.1-1　贵州某油库地貌

（2）湖北某油库项目

本工程为丘陵地貌。覆土罐油库于水库周边单侧环形布置，高程在 130～160m，属于丘陵缓坡地形，周界用烧结普通砖夯土墙与外界隔离，环境隐蔽、治安稳定。

工程所在地位于中纬度季风环流区域的中部，属于北、中亚热带湿润季风气候。年平均降水量大部分地区在 865～1070mm，年光照总数在 2009.6～2059.7h 之间，年平均气温 15.5℃，无霜期 220～240d。因为地处山区丘陵地带，工程所在地夏季雷暴天气频发，且发生洪水、泥石流和其他气象地质灾害的可能性很大。湖北某油库地貌如图 2.1-2 所示。

图 2.1-2　湖北某油库地貌

（3）山东某油库项目

本工程属低山貌单元，区域高差变化大，地势相对陡峭，最高峰高程 566.1m，拟建罐区最高点 F002 高程 347.6m，最低点 D010 高程 234.84m，相对高差 112.76m。

罐区主体位于山腰及山脚下，区域大部分基岩出露，植被发育较少，山体上方局部区域节理裂隙发育，形成危岩体和滚石，危岩体直径 2～5m 不等，最大直径超过 8m。山体坡度一般 20°～40°，局部陡峭。

属暖温带大陆性季风气候区，四季分明，春季干燥少雨，夏季炎热多雨。年平均气温 12.6℃，最高气温 42℃，最低气温 −19.8℃，年均降水量 730.2mm。全年无霜期 198d。降雨量受季风影响显著，其特点表现为年内降水差异悬殊，丰、枯期交替发生，且每年呈递减趋势。据可收集的区域资料，该地区最大冻土深度为 46cm。山东某油库地貌如图 2.1-3 所示。

图 2.1-3　山东某油库地貌

2. 重难点分析

（1）建立方格网，进行土方平衡计算，提前规划土方挖填平衡，避免后期土方场内二次转运或场外购土等情况，造成额外成本。

（2）进场前应熟悉地勘报告，并在土方开挖初期验证实际地质情况是否与地勘报告一致，观察场区内岩层倾向性，考虑此方位加大放坡。

（3）施工方案初步定出后，严格按照设计规定的放坡要求反推出基坑开挖放坡边线，利用 GPS 进行放线，同时注意开挖前原始地貌的数据采集。

（4）基坑开挖完成后应及时做简易排水沟，同时对边坡顶部区域进行覆盖，防止雨水侵入黏土间隙，增加滑坡风险。

（5）基坑开挖的土方，应堆放在基坑边缘 8m 之外，土方堆放高度＜1m。

2.1.2　施工组织部署及准备

1. 平面分区划分及道路、堆场布置

以贵州某油库项目为例，该工程在山区作业，覆土罐数量都为数十个，且全部在山体中开挖施工，土石方爆破、开挖、回填、运输总量达到上百万方，土石方开挖运输处于关键线路，持续时间一般都在一年以上。

（1）平面合理布置：进场后进行合理的平面及道路规划、土石方堆场布置，及早进行运输道路的铺设，确保运输的畅通。现场根据每个项目所处地形设置足够的土石方堆场，堆场大小应能保证现场施工堆土及运输要求。

（2）进行合理的分区分段：根据罐室的总体地理位置布局一般以 4～6 个罐体为一个区进行分区划分，每个区同时进行、流水作业，确保开挖及运输的顺利实施。

（3）经土方平衡计算得知，罐室开挖后有一半以上的土石方是多余的，因此堆土场应选择可永久堆放多余土石方之处，同时也便于取土。岩质地貌开挖出的岩石用途广泛，因此在土石方堆放时应尽可能分类堆放，主要可分为表层腐殖土、可回填土、爆破石块。其中的石块既可用于毛石挡土墙的砌筑，也可直接用于就地建设的碎石场和商品混凝土站，岩石破碎分级后还可用于道路基层碎石的铺填。

土方开挖施工主要以贵州某油库项目为例展开。按照土方开挖顺序，覆土罐基坑开挖分四个区段进行同步，边坡支护工程施工在各区段内流水作业。

本工程边坡支护分为临时支护和永久支护，在土方开挖完成后，为保证主体工程

进度，在永久性边坡支护未施工完成前应进行临时边坡保护，利用钢丝网固定覆盖防水雨布，可防止雨水冲刷、渗入边坡，保持永久边坡的稳定。永久性边坡支护为喷锚支护。

2. 分区后区段内流水施工部署

根据施工总平面图 21 个覆土罐分为四个施工区，每个施工区的施工顺序见表 2.1-1。

覆土罐施工顺序表　　　　　　　　　　　　　　　表 2.1-1

施工区号	包含罐体
施工一区	1-1 罐→1-2 罐→1-3 罐→1-4 罐→1-5 罐→1-6 罐
施工二区	1-16 罐→1-17 罐→1-18 罐→1-19 罐→1-20 罐
施工三区	1-21 罐→1-12 罐→1-10 罐→1-9 罐
施工四区	1-15 罐→1-14 罐→1-13 罐→1-11 罐→1-8 罐→1-7 罐

按照施工总体部署，单个覆土罐基坑的土方开挖平均工程量约 $30000m^3$，计划使用 2 台 CAT-336 挖掘机、5 辆渣土车进行挖运，1 台小挖机进行运土车的土方卸载。每个覆土罐基坑持续开挖工作时间 45d（不含支护工程施工时间），同一区段内两相邻覆土罐土方开挖时间间隔 15d。边坡支护工程在土方开挖完成后即进入施工，各专业队可在已完成开挖的覆土罐内流水作业。单个覆土罐的边坡支护施工周期约 21d，雨天影响除外，不含混凝土养护时间。其他罐与此类似。

3. 主要材料

开挖底面半径为 17.75m，高度在 10～20m 之间，基础到穹顶施工工期需 70d，考虑 3 个罐的工作面同时作业，根据施工预算中的工料分析，编制该工程所需的材料用量计划，做好备料、供料工作和确定堆场面积及落实运输车辆。主要施工材料配备见表 2.1-2、主要周转材料配备见表 2.1-3、主要设备配备见表 2.1-4。

主要施工材料配备表　　　　　　　　　　　　　　表 2.1-2

序号	材料名称	单位	数量
1	优质黑色塑料防水雨布	m^2	25000
2	优质钢丝网	m^2	105000
3	热轧钢筋	吨	150
4	钢绞线	吨	100
5	普通硅酸盐水泥	吨	200
6	细砂	m^3	100
7	灌浆细砂	m^3	100
8	碎石	m^3	100

主要周转材料配备表　　　　　　　　　　　　　　表 2.1-3

序号	名称	数量
1	6m 钢管	90 根
2	3m 钢管	150 根

序号	名称	数量
3	1.5m 钢管	180 根
4	扣件(含直接头)	600 个
5	100mm 宽槽钢	240m
6	14mm×400mm 高强度螺栓	300 根
7	50mm×100mm×2500mm 木方	600 根
8	木跳板	60 块

主要设备配备表　　　　　　　　　　表 2.1-4

设备名称	规格及型号	数量	用途
空压机	12m³/min	2	喷锚支护
注浆机	ZLB-3 型	2	喷锚支护
搅拌机	JZM150	1	喷锚支护
钢筋调直机	GTJ-14	1	钢筋加工
钢筋弯曲机	W40	1	钢筋加工
钢筋切断机	GQ40	1	钢筋加工
砂轮切割机	QD25	1	喷锚支护
混凝土喷射机	套	2	喷锚支护
输送高压管	套	3	喷锚支护
手推车	台	若干	材料运输
运输车	川路车	若干	材料运输
电焊机	BX400	1	焊接
污水泵	QS-100	6	积水处理
对焊机		1	焊接
振动座、棒		2	混凝土浇筑
锚杆钻机	YQ100 型电空潜孔钻机	4	喷锚支护
卷扬机		2	钢板加固
水平仪	2 秒级	1 台	标高控制
全站仪	索佳 SET210	2 台	坐标控制
水泵		4 台	积水处理

2.1.3　施工技术要求

根据该贵州某油库边坡工程的地质条件、周边环境、安全等级和破坏后果的严重性,需要对不稳定的临时边坡以及永久边坡采取主动支护体系,以保证施工安全和完工后边坡使用的安全。土质及岩质边坡坡率允许值分别见表 2.1-5、表 2.1-6。

土质边坡坡率允许值 表 2.1-5

边坡土体类别	状态	坡率允许值(高宽比)	
		坡高小于 5m	坡高 5～10m
碎石土	密实	1：0.35～1：0.50	1：0.50～1：0.75
	中密	1：0.50～1：0.75	1：0.75～1：1.00
	稍密	1：0.75～1：1.00	1：0.75～1：1.00
黏性土	坚硬	1：0.75～1：1.00	1：1.00～1：1.25
	硬塑	1：1.00～1：1.25	1：1.25～1：1.50

注：1. 表中碎石土的充填物为坚硬或硬塑状态的黏性土。
  2. 对于砂土或充填物为砂土的碎石土，其边坡坡率允许值应按自然休止角确定。

岩质边坡坡率允许值 表 2.1-6

边坡土体类别	风化程度	坡率允许值(高宽比)		
		$H<8m$	$8m{\leqslant}H<15m$	$15m{\leqslant}H<25m$
Ⅰ类	微风化	1：0.00～1：0.10	1：0.10～1：0.15	1：0.15～1：0.25
	中等风化	1：0.10～1：0.15	1：0.15～1：0.25	1：0.25～1：0.35
Ⅱ类	微风化	1：0.10～1：0.15	1：0.15～1：0.25	1：0.25～1：0.35
	中等风化	1：0.15～1：0.25	1：0.25～1：0.35	1：0.35～1：0.50
Ⅲ类	微风化	1：0.25～1：0.35	1：0.35～1：0.50	
	中等风化	1：0.35～1：0.50	1：0.50～1：0.75	
Ⅳ类	微风化	1：0.50～1：0.75	1：0.75～1：1.00	
	中等风化	1：0.75～1：1.00		

注：1. 表中 H 为边坡高度。
  2. Ⅳ类强风化包括各类风化程度的极软岩。

针对影响边坡稳定性的因素分析（地下水、周边条件、加载、开挖卸荷应力重新分布等），本着"安全、经济、合理"的支护原则，综合确定本支护工程采用了截排水沟、放坡退台开挖、覆膜、锚杆、网喷、坡面排水、伸缩缝等工程措施。

1. 土方开挖技术要求

土方开挖的顺序、方法必须与设计工况一致，并遵循"开槽支撑，先撑后挖，分层开挖，严禁超挖"的原则，分层分段开挖，每次开挖深度控制在 6～8m。土方开挖应根据开挖方案确定的坡向、坡率和地质情况进行，严格控制坡率，保证边坡开挖中的稳定。

遇到煤层软弱层等特殊地质情况，应加大边坡放坡，或采取边坡支护措施。土方开挖过程中及完成后，应注意基坑周边和基坑内的排水，防止雨水进入浸泡。

边坡开挖暴露后，黏土会干裂，遇水易产生圆弧滑动；岩质边坡岩体因节理裂隙发育，较破碎，后期因开挖振动破坏、卸荷作用及预计节理裂隙充水条件等影响下边坡可能产生沿节理裂隙组合面产生局部崩塌、掉块，因此土方开挖后，边坡应该及时覆盖，或采取支护措施，切忌因开挖后暴露时间过长而发生垮塌。

2. 临时支护技术要求

按不同岩土性质和坡向控制坡率开挖，保证边坡稳定性。

分段分层开挖，控制边坡开挖高度和坡率，保证开挖边坡的稳定性。支护段边坡，不易暴露过长；分层支护应先做上层的支护施工，再进行下层的土方开挖。

按照分层分段开挖原则，边坡开挖时，应逐层检查土方开挖的上下口线，保证边坡坡率符合方案要求。边坡的坡面应分层进行清理，保持坡面平顺，不得悬挂浮石。

覆膜在使用时应注意保护，大面积破损后应及时更换。覆膜时保证薄膜之间的搭接距离。

基坑开挖前编制基坑变形监测方案，明确监测频率、监测方法、变形限制、预警机制等内容。安排专人对边坡进行位移监测和检查，边坡监测数据如实及时上报，发生位移超限、边坡裂缝、出现塌方险情，应暂停施工，撤走人员、机械，并向相关单位负责人报告，以免造成不必要的损失。

基坑开挖后应及时安装临边防护栏，按要求施工基坑上边缘和坑底的排水沟。

根据施工方案、技术交底、作业指导书，按照边坡设计图纸和施工规范要求施工，投入使用前，边坡及边坡支护工程应通过检查验收。基坑边坡周围地表不得堆放材料，避免增加边坡坡顶荷载。

覆膜时必须使用安全带，或采取其他可靠的安全措施。安全带和专作固定安全带的绳索在使用前应进行外观检查。安全带应定期抽查检验，不合格的不准使用。安全带的挂钩或绳子应挂在结实牢固的构件上，或专为挂安全带用的钢丝绳上，并应采用高挂低用的方式，禁止挂在移动或不牢固的物件上。在进行高处作业时，除有关人员外，不准他人在工作地点的下面通行或逗留。

3. 锚杆（索）施工技术要求

（1）钢筋材料要求：锚杆钢筋为热轧钢筋 HRB400Ⅲ级螺纹钢，其抗拉强度标准值为 $f_{yk}=540N/mm^2$，抗拉强度设计值 $f'_y=360N/mm^2$；钢绞线公称直径 $d=15.2mm$，强度标准值 $f_{ptk}=1860N/mm^2$，强度设计值 $f_{py}=1260N/mm^2$。

（2）锚杆成孔直径为 80mm，锚索成孔直径为 130mm。钻孔施工应符合下面要求：孔距偏差不大于 20mm；偏斜度不大于 2%；孔深偏差不大于 50mm；孔径偏差不大于 5mm。锚杆锚索成孔应比设计孔深大 0.5m。

（3）锚杆杆体每隔 2.0m 设置一个"船形"定位支架。

（4）注浆管应和锚杆同时放入孔内，注浆管端头到孔底距离宜为 100mm。

（5）灌浆材料：锚杆水泥砂浆 M30、锚索水泥砂浆 M35。配合比应通过试验确定。

（6）灌浆前应清孔，排放孔内积水。灌浆开始或中途停止超过 30min 时，应用水或稀泥浆润滑注浆泵及其管路。

（7）一次灌浆压力宜控制在 0.6～2.0MPa 之间。

（8）钢筋表面不应有污物、铁锈或其他有害物质，并按设计尺寸加 0.5m 下料。

（9）预应力锚索（杆）防腐处理应符合以下规定：

1）自由段位于土层时，可采用除锈、刷沥青船底漆、沥青玻纤布缠裹，其层数不小于二层。

2）经过防腐处理后自由段装入套管内，套管两端 100～200mm 范围内用黄油充填，外绕扎工程胶布固定。

3）对位于无腐蚀性岩土层内锚杆的锚固段应除锈，砂浆保护层厚度不小于 25mm。

4）对位于腐蚀性岩土层内锚杆的锚固段和非锚固段，应采取特殊防腐处理。

5）其他满足现行规范要求。

（10）为避免施工出现振动效应和气动效益对周边建筑和市政道路造成破坏影响，边坡上部三排锚索成孔建议采用工程钻机成孔。

4. 挂网喷射混凝土施工技术要求

（1）锚杆端头焊接 ϕ12 井字加强筋，钢筋网须按设计要求由锚固筋牢固固定于坡面，喷射时不应晃动。钢筋网距坡面 3～4cm，可根据坡面实际情况加设垫块。钢筋上下搭接长度不得小于 300mm，采用点焊与锚杆焊接牢固。

（2）挂网喷浆前应先清洗坡面，并保持喷射作业前坡面潮湿。喷射作业时应分段进行，同一分段内喷射顺序自下而上，一次喷射厚度不小于 40mm。

（3）喷射混凝土时，喷头与受喷面应保持垂直，距离宜为 0.6～1.0m。

（4）分层喷射时，后一喷层应在前一喷层终凝后进行。若终凝一小时后再行喷射，应先用高压水清洗喷层表面。

（5）喷射混凝土终凝两小时后应喷水养护，养护时间应大于七昼夜。气温低于 5℃时，不得喷水养护。禁止在结冰季节和下雨时喷射作业。

（6）喷射混凝土混合料组成及配合比应符合设计及规范要求。混合料在运输、存放过程中，应严防雨淋及大块石等杂物混入，进入喷射机前应过筛。应控制好水灰比，保持喷层表面平整，呈潮湿光泽，无麻窝、干斑或滑移流淌现象。

（7）材料：水泥应选用普通硅酸盐水泥，水泥强度等级应高于 42.5MPa；选用坚硬耐久的中砂或粗砂，细度模数宜大于 2.5，粒径不宜大于 15mm，干法喷射时，砂的含水率宜控制在 5％～7％，若采用防粘料喷射机时，砂的含水率可为 7％～10％。

（8）当工程需要采用外掺剂时，掺量应通过试验确定，加外掺料后的喷射混凝土性能必须满足设计要求。

2.1.4　工艺流程

1. GPS 测量及土方挖填平衡计算

地基处理阶段的 GPS 测量工艺流程如图 2.1-4 所示。

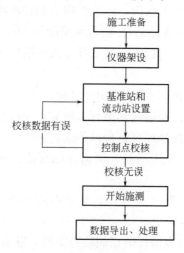

图 2.1-4　GPS 测量工艺流程

2. 土方开挖工艺流程

土方开挖阶段工艺流程如图 2.1-5 所示。

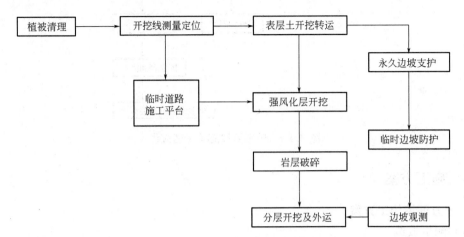

图 2.1-5　土方开挖阶段工艺流程

3. 临时支护施工流程

临时支护施工工艺流程如图 2.1-6 所示。

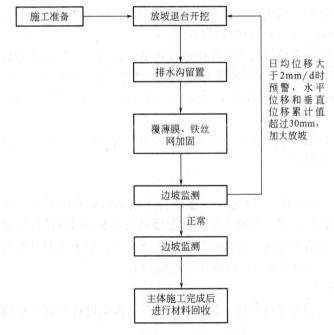

图 2.1-6　临时支护施工工艺流程

4. 喷锚工艺流程

喷锚阶段施工工艺流程如图 2.1-7 所示。

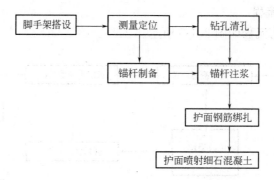

图 2.1-7 喷锚阶段施工工艺流程

2.1.5 施工方案

1. 土方开挖施工方案

（1）测量放线

1）确定基坑开挖底边线。罐室环梁外边缘半径 17.05m，考虑到施工脚手架作业面，确定基坑开挖至设计底标高处的底边线半径不小于 19.05m。

2）确定边坡开挖线位置。根据各覆土罐场地内的地形标高、勘察钻孔揭示的岩层标高，分别计算出基坑开挖各向（逆向、侧向、顺向）的岩层厚度和覆土厚度，再按边坡允许值表确定的放坡系数，根据开挖深度分别计算出基坑各向的开挖起始放坡点的位置，再以弧线相连，从而确定土方开挖的设计边线。

3）开挖前用 GPS 定位仪按边坡开挖放坡点的坐标测量定位若干个控制点，沿控制点撒出石灰线（即开挖线），并在开挖线外易于保护的地点布设标高测量控制点。

4）罐室基础施工时预留沉降量：罐室及通道预留沉降量为 10～15mm。

（2）表层危岩、植被清理

开挖范围确定以后，首先安排挖掘机对施工范围内的植被和表层危岩进行清理，并修通施工通道，钻孔机械进场。

（3）土方开挖

用 2 台挖掘机、1 台推土机配合、6 辆渣土车运输，从上往下分层挖运土方。每挖一层，挖掘机对边坡进行修整。当施工员指挥挖掘机挖至本层的设计标高时，检查开挖边线和边坡坡率是否达到方案要求。坡面质量要求上下平顺、水平近似圆拱形。本层开挖完成后，地面应保证 2% 的排水坡度，以防止开挖面积水。

1）放坡退台开挖

土方开挖时对高边坡进行分层、分段退台开挖，依次进行形成一定坡度，将土方荷载层层分解。

土质边坡：设计开挖坡率为 1∶1，且高度不大于 10m；高度大于 10m 段应分阶开挖，每一阶高度为 6～8m，且放阶处须留宽度不小于 1.0m 马道，坡率为 1∶1。

侧向岩石边坡（东侧、南侧和北侧）：设计开挖坡率为 1.0∶0.3，且高度不大于 15m；高度大于 15m 段应分阶开挖，每一阶高度为 10m，且放阶处须留宽度不小于 1.0m 马道，坡率为 1.0∶0.3。

顺向岩石边坡（西侧）：设计开挖坡率为 1.0∶0.5，且高度不大于 10m；高度大于 10m 段应分阶开挖，每一阶高度不大于 10m，且放阶处须留宽度不小于 1.5m 马道，坡率为 1.0∶0.5。某油库项目土方开挖剖面图如图 2.1-8 所示。

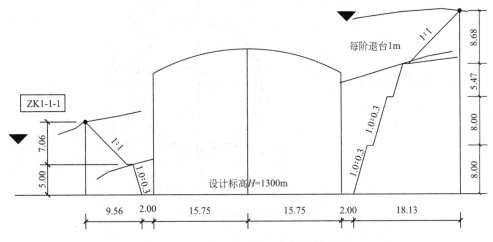

图 2.1-8　某油库项目土方开挖剖面图

根据地勘报告画出土方开挖深化图，交底时分罐号分别交底，岩层倾向与坡向相同 10m 区域范围内土方加大放坡至 1∶2，石方加大放坡至 1∶1；利用 GPS 放出开挖线与罐中中点，严格按照深化图施工，保证边坡稳定性。某油库项目土方开挖施工如图 2.1-9 所示。

图 2.1-9　某油库项目土方开挖施工

2）危险性顺向坡加大放坡，岩层倾向与边坡倾向相同时，接触面摩擦力变小，这里采取加大土方放坡，减小土层的剪应力。贵州某油库项目土方开挖平面图如图 2.1-10 所示。

（4）GPS 测量及土方计算

1）仪器使用原理

基准站通常有：三脚架、电台、主机、天线、蓄电池以及通信数据线。三脚架起固定主机作用，电台通过天线接收卫星信号并发送基站数据给流动站，蓄电池为主机、电台提供能源，GPS-RTK 基准站的构成如图 2.1-11 所示。

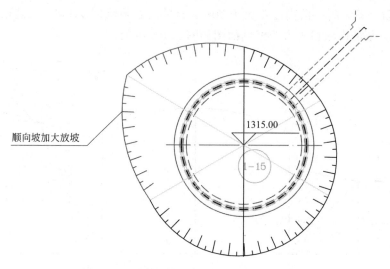

图 2.1-10 贵州某油库项目土方开挖平面图

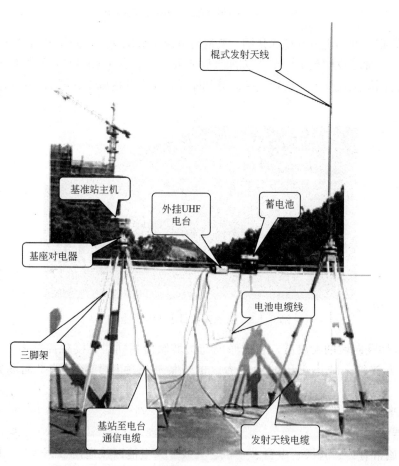

图 2.1-11 GPS-RTK 基准站的构成

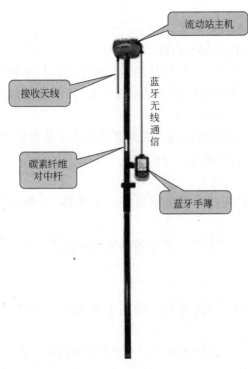

接收天线

流动站主机

蓝牙无线通信

碳素纤维对中杆

蓝牙手簿

图 2.1-12　GPS-RTK 流动站的构成

流动站通常有：对中杆、主机、接收天线以及手簿。将流动站主机与对中杆、接收天线组装，并连接至蓝牙手簿，通过手簿进行数据分析、采集，GPS-RTK 流动站的构成如图 2.1-12 所示。

2）施工准备

在进行测量前，需将 GPS-RTK 仪器进行送检，检验合格后方可使用；对国家相关部门给予的一级坐标控制点进行校核，在控制点满足测量精度要求后进行控制点交接，并做好交接记录；熟悉施工图纸，对施工场地进行勘测，并收集或采集需要的原状地貌数据。

3）仪器架设

基准站架设如图 2.1-11 所示，两个三脚架上分别放置基准站主机和天线，固定牢固即可，无须调平，蓄电池、数据线均接入电台，对电台以及基准站主机进行供电与信号传输。

4）基准站和流动站设置

① 不同仪器、软件的界面、使用方法会有出入，具体请参考相应说明书。

② 进入手簿，找到程序。

③ 新建项目：每个工程都需要新建一个对应项目。

④ 进入"项目"，输入项目名。

⑤ 进入"坐标系统"，设置坐标系统参数。

⑥ "坐标系统"：选择国家，输入坐标系统名称，格式为"国家-××××"，源椭球为 WGS-84，目标椭球和已知点一致；如果目标坐标为自定义坐标系，则设置为默认值："北京-54"。

⑦ "投影"：选择投影方法，输入投影参数。投影方法一般选择"高斯自定义"，需要更改的通常只有中央子午线经度，中央子午线经度是指测区已知点的中央子午线，可网上查询地方子午线经度，也可用 GPS-RTK 仪器实时测出。

⑧ 其他一般使用默认设置。

⑨ 设置完成，保存设置好的参数。

⑩ 基准站主机连接。

⑪ 手簿与基准站主机连接，选择对应机号进行连接；连接后设置仪器各项参数。

⑫ 蓝牙连接注意事项。

⑬ 连接之前选择手簿类型。

⑭ 手簿与主机距离最好在 10m 内。

⑮ 设置基准站。

a. 进入"基准站设置"。

b. 点击"平滑",进行数据采集,采集完成后保存数据。

c. 进入"数据链"选项,选择数据链类型,输入相关参数。

例如:用外部网络服务器传输数据作业时,属于 RTK 网络测量,数据链选择内置网络,其他数据根据相应实际情况进行更改;当用外挂电台作业时,属于 RTK 单基准站测量,数据链选择外挂数据链,并调整电台频道与流动站一致。

d. 基准站数据链其他设置:其他选项一般使用默认设置,视具体情况决定是否更改。使用电台时,电台 TX 灯闪烁,才能证明基准站设置成功。

e. GPS 和流动站主机连接。

a) 连接手簿与流动站主机:打开流动站主机电源,调节好仪器工作模式,等待流动站锁定卫星。

b) 手簿与流动站主机连接后,对"数据链""其他"界面中的参数进行设置,与基准站相似。

5)控制点校核

调平流动站主机,在信号良好的情况下手持手簿采集数据,使用手簿进入"测量"界面,选择碎部测量。

查看屏幕上方的解状态,在手簿信号数据为 RTK 固定解后,在需要采集的控制点上,对中对中杆,测量,并点击保存来进行坐标数据保存。

弹出"设置记录点属性"对话框,输入"点名"和"天线高",下一点采集时,点名序号会自动累加,而天线高与上一点保持相同,确认,此点坐标将存入记录点坐标库中。

至少测量两个已知控制点,并保存两个已知控制点的源坐标到记录点库。

求解转换参数和高程拟合参数。

进入"参数计算"。

选择控制点的源点坐标,完成后点击【保存】。在"源点"栏中至少应添加两个源坐标点,在"目标"中提取对应的当地坐标,然后进行结算。

注:四参数中的"缩放的数据",数据与 1 相差越小越可靠,一般为 0.999x 或 1.00x。

6)开始施测

开始施测时应提前检查仪器电量是否充足;进行测量时戴好安全帽,并穿上反光背心;施测过程中,时刻注意流动站信号是否稳定,采集数据信号为固定解时才可采集。

数据采集应当选用多次平滑采集,测量作业完成后需进行复检;施测过程中注意交叉作业,小心防护。某项目 GPS 施测平面图如图 2.1-13 所示,某项目 GPS 土方开挖控制示意图如图 2.1-14 所示。

7)数据导出、处理

测量施工完成后,需及时将采集数据通过专门数据线和软件从手簿中导出整理;对部分数据信号不符合要求(解状态信号差)的数据应当剔除;数据导出后,应当导入 CAD 等相应的软件中进行查看、校对。

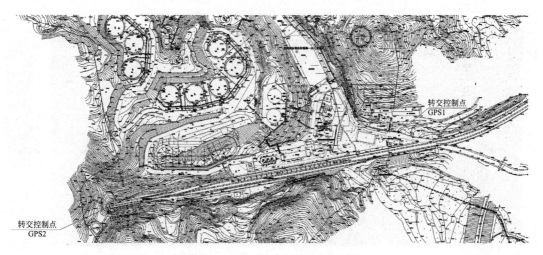

图 2.1-13　某项目 GPS 施测平面图

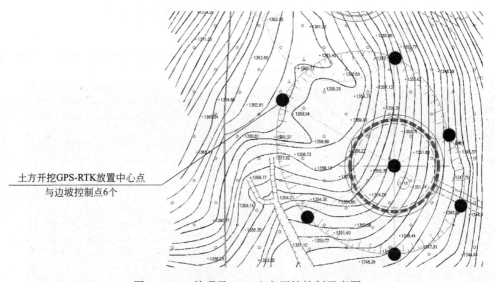

土方开挖GPS-RTK放置中心点
与边坡控制点6个

图 2.1-14　某项目 GPS 土方开挖控制示意图

8）数据复核

经过后期复核，混凝土罐体中心点精度误差均在 15mm 以下，满足设计允许偏差 20mm，为工程的顺利竣工打下了坚实的基础。

9）土方工程量计算

将前期用 GPS 采集的原始地形数据与土方开挖完成后的地形数据导入南方 CASS 软件，软件使用方格网法可计算开挖土方工程量。土方开挖完成工程量计算过程如图 2.1-15～图 2.1-19 所示。

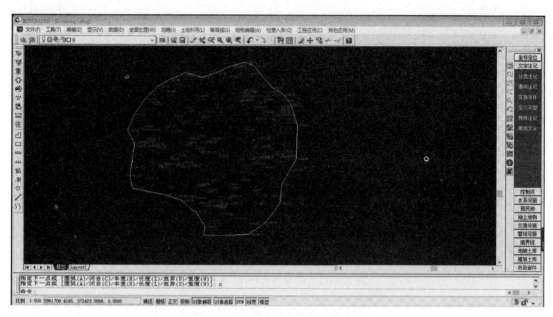

图 2.1-15 原始数据导入及边界绘制

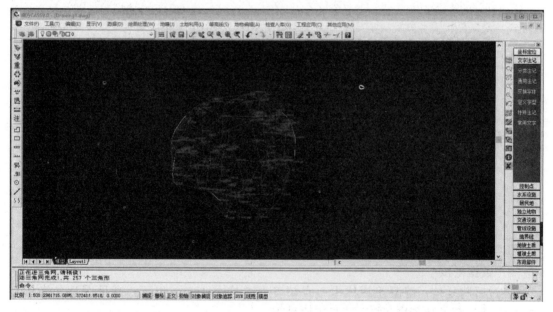

图 2.1-16 原始数据确定

2. 临时支护施工方案

（1）施工准备

材料准备：这里选用 HDPE 土工膜（传统鱼塘底塑料薄料），其具备良好不透水性与牢固性，上面覆盖 5mm 厚度的 10cm×10cm 钢丝网，形成一个隔离层，使开挖土层远离雨水侵袭与自然风化。

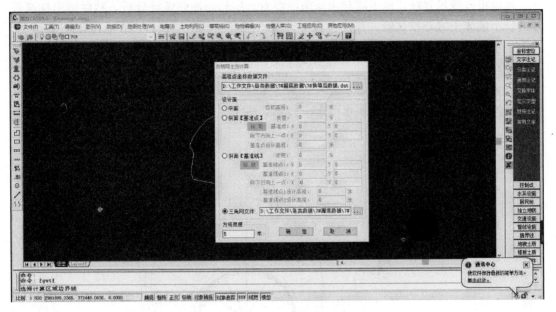

图 2.1-17　原始数据生成

图 2.1-18　原始地形及开挖完成地形采集数据模型

挖方(m³)	
148.6	
1028.4	
1703.4	
1873.5	
1718.5	
1469.7	
1245.2	
920.3	
314.0	
1.2	
总面积 (m²)	1566.9
总填方 (m³)	15.6
总挖方 (m³)	10422.8

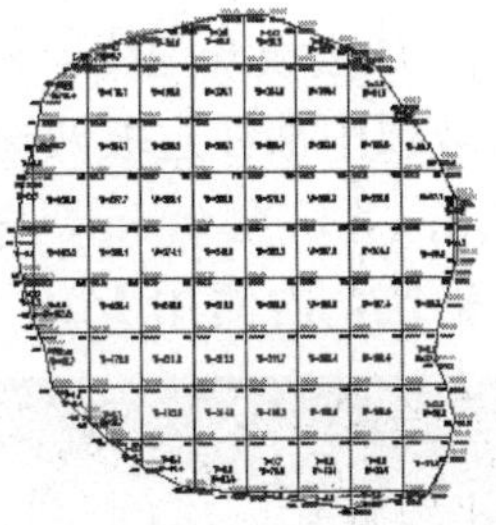

图 2.1-19　某单体土方开挖完成工程量计算

地勘报告现场复核：施工前利用地质勘察对岩层倾向加以统计分析，然后选出标高最低的一个罐体土方开挖试验，开挖过程中记录岩层倾向与土层分布，在总注平图上标注。该方位 10m 范围搭设双排脚手架，以防止孤石坠落砸坏混凝土罐体。

　　（2）排水沟留置

　　边坡上覆盖塑料薄膜防止雨水侵入岩土层接缝处，开挖边坡及基坑留出一定坡度，在外围修筑排水沟，将雨水或地下水引走。贵州某油库项目截洪沟平面图如图 2.1-20 所示。

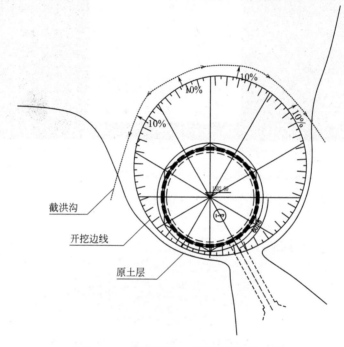

图 2.1-20　贵州某油库项目截洪沟平面图

　　排水沟的修筑应随土方工程的施工同步进行，可以选择把永久性的截洪沟提前修筑，截洪沟距边坡顶部外 6～10m，从边坡开挖线向外放坡至截洪沟，贵州某油库项目截洪沟实体图如图 2.1-21 所示。从边坡顶中部往边坡两边排水，将雨水集中后从边坡两侧接入排水系统。水沟截面上口宽 1.2m、下口宽 0.6m，深度 0.6m，材料为块（片）石，沟帮厚度为20cm，用 M7.5 水泥砂浆砌筑，内侧用 M10 水泥砂浆抹面厚 10mm，抹面时要向外延伸

图 2.1-21　贵州某油库项目截洪沟实体图

20cm（基坑内也需要设置排水沟，向巷道口外排水，水沟截面 0.5m×0.5m，坡度 1‰）。

（3）临时支护及加固

对于大面积土质边坡，这里从边坡线外 6m 的地方开始铺设塑料薄膜，施工人员利用安全绳与马道顺平斜坡上薄膜，注意薄膜与薄膜之间应搭接 30cm，覆盖完成后再压上钢丝网，最后利用现场无法再利用的钢筋余料对钢丝网进行加固，每隔 10m×10m 设立一锚点，保证支护稳定性。对于岩石边坡，直接安装钢丝网加固即可。贵州某油库项目边坡支护效果图如图 2.1-22 所示。

图 2.1-22　贵州某油库项目边坡支护效果图

（4）边坡监测

在边坡顶设立边坡监测点，对边坡位移进行监测，将现场测量结果用于信息化反馈，优化边坡设计，并在超过预警值时及时通知，提前处理，预防事故发生。贵州某油库项目边坡监测观测点如图 2.1-23 所示。

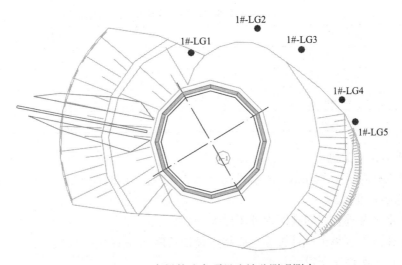

图 2.1-23　贵州某油库项目边坡监测观测点

在边坡上每隔 10~20m 设置一个监测棱镜，记录原始数据，每隔 15d 使用全站仪做一次观测，边坡变形按一级边坡控制，边坡变形的预警值为：水平位移和垂直位移累计值大于 35mm，日均位移速率大于 2.0mm/d；当坡顶沉降、水平位移观测数据出现预警值后，监测人员应立即向建设、设计、监理和施工单位汇报，达到 30mm 及时拆除塑料薄膜与钢丝网，进行土方卸载。贵州某油库项目进行边坡监测如图 2.1-24 所示。

图 2.1-24　贵州某油库项目进行边坡监测

3. 永久性支护施工方案

（1）锚杆施工

根据《建筑边坡工程技术规范》GB 50330—2013、《岩土锚杆与喷射混凝土支护工程技术规范》GB 50086—2015 等相关规范的要求对该边坡工程锚杆进行施工。

1）锚杆施工机械

根据工程特点及现场施工条件，该工程锚杆施工拟投入机械设备见表 2.1-7。

锚杆施工拟投入机械设备表　　　　　　　表 2.1-7

序号	名称	型号	单位	数量	备注
1	钻机	XY-2PC	台	5	锚杆钻孔
2	砂浆搅拌机	350 型	台	1	拌砂浆
3	注浆机	TBW-5.0/1.5	台	1	锚固灌浆
4	注浆机	JYB-2	台	1	锚固灌浆

2）锚杆钻孔施工要求

① 锚杆成孔直径为 80mm，锚索成孔直径为 110mm，锚杆及锚索倾角与水平面夹角为 15°，锚孔偏斜度≤5%；

② 锚孔水平及垂直方向孔距误差不应大于 100mm；

③ 锚杆孔深不应小于设计长度，应超过设计长度 0.5m；

④ 锚孔宜一次性钻至设计长度；

⑤ 锚孔底部的偏斜尺寸不应大于锚杆长度的 5%；

⑥ 灌浆配合比：水泥比砂宜为 1：1～1：2（重量比），砂宜用中细砂；

⑦ 土层段如遇土层垮孔，采用护壁导管跟管钻进。

3）锚杆钢筋（钢绞线）的制作与安装

① 锚杆钢筋组装与安放

组装前，钢筋应除油污、去锈，严格按设计尺寸加 0.5m 下料，每根钢筋（钢绞线）长度误差不应大于 50mm；钢筋（钢绞线）应按一定规律平直排列，沿杆体轴线方向每隔 2.0m 设一定位支架；锚杆接长应采取机械连接，每根钢筋的接头应错开 35d（d 为钢筋直径）或 500mm 以上；锚杆钢筋（钢绞线）安放前应及时清孔，特别是锚固段要采取措施，清除岩渣；安放锚杆体时应防止杆体扭转、弯曲，杆体放入角度与钻孔角度保持一致。

② 锚杆防腐

采用水泥砂浆封闭防腐，施工中应使锚杆位于锚孔中部，要求杆体周围水泥砂浆保护层厚度不小于 30mm；锚杆非锚固段的钢筋如在孔外，不能用砂浆封闭，应采用防腐措施，确保该段钢筋不得锈蚀，防腐做法：先除锈刷二度沥青防锈漆，再用二布三油沥青玻璃丝布缠裹。

4）锚杆灌注砂浆

① 注浆管送入锚孔前应检查注浆管是否畅通，注浆管必须插入距孔底 50～100mm 处，由孔底向外逐渐灌浆，以排除孔内积水；待第一次灌浆砂浆终凝后进行第二次补灌浆；

② 锚杆灌注砂浆采用 M30（锚索水泥砂浆 M35）压力灌浆，一次灌浆压力宜控制在 0.6～2.0MPa 之间，保证砂浆与岩壁间充分粘结，要求地层与锚固体粘结强度特征值不小于 350kPa；

③ 砂浆应适当减少水灰比，提高含砂率，以达到减少砂浆收缩的目的，灌注前砂浆配合比由试验确定；

④ 锚杆灌注砂浆后不能随意敲击、插拔，不得悬挂重物。

5）锚杆结构施工质量保证措施

① 按工程平面图布置确定边坡防护工程各分段实际位置，校核无误后方可进行开挖施工；

② 尽量避免雨期施工。雨期施工应加强监测坡顶位移变形情况，以避免发生安全事故；

③ 施工期间应对支护结构及边坡进行位移变形观测；

④ 遵循"动态设计、信息法施工"原则，施工过程中出现与设计不符的情况及其他岩土工程问题时应及时通知设计单位，并会同有关单位协商妥善解决，以便修改完善设计。

（2）坡面钢筋网绑扎

1）加强筋绑扎：锚杆注浆终凝后，沿坡面横向和纵向成井字，按锚杆位置各布设二根 φ12 钢筋加强，并与锚杆头承压板或附加钢筋焊接牢固。加强钢筋搭接长度 35d，钢筋端头留 180°弯头。

2）钢筋网的钢筋 φ10，间距 250mm，钢筋网钢筋的搭接长度不小于 300mm，钢筋端头留 180°弯头。钢筋网绑扎牢固，与坡面的保护层 40mm。

3）预埋 φ50PVC 泄水管，泄水孔坡度 5%，泄水管后端采用土工布包裹。

（3）锚索预应力施工

1）施工设备

施工机械、机具计划数量见表 2.1-8。

施工机械、机具计划数量表

表 2.1-8

序号	名称	规格/型号	数量	备注
1	千斤顶	YCD-200	1 台	
2	高压电动油泵	YBZ2×2/50	1 台	
3	配套油表	0-60MPa	1 块	

2）主要设计参数

① 钢绞线公称直径 $d=15.2$mm，强度标准值 $f_{ptk}=1860$N/mm^2，强度设计值 $f_{py}=1260$N/mm^2。

② 每根钢绞线施加设计预应力值为 110kN。

3）施工前准备

① 主要材料钢绞线、锚具及夹片等采用正规厂家生产的产品，产品进场时必须附有出厂质量合格证等表明合格身份的有关证书。钢绞线进场后根据有关施工规程进行试验，检验钢绞线的强度，对试验不合格的不得使用。

② 张拉设备由有资质的试验单位进行标定，确定油压与张拉力关系公式。

③ 注浆体混凝土抗压强度应不低于设计强度的 80%。

④ 通过现场张拉试验，确定张拉及锁定工艺。

⑤ 预应力张拉前做技术交底工作，施工现场配置具备预应力施工知识和正确操作知识的项目部施工技术人员，张拉机械操作人员必须经培训合格方能上岗。

⑥ 施工现场具备确保全体操作人员和设备安全的必要的预防措施。

⑦ 采用钢管支架加木板搭设平台放置千斤顶。安装工作锚板、夹片，并将夹片轻轻敲实，然后安装千斤顶、工具锚、夹片。安装时使千斤顶与锚垫板垂直。

4）锚索张拉和锁定

① 锚具安装与锚垫板和千斤顶密贴对中，千斤顶轴线与锚孔及锚索体轴线在一条直线上，不得弯压或偏折锚头，确保承载均匀同轴，并采用 25cm×25cm×2cm 钢垫片予以加强。

② 正式张拉时，必须采取整束锚索一起张拉，分级加载。

③ 预应力锚索的张拉分 5 次施加，一次取设计值的 0.3、0.5、0.75、1.0 和 1.1 倍进行逐级张拉，每级荷载施加后恒载 3min 记录位移值。进行超过设计预应力值 1.05～1.10 倍的超张拉，锚索锁定预应力值为 110kN。张拉荷载严禁一次加至锁定荷载。

④ 开动油泵，给千斤顶张拉油缸缓慢供油，直至油压设计值，张拉采用"双控法"进行质量控制，即以控制油表读数为准，用伸长量进行校核。

⑤ 锁定：达到油压设计值后，轻轻松开油泵截止阀，使油压缓慢降至零，活塞慢慢回程到底，卸下工具锚、千斤顶、限位板，完成对钢绞线的锚固。

⑥ 锚索稳定后 48h 内，若发生明显的应力松弛，必须进行补偿张拉。

⑦ 锚索锁定后，做好标记，观察三天，没有异常情况即留长 10cm 后用手提砂轮机切

割多余钢绞线（严禁使用电弧烧割）。最后用水泥砂浆注满锚垫板及锚头各部分空隙，并按照设计要求支模，用C25混凝土进行封锚处理。

（4）喷射混凝土施工

1）施工设备

① 动力设备：空压机。选用的空压机应满足喷射机工作风压和耗风量的要求；当工程选用单台空压机工作时，其排风量不应小于9m³/min。通常情况下，考虑机械设备的折旧程度，设备要求如下：电动空压机必须达到57kW以上才能满足喷射之动力要求；柴油空压机必须达到12MW以上才能满足喷射之动力要求。

② 搅拌机械：电动搅拌机。

③ 喷射机械及其配套设备：主要包括喷射机（混凝土压力输送机）及高压输料管。输料管能承受0.8MPa以上的压力，并应有良好的耐磨性能。

④ 喷枪：主要用于喷射作业面。施工供水设施应保证喷头处的水压为0.15～0.20MPa。

2）喷射混凝土材料要求

① 水泥：应优先选用硅酸盐水泥或普通硅酸盐水泥，也可选用矿渣硅酸盐水泥；水泥的强度等级不应低于32.5MPa；

② 鱼米石：细度模数宜大于2.5；

③ 石粉：含水率宜控制在5%～7%；

④ 速凝剂：掺量一般为水泥用量的3%。

3）喷射混凝土施工工艺

① 喷射作业应分段分片依次进行，喷射顺序应自下而上；

② 干法喷射混凝土一次喷射厚度：不掺速凝剂50mm，掺速凝剂50～150mm；

③ 分层喷射时，后一层喷射应在前一层混凝土终凝后进行，若终凝1h后再进行喷射时，应先用风水清洗喷层表面；

④ 喷射作业紧跟开挖工作面时，混凝土终凝到下一循环放炮时间，不应小于3h；

⑤ 作业开始时，应先送风，后开机，再给料；结束时，应待料喷完后，再关风；

⑥ 向喷射机供料应连续均匀；机械正常运转时，料斗内应保持足够的存料；

⑦ 喷射机的工作风压，应满足喷头处的压力在0.1MPa左右；

⑧ 喷头与边坡面应垂直，宜保持在0.6～1.0m的距离；

⑨ 干法喷射时，喷射手应控制好水灰比，保持混凝土表面平整，呈湿润光泽，无干斑或滑移流淌现象；

⑩ 喷射混凝土的回弹率的控制：对于有放坡的边坡，回弹率应控制在15%以内；对于无放坡的边坡，回弹率应控制在25%以内。

4）喷射混凝土施工方法

① 喷射混凝土混合料的搅拌采用强制式搅拌机；

② 喷射混凝土应分段分片依次进行；根据喷射混凝土的喷射方向和工艺，必须分层进行喷射，其前后层喷射的间隔时间为2～4h，一次喷射厚度以喷射混凝土不滑移、不坠落为度；同一分段内喷射顺序应自下而上，边坡喷射厚度为150mm、100mm，C25混凝土；喷射时，喷头与受喷面应垂直，宜保持0.6～1.0m的距离，喷射手应控制好水灰比，

保持混凝土表面平整、湿润光泽，无干斑或流淌现象；

③ 用压缩空气或压力水将所有待喷面吹净，吹除待喷面上的松散杂质或尘埃；

④ 保证喷射速度适当，以利于混凝土的压实；

⑤ 使喷嘴与受喷面间保持适当距离，喷射角度尽可能接近90°，以便获得最大的压实力和最小的回弹；

⑥ 正确地掌握喷射顺序，不使角隅处及钢筋背面出现蜂窝或砂囊；

⑦ 当开始或停止喷射时，给喷射机司机以信号，当料流不能从喷嘴均匀喷出时，也应通知喷射机司机停止作业；

⑧ 及时清除受喷面上的砂囊或下坠的混凝土，以便重新喷射；

⑨ 喷射机的操作会影响回弹、混凝土的密实性和料流的均匀性；喷射手应正确地控制喷射机的工作风压和保证喷嘴料流的均匀性；

⑩ 喷射混凝土的养护：喷射混凝土终凝2h后，应喷水养护，养护时间依气温环境条件，一般为3～7d，根据现场实际情况可适当调整；在充分凝固前，不得受流水直接冲刷；同时，坡面面板应在基槽上口处向外翻边3.0m；喷射结束后7d内，距喷层20m范围内，不得进行爆破作业；喷射混凝土完成后，根据天气情况，采取洒水等措施进行养护。

2.2 爆破作业

2.2.1 项目概况及重难点分析

1. 项目概况

覆土罐成品油库总承包施工的爆破作业应根据各项目具体地质情况选择合适的作业方式，表2.2-1为湖北、山东及贵州3个油库的地质特征简要介绍。

湖北、山东及贵州3个油库地质特征简要介绍表 表2.2-1

序号	代表项目地点	地质特征	开挖方式	边坡稳定性
1	湖北	地表风化层薄,地下多花岗片麻岩地质	石方爆破、分层开挖	岩质边坡较稳定,局部有夹层、裂隙,不需采取支护
2	山东	地表风化层薄,多裸露花岗岩地质	石方爆破、分层开挖	岩质边坡稳定,不需采取支护
3	贵州	喀斯特地貌,风化严重,土层厚	土方分层退台放坡开挖	土层已松动,应防止雨水冲刷而采取支护

爆破作业施工总结主要以山东某油库项目为例展开。对于不同岩体、不同部位、爆破施工的不同阶段采取相应灵活的爆破方式：在深基坑爆破初期采取深孔台阶爆破，施工效率高；在修整山体边坡阶段，采取预裂孔爆破，减少对邻近建（构）筑物的扰动并形成稳定光面边坡，降低边坡的防护成本，增加结构主体施工阶段的安全性；基坑底部采取中深孔爆破（$H \leqslant 8\text{m}$），严格控制爆破深度，减少爆破根底，减少罐体槽底的破除及回填工程量。基坑预裂爆破成形效果图如图2.2-1所示。

图 2.2-1　基坑预裂爆破成形效果图

总体上采取"小直径中深孔小台阶分层松动爆破为主、中深孔弱松动控制爆破为辅"的爆破方法，台阶高度选取 3～6m，在实际施工过程中依据不同的地形、地貌和地质状况来决定；对大粒径石块采取机械法爆破，对基坑周边采取微差，按预定起爆顺序起爆，起爆网路采用非电导爆系统，环形闭合网路。浅孔、深孔爆破装药结构为耦合装药；适宜的爆破方法可降低爆破地震效应、降低大块率，提高填筑用石渣质量。施工中，尽量利用地势低洼地段作为爆破开挖自由面。

不论采取何种爆破方法，在正式实施前均应根据初步设计参数进行试爆，根据结果修正爆破参数，然后在每次正常爆破后根据检测的情况适时调整爆破参数，为下一循环爆破提供理想的参数。尽量创造多个作业面，缩短设备闲置时间，实现多工作面立体作业，以加快施工进度，确保工期。

2. 重难点分析

（1）有水地段的爆破作业

采用湿式钻孔法钻孔，钻孔前将作业面清出实底。

（2）超欠挖以保证边坡的成形控制

有利于提高边坡本身的承载力，在爆破前放出爆破边界线，利于炮孔布置。

（3）钻孔精度保障

钻孔精度是确保爆破成功的关键，要求必须做到"准、直、齐"，钻孔完成后，将炮眼内石粉等残留物吹洗干净，并且要核实孔底标高，保证钻孔深度与设计值误差在 -2～4cm 范围内，开孔中心允许误差 $\varphi \leqslant 3cm$。

（4）炮孔经检查合格后装药

药包必须按照设计进行安装，装药量偏差控制在 $\pm 5\%$ 以内。

2.2.2　施工组织部署及准备

1. 人员配置

为保证爆破施工顺利实施，现场施工管理人员均要求具有实际操作经验，主要管理人员是长期从事建筑工程的资深人员，工人持证上岗，爆破人员经过国家相关职业技能培训，取得爆破资格证书。爆破施工工程中的人员配置见表 2.2-2。

人员配置表 表 2.2-2

岗位	人数
爆破项目负责人	1
技术负责人	2
安全员	2
爆破员	6

2. 主要材料

以山东某项目为例，一个罐的石方工程量在 40000m³ 左右。单孔装药量＝单位炸药消耗量×孔距×排距×炮孔深度＝0.40×3×3×6＝21.6kg。

设置炮孔深度（h）：对于坚硬岩石，$h=(1.10\sim1.15)\times$ 台阶高度；对于硬岩石 $h=$ 台阶高度；对于松软岩石 $h=(0.85\sim0.95)\times$ 台阶高度。

单位炸药消耗量（q）取值：强风化岩石 0.40～0.45，中风化、微风化岩石 0.56～0.80。

本工程采用的主要材料配置见表 2.2-3。

主要材料配置表 表 2.2-3

名称	单位	消耗量	备注
乳化炸药	t	60	
导爆管	m	1000	
导爆索	m	1000	
雷管	发	500	

3. 主要设备

本工程所用主要设备配置见表 2.2-4。

主要设备配置表 表 2.2-4

设备名称	单位	数量	用途
履带式钻孔机	台	4	钻孔
气动式架子钻孔机	台	5	钻孔
手动风钻	台	5	钻孔
汽车式起重机	台	1	材料运输

2.2.3 施工方法

1. 技术要求

（1）爆破准备

1）熟悉地质勘察资料、基坑边坡设计专项方案，进行现场踏勘，按照国家有关法规和标准编制爆破施工组织设计和爆破安全专项方案，绘制各个基坑的爆破开挖施工平面、剖面图，组织危险性较大分部分项工程专家论证，按照审批程序报批。编制基坑爆破施工计划。

2）收集相关技术资料，包括：山体岩石性质及分布情况，岩石坚固系数（f）、单位炸药消耗量（q）、最小抵抗线（W）等有关爆破数据、经验公式，地下水情况，相邻的建（构）筑物、地下设施属性及分布位置。

3）熟悉炸药性能、爆破器材和钻孔机械设备技术参数，在本工程中，炸药分两种，2号岩石乳化炸药和岩石膨化硝铵炸药，规格见表2.2-5。

炸药规格表 表2.2-5

炸药类型	密度（g/cm³）	型号	规格	包装	适用范围
2号岩石 乳化炸药	1.00～1.25	Φ70	2kg/45cm	塑料薄膜	炮孔底部有水
		Φ32	0.3kg/30cm		预裂不耦合装药
岩石膨化硝 铵炸药	0.85～1.00		24kg/件	塑料袋	炮孔无水

导爆管雷管：用于起爆炸药、导爆管和导爆索，由8号钢壳火雷管和塑料导爆管装配组合而成，采用延期体装配式结构，秒量准确，爆炸性能良好，具有抗水、抗静电、抗杂散电流能力强，运贮使用安全可靠、网路连接方便快捷等特点。导爆雷管延时时间见表2.2-6。

导爆雷管延时时间表 表2.2-6

毫秒系列（ms）									
段别	1	2	3	4	5	6	7	8	9	10
延时	0	25	50	75	110	150	200	250	310	380
段别	11	12	13	14	15	16	17	18	19	20
延时	460	550	650	760	850	1020	1200	1400	1700	2000

塑料导爆管：由内径1.5mm、外径3mm左右的高压聚乙烯材料制成，混合炸药配比是黑索金91%，铝粉及其他成分9%（普通变色导爆管导爆药配比为RDX75%：Al25%），涂层药量14～16mg/m。引发后以恒速传播。它只能引爆雷管而不能引爆炸药，传播性能好，遇火燃烧而不被激发，抗冲击能力强，抗水及抗电性能俱佳，且具有一定强度。爆速不小于1600m/s。塑料导爆管如图2.2-2所示。

图2.2-2 塑料导爆管

如图 2.2-3 所示导爆索，以太安为药芯，高强度聚丙烯扁丝为包缠物，外涂覆热塑料防潮层。外径≤6mm，装药量≥11.5g/m，爆速≥6000m/s，具有良好的抗水性能、抗拉性能。

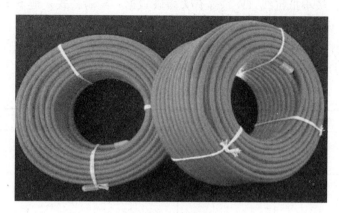

图 2.2-3 导爆索

4）制订基坑分层开挖台阶爆破的具体方案，包括：爆破台阶划分、同一台阶分段爆破划分、台阶分层爆破深度划分。

（2）现场准备

1）测量定位，放出基坑中心点和边坡开挖范围线，测量开挖面地形标高。

2）清理山坡植被、危岩体，修筑临时施工道路，巷道口坑槽开挖。

3）制订施工现场爆破相关管理规定、爆破管理程序。

（3）爆破试验

按不同岩性、不同地质条件、不同炸药类型分别进行爆破试验，取得有关爆破参数。如单位炸药消耗量（q）、最小抵抗线（W）、爆破漏斗用药量和参数、破碎范围、超（欠）深值、起爆延时间隔、爆破振动速度、振动频率等。据此核实经验数据，为爆破设计提供依据。

（4）爆破相关参数

台阶高度 H（8～15m）、坡面角 α（60°～75°）、钻孔安全距离 B；

底盘抵抗线 W_1、最小抵抗线 W；

孔距 a、排距 b、炮孔密集（邻近）系数 m；

钻孔深度 L、超钻深度 h、装药长度 L_2+h、填塞长度 L_1；

孔径、装药直径、装药系数、不耦合系数、微差时间。

（5）确定保护对象的类别、安全允许值与最大单响起爆药量 Q

1）本工程的保护对象有原有山体内储油洞库、邻近建（构）筑物、电力设施、在建混凝土罐室、临时边坡。

2）不同保护对象的爆破振动速度安全允许值见表 2.2-7。

3）根据保护对象的类别、安全允许值确定最大单响起爆药量 Q。一般采用萨道夫斯基经验公式：

$$v=k\left(\frac{\sqrt[3]{Q}}{R}\right)\alpha \tag{2.2-1}$$

式中 v——质点爆破振动速度峰值（cm/s）；

      k——与地质、爆破方法等因素有关的系数；

      α——与地质条件有关的地震波衰减系数；

      Q——与振速 v 值相对应的最大单响起爆药量（kg）；

      R——测点与爆心的直线距离。

表 2.2-7

爆破振动速度安全允许值

序号	保护对象类别	质点爆破振动速度峰值 v(cm/s)		
		$f \leqslant 10Hz$	$10Hz < f \leqslant 50Hz$	$f > 50Hz$
1	土窑洞、土坯房、毛石房屋	0.15~0.45	0.45~0.90	0.9~1.5
2	一般民用建筑物	1.5~2.0	2.0~2.5	2.5~3.0
3	工业和商业建筑物	2.5~3.5	3.5~4.5	4.2~5.0
4	一般古建筑与古迹	0.1~0.2	0.2~0.3	0.3~0.5
5	运行中的水电站及发电厂中心控制室设备	0.5~0.6	0.6~0.7	0.7~0.9
6	水工隧道	7~8	8~10	10~15
7	交通隧道	10~12	12~15	15~20
8	矿山巷道	15~18	18~25	20~30
9	永久性岩石高边坡	5~9	8~12	10~15
10	新浇大体积混凝土(C20) 龄期：初凝~3d 龄期：3~7d 龄期：7~28d	1.5~2.0 3.0~4.0 7.0~8.0	2.0~2.5 4.0~5.0 8.0~10.0	2.5~3.0 5.0~7.0 10~12

注：爆破振动检测应同时测定质点振动相互垂直的三个分量。

（6）爆破参数计算

1）不同岩石的单位炸药消耗量（q）参考值（松动爆破）见表2.2-8。

表 2.2-8

单位炸药消耗量（q）参考值

岩石坚固性系数 f	0.8~2.0	3~4	5	6	8	10	12	14	16	20
Q 值(kg/m³)	0.40	0.43	0.46	0.5	0.53	0.56	0.60	0.64	0.67	0.70

2）底盘抵抗线

按照相关规范宜为炮孔直径的 30~40 倍，但是这个范围较大，按炮孔直径 ϕ100mm，上下阶相差 1000mm。

本工程采用在松动爆破条件下鲍列斯柯夫条形装药药量转换公式计算：

$$W = \sqrt{\frac{C_e}{0.4k}} \qquad (2.2-2)$$

式中 C_e——单位长度直列装药重量（kg/m）；

      k——生成标准漏斗坑时的单位耗药量（kg/m³）；

      W——最小抵抗线（m）。

或用体积法反算公式计算：

$$W_1 = d\sqrt{\frac{7.85\Delta \cdot \tau \cdot L}{m \cdot q \cdot H}} \qquad (2.2\text{-}3)$$

式中 d——炮孔直径（dm）；

Δ——装药密度（kg/dm³）；

τ——装药长度系数，当 $H<10\text{m}$ 时 $\tau=0.6$；当 $10\text{m}\leqslant H<15\text{m}$ 时，$\tau=0.5$；

q——单位炸药消耗量（kg/m³）；

m——炮孔密集系数，一般 $m=0.8\sim1.4$；

H——台阶高度（m）；

L——钻孔深度（m）。

3）孔距 a、排距 b、布孔方式

炮孔孔距 $a=mW_1$，$m=0.8\sim1.4$；排距 $b\leqslant W_1$。

布孔方式采取梅花形（三角形），如图 2.2-4 所示。

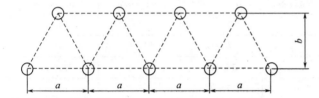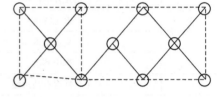

图 2.2-4 布孔方式

4）钻孔形式、孔深和超深 h

爆破钻孔形式一般分为垂直钻孔和倾斜钻孔两种：a—垂直深孔，b—倾斜深孔（图 2.2-4）。台阶坡面角较小时，宜采取倾斜钻孔，钻孔超深参考值见表 2.2-9。

钻孔超深参考值 表 2.2-9

台阶高度 H（m）	强风化花岗岩 $f=3\sim5$	中风化花岗岩 $f=10\sim12$	微风化花岗岩 $f=18\sim20$
$H=10\text{m}$	0.5	0.8	0.8
$H=15\text{m}$	0.6	1.0	1.0

钻孔超深应结合岩石性质和爆破效果调整，后排孔超深适当增加。

5）单孔装药量 Q_1、装药结构、堵塞长度

计算公式：$Q_1=KqabH$

装药量增加系数 K，前排孔取 1，后排孔取 $1.1\sim1.2$。

主炮孔采取连续装药结构，堵塞长度取最小抵抗线长度。当药孔较深、堵塞长度过长时，可适当调整增大孔距。

（7）预裂炮孔及装药参数设计

1）当分段爆破至基坑边缘时，边坡附近打预裂炮孔，预裂炮孔倾角按设计值，本工程上部边坡坡率为 1.0：0.5，倾角 63°；下部边坡坡率为 1.0：0.3，倾角 73°。

2）预裂孔径 $D=100\text{mm}$，孔间距取 $10\sim12D$，本工程取 $0.9\sim1.0\text{m}$。

3）预裂孔深度按下式计算：

$$L = (H + h) / \sin \alpha \qquad (2.2\text{-}4)$$

式中　H——台阶高度；

　　　h——炮孔超深；

　　　α——钻孔倾角。

预裂孔深度比主炮孔深度深 0.5~1.0m。

4）预裂孔装药结构

采用 2 号岩石乳化炸药，药卷直径 32mm，不耦合系数 2.8。

轴向采取不连续装药方式：底部加强段长 1m，加强倍数为 3 倍；中间正常段装药间隔 5~6cm；顶部减弱段装药间隔 12~15cm，减弱段长度为加强段长度的 1~3 倍。药卷用竹条间隔绑扎。

预裂孔装药量＝底部加强段装药量＋正常段装药量＋减弱段装药量。

炮孔堵塞长度 1.0~1.5m。

5）辅助孔

在预裂孔与主炮孔之间布置辅助孔，辅助孔深度约为主炮孔长度一半。孔口填塞长度等于或略小于台阶爆破孔填塞长度。

（8）延时起爆网路设计

在完成台阶（梯段）爆破的网孔参数计算、确定各单孔装药量后，采用微差延时起爆技术进行爆破网路设计，控制同时起爆的最大单响用药量、相邻起爆的时间间隔，控制爆破振动及其叠加效应。

起爆时间间隔 Δt，一般无保护对象区域 $\Delta t = 50\text{ms}$（3 段延时）；有保护对象区域 $\Delta t = 110\text{ms}$（5 段延时）。预裂爆破与梯段（台阶）爆破之间采用 5 段延时；预裂爆破不能一次同时起爆时，可以采取分段起爆。

起爆网路采用非电导爆系统，用导爆管、导爆雷管传爆；预裂孔用导爆索连接导爆雷管起爆。

为保证爆破的可靠性，采取复式起爆网路：双导爆管、导爆雷管连接方式；孔内传爆分别在中部和底部用两个导爆雷管起爆。采用电雷管引爆的起爆网路现场设置如图 2.2-5 所示。

图 2.2-5　起爆网路采用电雷管引爆

2. 施工方法

（1）测量布孔

1）首先根据基坑开挖方案平面、剖面图，用 GPS 定位仪测量放出开挖边线，定出覆土罐基坑中心点。

2）台阶爆破时，根据边坡平台标高划定当次爆破范围，下部平台一般分三次爆破。

3）按照爆破设计孔位布置图，测量定出各孔位位置，测量孔口标高，计算孔口至设计爆破平台的高差，确定钻孔孔深（含超钻深度）。

4）边坡预裂孔孔口标高相差大，孔深应分别计算（含超钻深度），并确定钻孔角度（向中心点）。

（2）钻孔及炮孔验收

1）钻机准备。指作业人员、机具等按时到位，达到开工条件。

2）钻机就位。根据平场施工设计要求，首先对场地现存的松石或表土层进行清除，使岩石裸露，达到能够钻孔爆破的条件后，方可进行钻孔爆破。

3）钻孔及验收。在钻孔过程中，应严格控制钻孔的方向、角度和深度，特别是炮孔的倾斜度应严格符合设计要求。孔眼钻进时应留意地质的变化情况，并做好记录，遇到夹层或与表面石质有明显差异时，应及时同技术人员进行研究处理，调整孔位及孔网参数。钻孔完成后，检查炮孔位置、深度和标高，并及时清理孔口的浮渣，清孔时直接用胶管向孔内吹气，吹净后，应检查炮孔有无堵孔、卡孔现象，以及炮孔的间距、眼深、倾斜度是否与设计相符，若和设计相差较多，应对参数适当调整，如果可能影响爆破效果或危及安全生产，应重新钻孔。先行钻好的炮孔，用编织袋将孔口塞紧，防止杂物堵塞炮孔。

（3）炮孔装药、堵孔及爆破网路连接

1）炮孔装药、堵孔

① 主炮孔装药。装药前，要仔细检查炮孔情况，清除孔内积水、杂物。装药过程中应严格控制药量，把炸药按每孔的设计药量分好，边装药边测量，以确保装药密度符合要求，为确保能完全起爆，起爆体应置于炮孔底部并反向装药。

② 堵塞：孔口不装药段用粗砂或钻孔石屑作堵塞材料，不捣实，自然填至孔口。

③ 预裂孔装药。预裂孔药包按设计长度和装药密度、装药间隔用胶布绑扎在竹片上，并装好导爆索和起爆雷管，放入孔内，用粗砂或钻孔石屑堵塞孔口。预裂孔装药如图 2.2-6 所示。

2）爆破网路连接

起爆网路为复式网路，以保证起爆的可靠性和准确性。连接时要注意：导爆管不能打结和拉细；各炮眼雷管连接次数应相同；引爆雷管用黑胶布包扎在离一簇导爆管自由端 10cm 以上处。网路连好后，要有专人负责检查。确认网路连接正确，与爆破无关人员已经撤离后，才允许接入引爆装置。

（4）爆破前检查与爆破警戒

爆破工作开始前，认真检查线路连接情况，确保无误。另外，必须设置安全警戒线，警戒线的距离应大于爆破安全距离，制订统一的爆破时间和信号，并在指定地点设安全哨和警戒人员。在规定时间内非爆破人员和机械设备均应按计划撤至安全地点。放炮人员在

图 2.2-6 预裂孔装药

起爆前,应选定安全的掩蔽处所,掩蔽处所必须坚固牢靠。

（5）起爆、爆破监测

1）起爆

放炮时应指定专人负责指挥,用对报话机先与各安全哨取得联系,发出爆破警戒音响统一信号,只有安全哨警戒人员确认爆破警戒线内无行人车船及机械设备或采取保护措施,各自报告爆破负责人后方可点炮,若有问题及时汇报爆破负责人采取措施予以处理。

2）爆破监测

正式爆破前,于离爆破点较远的地方选择了一块区域进行了多次试爆,并参照需保护建筑物或设备仪器与爆点之间的距离选点布设无线网络测振仪,通过测振仪对其振速进行监测分析,调整爆破延时时间,使测点振速控制在要求范围内。除延时时间外在相同参数的情况下,通过对试爆后的监控量测数据统计分析,确定中深孔预裂爆破最佳的电雷管起爆时差,最终确定分组分段的起爆时间。爆破振动速度监测如图 2.2-7 所示。

（6）爆破后检查、解除警戒

爆破完毕,爆破员必须按规定的等待时间进入爆破地点,检查有无冒顶、危石、支护破坏和盲炮等现象。爆破员如果发现冒顶、危石、支护破坏和盲炮等现象,应及时处理,未处理前应在现场设立危险警戒或标识。当发现或怀疑有盲炮时,应派人看守等待爆破负责人派有经验炮工进行处理。处理时,无关人员离场,危险区内禁止进行其他工作。如果是孔外的导爆管损坏引起的盲炮,则切去损坏部分重新连接导爆管即可,但此时的接头尽量靠近炮眼。如因孔内导爆管损坏或其本身存在问题造成盲炮,可按以下方式处理。

1）处理裸露爆破的盲炮时,允许用手小心地去掉部分孔口堵塞材料,安置起爆雷管重新封口起爆。

图 2.2-7　爆破振动速度监测

2）处理深孔盲炮，可采用距盲炮孔不小于 3cm 处，另打平行孔起爆。检查炮孔无误或者采取有效措施已保证安全的情况下，可以解除警戒。

（7）爆破安全措施

1）爆破安全的一般规定

① 爆破施工安全及爆破物品管理严格遵守现行国家标准《爆破安全规程》GB 6722 和《民用爆炸物品安全管理条例》的规定，杜绝违章指挥、违章作业，确保拆除爆破全过程施工安全。

② 对现场爆破施工人员及管理人员进行安全教育，提高全员安全意识。

③ 从事爆破作业的人员一律持证上岗，装药必须由爆破熟练的爆破员担任。

④ 爆破时，个别飞散物对人员的安全距离不得小于表 2.2-10 的规定。

个别飞散物对人员的安全距离表　　　　表 2.2-10

爆破类型及方法	个别飞散物对人员的安全距离(m)
破碎大块岩	300
浅眼爆破法	200(复杂地质条件下未修成台阶工作面时不小于 300)
深孔爆破	按设计,但不小于 200

2）爆破器材的运输、装卸

① 运输爆破器材，严禁吸烟和携带发火物品。

② 运输车辆应有专车运输，并设有明显危险警戒标识，至少配备一支 4kg 干粉灭火器。

③ 车箱底应加软垫，电雷管、导爆管、炸药等物品在搬运时必须轻拿轻放，装好、码平、卡牢、捆紧，严禁摩擦、抛掷、冲击、撞碰、拉拖、翻滚、侧置及倒置爆破器材。

④ 雷管等起爆器材，不应与炸药在同时同地进行装卸；遇有暴风雨或雷雨时，不应装卸爆破器材。

3）爆破作业安全

① 凿打炮眼时，坡面上的浮岩危石应予清理。凿眼所用工具和机械要详加检查，确认完好。

② 机械扩眼，宜采用湿式凿岩或带有捕尘器的凿眼机。凿岩机支架要支稳，严禁用胸部和肩头紧顶把手。风动凿岩机的管道要顺直，接头要紧密，气压不应过高。电动凿岩机的电缆线宜悬空挂设，工作时应注意观察电流值是否正常。

③ 不得采用无填塞爆破，也不得使用石块和易燃材料填塞炮孔；不得捣鼓直接接触药包的填塞材料或用填塞材料冲击起爆药包，也不得在深孔装入起爆药包后直接用木楔填塞；塞、检炮眼时不得破坏起爆线路。

④ 爆破前设置警戒区域，并检查爆破线路，确定无误后由专人点火起爆。

（8）施工流程

爆破作业施工流程如图 2.2-8 所示。

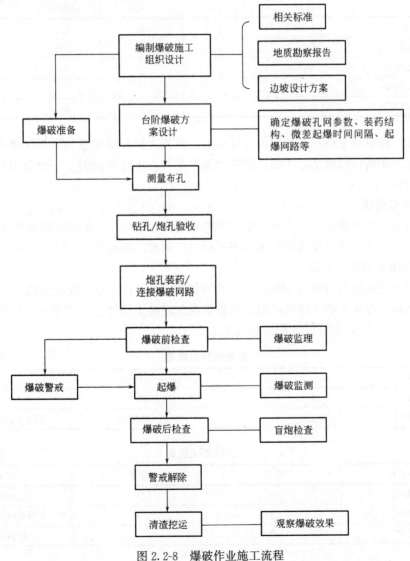

图 2.2-8　爆破作业施工流程

2.3 地基处理

2.3.1 工程概况及重难点分析

1. 工程概况

三个油库项目地基要求差别不大，现以贵州某油库项目为例简要介绍，一个覆土罐底板半径 16.25m，约含 200t 钢筋、1830m³ 混凝土、230t 钢板及附件，共重约 4800t，其覆土罐持力层设计要求 220kPa，贵州某油库项目岩土承载力见表 2.3-1。

贵州某油库项目岩土承载力 表 2.3-1

参数名称 岩土单位	承载力特征值 （kPa）	内聚力 C_k（kPa）	内摩擦角 ϕ_k	重度 （kN/m³）	压缩模量 （MPa）
可塑性土	140	34	7	17.1	6
强风化泥岩	260			21	
中风化泥岩	900			24.5	
中风化灰岩	3500			27.4	
中风化白云岩	3000			26.4	

在实际工程中覆土罐开挖达到设计标高后，发现大部分罐地基为不均匀地基：强、中风化岩和黏土相结合的地基，为防止罐体因地基不均匀沉降而倾斜，一个合理的地基处理措施尤为重要。

2. 重难点分析

（1）地基开挖至剩余 20～30cm 时，注意采用人工开挖，以免影响到地基验槽。

（2）地基处理区域成形面应向未处理区域方向放坡，坡度在 0.1%～0.3% 之间。

3. 施工组织部署及准备

本工程需处理地基面积约 20000m²，处理深度最深 6m，毛石混凝土浇筑一般采用挖掘机辅助浇筑。在抢工期等特殊时期，可直接浇筑混凝土代替毛石混凝土。所需主要材料配置见表 2.3-2，所需主要设备配置见表 2.3-3。

主要材料配置表 表 2.3-2

名称	单位	消耗量	备注
毛石	m³	5040	
混凝土	m³	11760	混凝土强度为 C15

主要设备配置表 表 2.3-3

设备名称	单位	数量	用途
挖掘机	台	1	毛石、碎石换填
压路机	台	1	级配碎石压实
货车	辆	2	材料运输

4. 施工方法

（1）冻土层地基

1）换填法

利用非冻胀性材料（中粗砂、碎石等）换填覆土罐基础周围冻胀性土体，建议换填宽度为1.0∶2.5，避免切向冻胀力作用于基础上。此种换填方法仅适用于地下水位之上的地基换填，注意减少所填材料含泥量。

2）梯形斜面基础

基础设计为梯形的形式，经过试验可知，其侧面坡度≥1∶7为宜，将基础侧面设计成不小于9°的斜面来消除切向冻胀力。梯形斜面基础如图2.3-1所示。

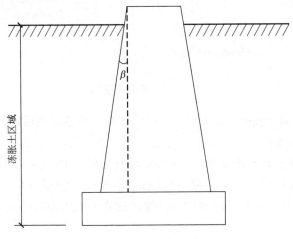

图 2.3-1　梯形斜面基础

梯形斜面基础具有如下特点：

① 不但可以在地下水位之上，也可在地下水位之下应用；

② 混凝土耐久性好，在反复冻融作用下防冻胀效果不变；

③ 无需换填措施即可解决冻土问题；

④ 此种基础施工的混凝土表面要求光滑。

3）桩基础

桩基础一般用于地基软弱的强冻胀地段。基础入土深度应满足正常设计荷载和克服切向冻胀力验算所需的设计深度，但是要保证基础施工时桩在冻土范围内桩身光滑、不出现扩大头现象。一般采用灌注桩或打入式桩。

（2）黏土层与强风化岩结合地基

对黏土层全部挖除，换填材料设计标高3m内采用级配砂石，3m以下可采用强风化岩石，换填宽度应至基础线外，当换填深度≤3m不小于1倍换填深度，当换填深度>3m不小于0.5倍换填深度，换填材料每层不超过300mm，换填深度≤3m，压实系数不小于0.96，大于3m时不小于0.97。换填时基底应切成1.0∶2.5台阶式坡度。换填示意图如图2.3-2所示。

（3）黏土层、强风化岩层、中风化岩层结合地基

对黏土层、强风化岩层全部开挖，直到中风化岩层区域，设计标高500mm以下采用

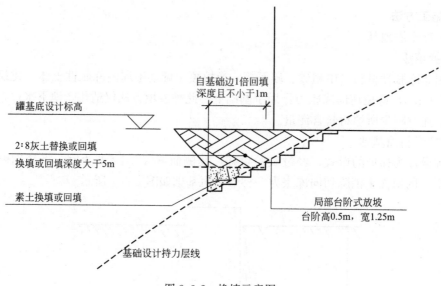

图 2.3-2 换填示意图

毛石混凝土换填，混凝土强度一般在 C15～C25 之间，换填完成后铺设 500mm 褥垫层。

1）褥垫层施工要求

① 褥垫层施工自下到上依次为：100mm 碎石垫层→100mm 中粗砂保护层→土工格栅→100mm 中粗砂保护层→土工格栅→100mm 中粗砂保护层→100mm 碎石垫层，施工前应将基槽整平、清理。碎石垫层及中粗砂保护层要采用压路机压实，严禁车辆、机械直接在土工格栅上作业。

② 砂垫层采用级配良好的中粗砂，碎石垫层应采用未风化的干净砾石或碎石，其颗粒级配应采用 5.0～31.5mm 的连续级配碎石，砂垫层与碎石垫层不含草根、垃圾等杂质，其含泥量不得大于 5%。

2）毛石混凝土施工要求

① 基础回填毛石混凝土边缘应不小于独立基础外边线 0.3m。毛石应选用坚实、未风化、无裂缝、洁净的石料，混凝土采用素混凝土，毛石穿顶 MU30，毛石尺寸不应大于所浇部位最小宽度的 1/3 且不得大于 200mm。表面如有污泥、水锈，应用水冲洗干净。尽可能选用较大的和表面较平的毛石砌筑，其最小厚度为 150mm。

② 毛石混凝土最小厚度为 400mm。浇筑时，应先铺一层 80～150mm 厚混凝土打底，再铺上毛石，毛石插入混凝土约一半后，再灌混凝土，填满所有空隙，再逐层铺砌毛石和浇筑混凝土，直至基础顶面，保持毛石顶部有不小于 100mm 厚的混凝土覆盖层。所掺加毛石数量应不超过基础体积的 30%。

③ 基础开挖时，基底如遇有杂填土等不良土质时，必须清除至较好土层，同时槽底的扰动、松软土也必须清除干净。基底不良土层清除的同时向外侧加宽，其宽度/深度≥1/2（宽度为由基础外边缘线起基槽向外侧增加的宽度，深度为基础垫层底至槽底的深度）。挖基槽的同时要降低地下水，地下水位要降到比槽底至少低 0.5m 以下。当用明沟排水时，排水沟要设在基础压力扩散角以外，槽底不允许有潮湿现象。槽底清理、整平后由甲方、勘察、施工、监理等有关单位共同现场验槽合格后，方可进行下一步施工。

2.3.2 实施效果

采用此施工方法产生了非常好的实际效果，如图 2.3-3、图 2.3-4 所示。

图 2.3-3　某油库覆土罐基槽开挖完成后地貌

图 2.3-4　某油库覆土罐基槽毛石混凝土换填

2.4　土方回填

2.4.1　挡土墙施工

1. 工程概况及重难点分析

（1）工程概况

以贵州某油库项目为例，此工程回填土工程量约 80 万 m³，覆土罐外环梁高出±0.000

约 20m，按照回填坡度 1.0：1.5 要求，周边需填出罐外边 30m，考虑到现场场地限制，为减少回填工程量，现需绕罐环向一圈修筑挡土墙并连接巷道，以便于土方回填。

（2）重难点分析

1）若遇到持力层标高较低，挡土墙整体高度超过图集选型时，优先选择悬臂式钢筋混凝土挡土墙，并加长基础宽度，经设计确认后实施。

2）若不考虑土方工程量，也不限定消防道路标高，边坡采用自然放坡即可，坡角修筑 2m 高格宾挡墙。

2. 施工组织部署及准备

（1）材料计划

本工程所需主要工程材料数量见表 2.4-1。

1）毛石：采用 MU30 毛石，M7.5 水泥砂浆砌筑。毛石挡土墙砌体自重必须达到 22kN/m³。

2）混凝土：C15～C25，毛石混凝土中使用。

3）混凝土：C30，钢筋混凝土挡土墙中使用。

4）钢筋：主要有直径 12～40mm 共计 10 种螺纹钢。

工程材料一览表 表 2.4-1

序号	材料名称	单位	数量	备注
1	MU30 毛石	m³	12000	毛石挡土墙、毛石混凝土用
2	混凝土 C15	m³	28000	毛石混凝土用
3	混凝土 C30	m³	1000	悬臂式挡土墙用
4	钢筋（Φ12～Φ40）	t	100	悬臂式挡土墙用

（2）机械设备计划

本着各种设备之间能力协调、经济合理的原则进行配置，本工程主要施工机械设备配置见表 2.4-2，所需主要检测仪器设备见表 2.4-3。

主要施工机械设备配置表 表 2.4-2

序号	名称	规格及型号	单位	数量	备注
1	挖掘机	220	台	1	
2	汽车起重机	25t	台	1	
3	压路机	10t	辆	1	
4	装载机	—	台	1	
5	渣土运输车	—	辆	4	
6	蛙式打夯机	—	台	3	
7	振动棒	ZD50 型	个	3	
8	钢筋弯曲机	—	台	2	
9	钢筋切断机	—	台	1	
10	电焊机	—	台	2	
11	混凝土泵车	57m	台	1	

主要检测仪器设备表   表 2.4-3

序号	仪器设备名称	单位	数量	检定状态	备注
1	全站仪	台	1	合格	
2	精密水准仪	套	1	合格	
3	坍落度筒	套	1	合格	

3. 施工方法

（1）挡土墙总平面布置

挡土墙在总平面布置时应充分结合现场情况，在满足回填放坡的基础上结合边坡支护措施，合理修建挡土墙，如需修建挡土墙位置存在高边坡，将挡土墙嵌入老土层即可。挡土墙平面布置时，应综合考虑消防道路与工艺管道宽度、位置，并连接两个相邻覆土罐的巷道八字挡土墙。根据回填放坡确定挡土墙顶标高。贵州某油库项目挡土墙平面布置示意图如图 2.4-1 所示，覆土罐环向挡土墙剖面图如图 2.4-2 所示，挡土墙现场照片如图 2.4-3 所示。

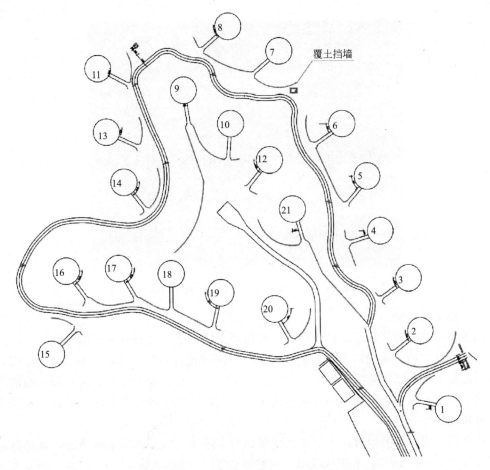

图 2.4-1　贵州某油库项目挡土墙平面布置示意图

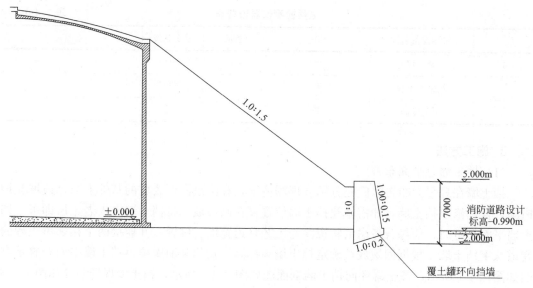

图 2.4-2　贵州某油库项目覆土罐环向挡土墙剖面图

图 2.4-3　贵州某油库项目挡土墙现场照片

（2）挡土墙选型

挡土墙一般分为浆砌片石挡土墙、毛石混凝土挡土墙、钢筋混凝土挡土墙。

常规设计：挡土墙墙高小于 6m 时，选用 M10 浆砌片石挡土墙，墙高大于 6m 时，选用毛石混凝土挡土墙，混凝土强度在 C15～C25 之间。对于施工作业空间有限、边坡荷载较大的情况下，选用悬臂式钢筋混凝土挡土墙，钢筋规格型号与挡土墙尺寸在经过受力计算后可相应调整。

选择挡土墙具体类型时，主要依据现场基槽实际开挖完成后的地基情况，具体数据可参照表 2.4-4、表 2.4-5，常规选取填料内摩擦角 30°，摩擦系数 $\mu = 0.3$，以达到最大安全系数。如果墙高为非整数，当小数部分＜0.5m 时，其截面尺寸可采用插入法；当小数部分≥0.5m 时，应往上取用墙高为整数的断面，只修改墙高和墙顶宽度。

各类填料内摩擦角   表 2.4-4

填料类别		填料内摩擦角
黏性土	墙高≤6m	35°～40°
	墙高＞6m	30°～35°
砂类土		35°
碎石类土		40°
不易风化的块石		45°

注：对黏性土表中的数字为综合内摩擦角值。当黏性土为干黏土时方可采用40°。

各类填料摩擦系数   表 2.4-5

地基土类别及其状态		摩擦系数 μ
黏性土	可塑	0.20～0.25
	硬塑	0.25～0.30
	坚硬	0.30～0.40
粉土		0.30～0.35
中砂、粗砂、砾砂		0.35～0.45
碎石土		0.40～0.50
表面粗糙的硬质岩石		0.65～0.75

    挡土墙每隔 10～20m 应设置一道变形缝，变形缝宽度为 20～30mm，缝内沿墙的内、外、顶三边填塞沥青麻筋或沥青木板，塞入深度不宜小于 200mm。

    挡土墙在砌筑时应预埋 PVC 排水管，管径 100mm，间距 2～3m，梅花形布置，向外坡度为 5%。墙后修筑排水措施，分为反滤包、反滤层、反滤包结合反滤层三种类型，反滤包大样图如图 2.4-4 所示。

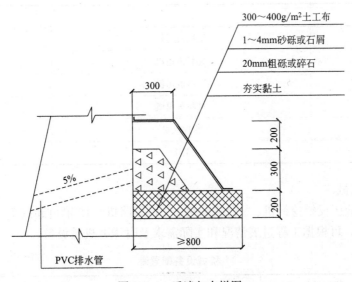

图 2.4-4 反滤包大样图

2.4.2 覆土罐回填施工

1. 工程概况及重难点分析

（1）回填土施工概况

按总平面布置划分 4 个施工区进行阶段性施工，尽量做到罐与罐之间的挖填平衡，减少来回倒运的土方回填量。覆土罐主体结构及室外防水施工完毕，即对周边基坑进行回填。

（2）重难点分析

1）罐外壁防水做法若为防水砂浆施工，施工时间长，会影响到覆土罐回填的节点工期，建议变更为防水涂料。

2）回填土对压实度有要求，但现场施工很难做到分层碾压，应做到提前完成回填，并在附近留置回填土，为后期自然沉降后补土做准备。

3）巷道上方机械一般不会进行碾压，是最易出现露肩的位置，应适当碾压。

2. 施工组织部署及准备

混凝土罐回填均按施工方案、规范标准从底部向上逐层回填压实，混凝土罐主体则要求每回填 3m 与罐壁外防水、防水保护层交叉间隔施工。

本工程单罐回填土压实后工程量约 $30000m^3$，现场存在两个临时堆土场，为保证 3 个罐的回填作业同时进行，将安排以下资源。

（1）主要人员

为保证工程顺利实施，要求全部现场施工管理人员具有实际操作经验，主要管理人员是长期从事建筑工程的资深人员，工人持证上岗，特殊工种经过国家相关职业技能培训，取得相应工种资格证书。回填施工过程中的人员配置见表 2.4-6。

人员配置表   表 2.4-6

序号	工种	数量
1	挖掘机司机	12
2	装载机司机	3
3	压路机司机	3
4	自卸车司机	18
5	管理人员	10
6	杂工	15

（2）主要机械

投入 12 台液压反铲挖掘机、3 台装载机、3 台压路机、18 辆自卸汽车。机械设备配置数量见表 2.4-7，可根据工程进展情况和实际需求及时增减机械设备。

机械设备配置表   表 2.4-7

序号	机械设备名称	单位	数量	规格型号	状态
1	自卸汽车	辆	18	斯太尔	良好

序号	机械设备名称	单位	数量	规格型号	状态
2	挖掘机	台	12	WY-160	良好
3	装载机	台	3		良好
4	压路机	台	3	18T	良好

（3）主要材料

土源需结合当地实际条件，应尽量采用粉质黏土、砂土或粉土，严禁使用建筑生活垃圾土、淤泥甚至是受污染土源，可允许掺加少量土块，但直径不宜超过100mm，且不得掺加石块，一是为保证回填质量，二是满足成品保护及安全需要，但实际过程中土源质量无法做到十全十美，回填的土方中时常有掺加超过半米且较硬的土块甚至石块。

3. 施工流程

覆土罐回填施工的工艺流程如图2.4-5所示。

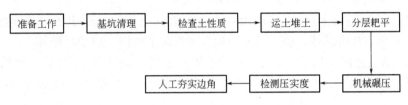

图2.4-5　覆土罐回填施工工艺流程

4. 技术要求

（1）填料要求

填料应符合设计要求，不同填料不应混填。设计无要求时，应符合下列规定：

1）不同土类应分别经过击实试验测定填料的最大干密度和最佳含水量，填料含水量与最佳含水量的偏差控制在±2%范围内。

2）填土材料如无设计要求，应符合下列规定：石屑不应含有机杂质，碎石类土或爆破石渣，可用于表层以下回填，可采用碾压法或强夯法施工。含水量符合压实要求的黏性土，可作为各层的填料。碎块草皮和有机含量大于8%的黏性土，仅用于无压实要求的填方。

3）采用分层碾压时，厚度应根据压实机具通过试验确定，一般不宜超过500mm，其最大粒径不得超过每层厚度的3/4；采用强夯法施工时，填筑厚度和最大粒径应根据强夯夯击能量大小和施工条件通过试验确定，为了保证填料的均匀性，粒径一般不宜大于1m，大块填料不应集中，且不宜填在分段接头处或回填与山坡连接处。

4）淤泥和淤泥质土一般不能用作填料，但在软土或沼泽地区，经处理其含水率符合压实要求的，可用于填方中的次要部位或无压实要求的区域。

5）含有机质的生活垃圾土、流动状态的泥炭土和有机质含量大于8%的黏性土等，不得用作填方材料。

6）两种透水性不同的填料分层填筑时，上层宜填透水性较小的填料。

7）优先利用基槽中挖出的优质土。回填土内不得含有有机杂质，粒径不应大于50mm，含水量应符合压实要求。填料为黏性土时，回填前应检验其含水量是否在控制范围内，当含水量偏高，可采用翻松晾晒或均匀掺入干土或生石灰等措施；当含水量偏低，可采用预先洒水湿润。

8）土方回填应填筑压实，且压实系数应满足设计要求。当采用分层回填时，应在下层的压实系数经试验合格后，才能进行上层施工。

（2）技术要求

1）土方回填前，应根据设计要求和不同质量等级标准来确定施工工艺和方法。

2）土方回填时，应先低处后高处，逐层填筑。

3）罐室和巷道回填土的时间应在混凝土实际抗压强度达到设计强度时方能施工。

4）罐室侧面土回填时，应均匀地从四周回填，不应从单侧面回填，以防罐室产生位移，壳顶上部覆土回填时，应从中间向四周均匀覆土回填，每层回填厚度不大于250mm，考虑到穹顶承载力，不应采用机械夯实。

5）罐室及通道外回填土，应沿周边同时进行并分层夯实，靠外壁800mm内要求用黏性土回填，压实系数不小于0.95（人工或小型机械）。

6）回填土不应在罐体15m范围内挖土或爆破采土回填，在明堑边坡顶部往下回填时，应防止大块石冲击罐体，施工过程中如发现外防水破损，应及时修补。

7）若回填土夯压不密实，应在夯压时对干土适当洒水加以润湿；如回填土太湿同样夯不密实呈"橡皮土"现象，这时应将"橡皮土"挖出，重新换好土再予夯压实。

8）填方应按设计要求预留沉降量，如设计无要求时，可根据工程性质、填方高度、填料种类、密实要求和地基情况等，与建设单位共同确定（沉降量一般不超过填方高度的3％）。

9）土方回填前应清除基底的垃圾、树根等杂物，抽除坑穴积水、淤泥，验收基底标高。如在耕植土或松土上填方，应在基底压实后进行。

10）填方施工过程中应检查排水措施，每层填筑厚度、含水量控制、压实程度。填方施工时的分层厚度及压实遍数应根据土质、压实系数及所用机具确定，见表2.4-8。

填方施工时的分层厚度及压实遍数   表 2.4-8

压实机具	分层厚度(mm)	每层压实遍数
平碾	250～300	6～8
振动压实机	250～350	3～4
蛙式打夯机	200～250	3～4
人工打夯	<200	3～4

5. 施工方法

（1）施工工序

1）罐室侧壁回填如图2.4-6所示。

①基层清理(人工或机械清理渣石块杂土)

②土方运输倒土

③平整(局部人工摊铺并穿插盲管施工)

③平整(局部人工摊铺并穿插盲管施工)

④碾压(局部人工打夯)

图 2.4-6　罐室侧壁回填

⑤密实度检测(环刀/罐砂)

⑥局部回填(罐前补土及罐顶回填)

图 2.4-6　罐室侧壁回填（续）

2）罐室周边回填

在保证罐室侧壁混凝土达到 100％强度及外壁防水保温材料验收合格后，先人工清理

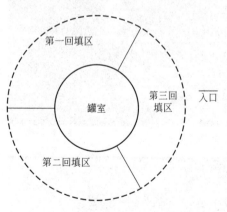

图 2.4-7　罐室回填土水平分区图

基槽，在回填段进行地形、剖面的测量复核，并把测量资料报送工程师复检，再进行基底碾压，该部分土填筑面比较窄且深，呈倒直角三角形断面，回填土料不能用推土机直接推土到位，采用在二级平台设挖掘机将试验合格的土料倒到位或者用小推车向里面转运土料，倒料时务必保持均匀，然后每 300mm 厚人工进行平整，洒水碾压，局部人工打夯机夯实，再进行压实度检测。合格后进行刷坡、休整。罐室回填土水平分区图如图 2.4-7 所示。

3）罐顶回填土

罐顶回填土不能采用大型机械运土和碾压，要采用小型斗车进行运土，避免挖机斗齿破坏穹顶薄弱的防水层，采取人工把整，小型平板夯进行每 250mm 分层夯实，整体方向沿罐顶四周向中间逐步回填夯实。

4）罐体回填保护措施

罐体土方回填时，防水层及 XPS 板已经施工完成，且防水层很容易破损，在罐体周边回填时罐壁边土方采用人工摊土，边角的夯实采用跳式打夯机夯打。回填时，若造成防水或保护层破坏，则现场确定破损情况，及时进行修复工作。

（2）工序穿插

1）罐外工序穿插

巷道及罐室主体部分均需在底部盲管施工完成后开始大量回填，盲管施工完成后，巷道回填前还需完成外墙及顶板整体外防水，混凝土罐主体则要求每 3m 回填与罐壁外防水涂料、防水聚苯板保护层交叉间隔施工，回填过程中需注意对盲管及聚苯板的保护，切勿过度碾压夯实及机械（具）擦碰。

2）罐内工序穿插

① 罐室环形走道回填：钢储罐沥青砂防水地面施工完成后即可进行环形走道地面的施工，环形走道位于钢储罐环梁基础与混凝土罐内壁之间，要求进行基层落地灰清理，建筑渣石块清理干净后，采用三七灰土每 200mm 分层回填夯实。

② 巷道操作间回填：巷道主体结构分 2 段施工完成，巷道结构第一段施工完成后即可开始进行操作间的挖机倒运分层回填夯实，避免后期人工倒运，工效低且成本支出大。

③ 巷道前室回填：前室的回填分 2 段，第一段底部回填需在工艺管道施工完成前完成，回填至工艺管道套管底部标高，待后续工艺管道、罐前踏步施工完成后，根据前室建筑地面做法再分层回填工艺管道以上土方。

6. 安全保障措施

（1）警戒设置，错峰施工

土方回填为避免夹杂土块滚落至道路，对施工人员及来往车辆造成安全隐患，需对回填罐室相应的下方路段布置警戒带封闭及分段错峰安排施工，且所有高于巷道间挡土墙的回填需安排专人进行旁站。

（2）临边回填

临坡面侧土方回填时，渣土车倒土点距坡边不宜超过 5m，不得直接临边倾斜渣土，必须由装载机、长臂挖机进行转倒回填，避免因局部土质碾压不实或雨后土质松软，载重车发生倾斜侧翻事故。

（3）临边防护

罐坑开挖均为超过 5m 的深基坑，为防止山涧石块滚落至下方罐坑砸伤罐体及作业人员，沿罐边均布置 1.2m 高临边防护栏杆，且在回填至罐坑边缘以上土方前不得拆除。防护栏杆距离罐坑 2m，为保证防护栏杆的稳定性，需沿罐坑周边岩石打孔，立杆均需埋入其中约 30cm，采用爆破钻孔机打孔，钻头 90mm，立杆与孔间隙采用现场砂土填密实。

（4）临时排洪沟设置

本项目覆土罐均临山而建，因罐体回填土需经过两三年的沉降稳定方能建设正式的罐顶排水设施，在正式建成排水设施前，需在回填至穹顶与罐顶交接边缘处高度，临罐坑背侧山体沿山脚及时开挖一条底宽约 1m，顶宽约 3m 的梯形剖面临时排水沟设施（基底为土方时需硬化），拦截山涧汇集倾泻的雨水，利用其导致路面散排。其一避免回填土（最外一层 0.5～1.0m 厚坡面土方无法碾压）被雨水冲刷滑坡至罐前淤埋下方挡土墙或道路，其二避免雨水无法及时排出大量汇集在罐周边进而发生罐体倒灌。

井口封堵：对于罐间回填区内的各类井，如消防阀门井及汇集罐间排水的跌水井，在回填过程中极易被滚落的土方掩埋，后续人工清掏耗时耗力，所以在井施工完成后，对其洞口可参照临边洞口标准进行临时封堵。

7. 施工过程主要问题及解决办法

表 2.4-9 列出了施工中常见的问题及解决办法。

施工中常见的问题及解决办法

表 2.4-9

名目＼问题、办法	问题	办法	备注
管理	运输土方车辆库内行驶车速较快	行驶道路设立若干超速抓拍点，超速20km下达经济处罚措施，屡次超速的车辆拍照留存通知门卫后期禁止其进场	
质量	土质来源杂，时有掺杂建筑垃圾、石块的土	对土源点进行提前考察，选择土质较好的土源供应点；运来土质较差的土方集中划分堆放区筛分，用铲车倒运筛分后的良土	筛分土
	碾压出现漏压，回填层厚度过大，压实度不够	加强过程旁站及验收，罐体外侧分区标注回填厚度标识记号，重复碾压	
安全	罐前巷道顶部回填由于坡度较大，时有土石块滚落至道路	错峰安排罐前施工，相应路段拉警示线	
	场内土方运输道路拐角路段避车	设立广角镜	
方案	方案不足：无罐前土方的施工做法	由于罐前回填土方坡度较大，常规挖机臂长较短，为保障机械在罐前施工安全及避免罐前从高处补土滑坡造成成品破坏，罐前均采用长臂挖机施工，在罐身两侧由低往高补土	

名目 / 问题、办法	问题	办法	备注
施工设计	设计缺陷:部分罐前回填造成下穿工艺管道起拱,以致管道砖砌墩也破坏	方法 1:固定墩应采用钢筋混凝土结构与两侧巷道墙壁结构形成整体受力(已无法实施); 方法 2:对罐前区域管道入石砌管沟做法,上铺盖板避免土压力荷载直接传递给管道,造成局部受力不均起拱(项目部采用的做法)	

2.5 监测监控

基坑支护结构设计与施工不仅涉及结构问题和岩土问题,而且因为地下工程的不确定因素太多,必须结合工程地质水文资料、环境条件,是个复杂的系统工程,故施工过程中必须加强信息化施工,加强施工过程的监测和对周围环境的监测,及早发现问题,及时采取相应对策,消除事故隐患。

1. 监测目的

(1)将监测数据与预测值相比较,判断前段施工工艺和施工参数是否符合预期要求,以确定和优化下一步的施工参数,做好信息化施工。

(2)将现场测量结果用于信息化反馈优化设计,使设计达到优质安全、经济合理、施工快捷的目的。

(3)将现场监测的结果与理论预测值相比较,由反分析法导出更接近实际的理论公式,用以指导其他工程。

(4)根据监测结果,对即将出现的不良问题做出预报,及时提前处理,预防工程事故发生。

(5)防止新罐土方施工过程中对旧罐产生过大扰动。

(6)罐体蓄水试验过程中监测罐体结构沉降。

2. 监测内容

本工程的边坡安全等级为一、二、三级，根据边坡工程技术规范要求和本工程实际情况，本工程的监测项目有：

（1）边坡坡顶水平位移、垂直位移（沉降）。

（2）地表裂缝。

（3）锚杆（锚索）拉力与支护结构变形（由有资质的第三方监测单位进行）；另外，对于一级边坡还应委托第三方进行检测并设置相应的预警值。

（4）在新罐土方及爆破工程实施过程中，对旧罐的沉降进行观测。

（5）新建油管均需进行预压冲水试验，储罐灌水前在罐壁周围设 12 个临时标高观测点。观测储罐基础是否沉降均匀，是否在合理范围内。

3. 监测点布置

（1）边坡坡顶及典型坡段的水平位移、垂直位移（沉降）监测点沿边坡每隔 10m 设 1 个点；每一边坡监测点不少于 3 个。

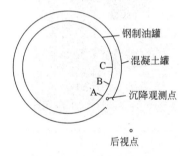

图 2.5-1　沉降观测点布置

（2）监测基准点位于远离 5 倍边坡高度（H）的稳定点。

（3）地表裂缝监测在坡顶背后 1.0H（岩质）、1.5H（土质）范围内。

（4）每个油罐均沿油罐侧壁靠近基础处均匀分布设置最少 12 个沉降观测点。由门口引入标高，在油罐上做好标记 A 再由标记 A 引高程至下一个点 B，以此循环直至布满整个油罐。在进行沉降观测工作时定人、定尺、定机、定位、定期进行，如图 2.5-1 所示。

4. 监测及监控

（1）在场区内建立监测基准点观测网，对边坡进行水平位移和沉降观测。

（2）监测频率：一、二、三级边坡 1 次/2d；罐体沉降观测：旧罐 1 次/2d，新罐蓄水后 1 次/2d。

（3）下列情况之一，需加强监测、提高监测频率，并向相关单位人员报告监测结果。

① 监测数据达到报警值；

② 监测数据变化量较大或者速率加快；

③ 存在勘察中未发现的不良地质条件；

④ 基坑及周边大量积水、长时间连续降雨；

⑤ 周边地面出现突然较大沉降或严重开裂；

⑥ 邻近的旧罐出现突然较大沉降、不均匀沉降或严重开裂；

⑦ 出现其他影响基坑及周边环境安全的异常情况。

（4）对于罐体沉降观测，如果最后两个观测周期的平均沉降速率小于 0.02mm/d，即可停止观测，否则应继续观测直至建筑物稳定为止。沉降观测总次数不应少于 5 次。

（5）人工巡视。

除采用仪器监测外，巡视检查也是边坡监测工作的主要内容，它不仅可以及时发现险情，而且能系统地记录、描述边坡施工和周边环境变化过程，及时发现被揭露的不利地质状况。项目工程部工长坚持每天进行巡视，巡视的主要内容包括：

① 边坡地表有无新裂缝、坍塌发生，原有裂缝有无扩大、延伸；

② 地表有无隆起或下陷，滑坡体后缘有无裂缝，前缘有无剪口出现，局部楔形体有无滑动现象；

③ 排水沟、截水沟是否畅通，排水孔是否正常；

④ 挡墙基础是否出现架空现象，原有空隙有无扩大。

5. 监测预警值

坡顶位移累计绝对值为30～35mm，相对开挖深度控制值为0.3%～0.4%，变化速率5～10mm/d，罐体竖向位移累计绝对值为25～35mm，变化速率为2～3mm/d。

6. 应急处理

若过程中发现某项监测指标的变化速率或累计变形量超过规定限制，则应立即上报总承包项目经理，并暂停现场施工，由总包、勘察、设计、监理、业主五方单位联合对现场进行勘察并进行专项评估，制订相应对策后方可继续实施。

3 结构施工技术

3.1 覆土外罐地基基础施工

3.1.1 工程概况

覆土罐基础包括混凝土结构环形基础、钢储罐结构环形基础以及钢储罐底板以下的中粗砂垫层和沥青砂垫层。根据图纸设计要求，罐室基础分为混凝土罐室基础和钢制罐室基础两部分，外环形基础直径为 33.45m，内环形基础直径为 30.9m，内外环形基础间净空距离为 0.35m，内外环形基础底标高同为−1.6m，其中尤为重要的是钢储罐底板以下中粗砂垫层和沥青砂垫层的施工。根据图纸要求砂垫层的厚度≥400mm，沥青砂的垫层厚度为 100mm，所有罐体的砂垫层工程量达到 10000m³ 左右，沥青砂垫层达到 20000m² 左右，并且这些工作都必须在罐体施工完成后进行，由于空间密闭，材料和大型机械进出不便，施工难度相对于室外作业难度有所增加。罐体平面图如图 3.1-1 所示，罐体基础剖面图如图 3.1-2 所示，钢储罐基础分层示意如图 3.1-3 所示。

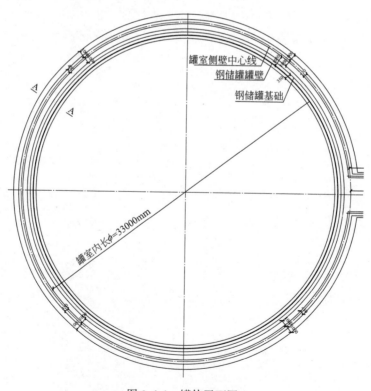

图 3.1-1 罐体平面图

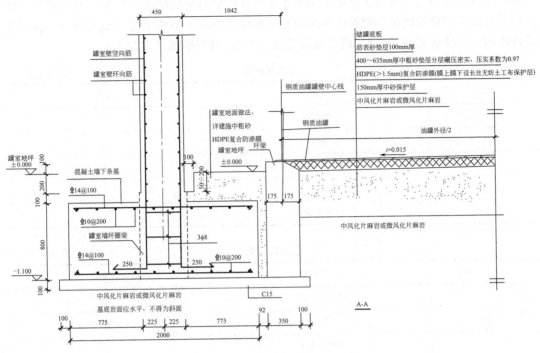

罐室壁竖向筋
罐室壁环向筋
钢质油罐罐壁中心线
储罐底板
沥表砂垫层100mm厚
400~635mm厚中粗砂垫层分层碾压密实，压实系数为0.97
HDPE(>1.5mm)复合防渗膜(膜上膜下设长丝无纺土工布保护层)
150mm厚中砂保护层
中风化片麻岩或微风化片麻岩
罐室地面做法，详建施中粗砂
HDPE复合防渗膜
罐室地坪±0.000
钢质油罐
油罐外径/2
环梁
罐室地坪±0.000
i=0.015
混凝土墙下条基
Φ14@100
Φ10@200
罐室墙环圈梁
3φ8
中风化片麻岩或微风化片麻岩
Φ14@100
Φ10@200
中风化片麻岩或微风化片麻岩
基底岩面应水平，不得为斜面
C15
A-A

图 3.1-2 罐体基础剖面图

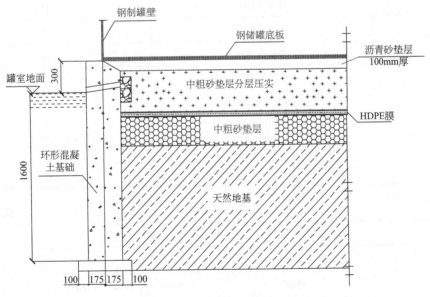

钢制罐壁
钢储罐底板
沥青砂垫层100mm厚
罐室地面
中粗砂垫层分层压实
HDPE膜
环形混凝土基础
中粗砂垫层
天然地基

图 3.1-3 钢储罐基础分层示意图

3.1.2 施工组织部署及准备

以湖北省某覆土罐油库项目为例，首先进行罐体的地基处理，地基处理好后进行垫层浇筑，垫层浇筑完成后进行罐壁环形基础以及钢制内罐环形基础的混凝土结构施工，考虑到混凝土结构穹顶施工时钢支撑胎架和脚手架的搭拆会对完成的沥青砂面层有所破坏，所以钢储罐以下中粗砂垫层和沥青砂垫层的施工在罐体混凝土结构全部完成后开始。该覆土罐油库的人员准备见表 3.1-1，机械准备见表 3.1-2，材料准备见表 3.1-3。

人员准备表 表 3.1-1

序号	工种	人数
1	安全员	2
2	杂工	8
3	混凝土工	6
4	电工	2
5	沥青摊铺工	4

机械准备表 表 3.1-2

序号	机具名称	数量
1	混凝土振动棒	2 台
2	泵车	1 辆
3	小型装载机	1 台
4	工程车	2 辆
5	沥青保温罐	1 台
6	装载机	1 辆
7	平板振动器	2 台
8	小型压路机	1 辆
9	沥青混凝土拌合机	1 台
10	手推车	5 辆
11	水准仪	1 台
12	钢卷尺	5 把

材料准备表 表 3.1-3

序号	材料名称	规格型号	数量
1	商品混凝土	C30P8	230m³
2	木模板	1830mm×915mm×14mm	240m²
3	钢筋	$\phi 10$、$\phi 14$、$\phi 16$	32t
4	中粗砂	细度模数≥2.3	10000m³
5	HDPE 复合防渗膜	厚 1.5mm	26000m²
6	商品沥青	30 号建筑石油沥青	150m³

3.1.3 施工流程

所有罐体基础工程根据现场实际进度在具备施工条件的前提下进行工序穿插施工，基础、沥青砂施工流程如图3.1-4及图3.1-5所示。

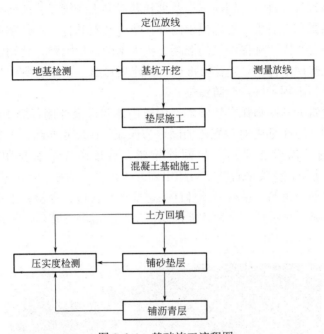

图 3.1-4 基础施工流程图

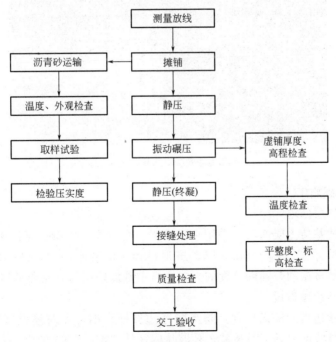

图 3.1-5 沥青砂施工流程图

3.1.4 施工方法

1. 环形基础施工

（1）基础宽度 1.6m，高度 0.8m，混凝土强度等级为 C30，采用商品混凝土进行浇筑，基础配筋严格按设计进行，钢筋制作及绑扎和混凝土浇筑工艺严格按照规范和图纸要求进行施工，模板采用九夹板，下部模板内外在垫层及地基打上定位钢筋，上部用木方内外支撑加固，支撑要牢固，确保浇筑的混凝土扩大基础尽量圆顺。特别注意的是基础钢筋的定位，一定要在垫层上弹出，定位要准确，固定要可靠，预插筋要用弯好的 ϕ20 钢筋内外加固定位并在模板上固定好，严防错位。

（2）为确保浇筑的基础圆弧自然圆顺，内模内侧和外模外侧每隔 100mm 要背一根立木方，再用弯好的 ϕ20 钢筋随对拉螺栓加固，为保证几何尺寸准确、不爆模，模板除用木方钢筋加固外，内外模板还要用对拉螺栓拉紧，对拉螺栓最底排距基础底面不大于 150mm，模板内圆上下还要用钢管井字对撑牢固，防止模板偏移，环形基础施工如图 3.1-6 所示。混凝土浇筑前，钢筋、模板、预埋件一定要经过自检、复检、报检等检查验收，检查合格并填写浇筑施工许可证签字后才能浇筑混凝土。混凝土基础拆模后在回填之前要洒水养护，养护时间不少于 7d。

图 3.1-6　环形基础施工

2. 沥青砂基础施工

（1）中砂保护层回填

人工清理出地基持力层面后，采用小型运输工具（宽＜2.8m，高＜2.2m）将中砂运输至罐室内部。整体铺设约 150mm 厚，施工过程中应洒水浇湿，使砂的含水率保持在 20％左右，并以平板振动夯辅助处理的方式进行中砂保护层的夯实和平整施工。

（2）HDPE 防渗膜敷设

HDPE 防渗膜边坡的铺设控制：防渗膜在边坡铺设前，先对铺设区域进行简单的测量、检查。铺设时根据现场实际条件，采取从内往外"推铺"的方式。在扇形区应合理裁剪，使上下端都得到牢固的锚固。

场底铺设控制：HDPE防渗膜在铺设前，先对铺设区域进行检查、丈量，根据丈量的尺寸，将仓库内尺寸相匹配的防渗膜运送到相应位置。铺设时，用人工按一定的方向进行"推铺"。

对正、搭齐：HDPE防渗膜的铺设不论是边坡还是场底，应平整、顺直，避免出现褶皱、波纹，以使相邻防渗膜对正、搭齐。防渗膜采用热熔焊接，搭接宽度为100mm。

压膜的控制：用沙袋及时将对正、搭齐的HDPE防渗膜压住，以防风吹扯动。

在防渗膜搭接处，应去掉褶皱，当褶皱小于10cm时，采用圆形或椭圆补丁，补丁大小应超出接口5cm。

防渗膜施工前，控制土建基层面铺设场地的要求"四度"：

① 平整度：±2cm/m²，平整顺直；

② 中砂压实系数：0.95，经碾压后方可在其上铺设防渗膜；

③ 纵、横向坡度：纵、横向坡度宜在2%以上，填埋场底部的轮廓边界和结构必须有利于渗沥；

④ 清洁度：垂直深度2.5cm内不得有树根、瓦砾、石子、混凝土颗粒等尖棱杂物，以免损坏防渗膜。

HDPE防渗膜敷设施工如图3.1-7所示。

图3.1-7　HDPE防渗膜敷设施工

（3）中粗砂垫层分层碾压密实

在防渗膜敷设工作完成后，采用小型运输工具（宽<2.8m，高<2.2m）将中粗砂运输至罐室内部，整体铺设约200mm厚，采用小型压路机或平板振动夯对回填砂层进行分区域依次分层碾压，单罐整体分层碾压次数控制在不大于2次。

中粗砂垫层应在最佳含水率下分层振压密实，每层厚度不大于250mm，压实系数不小于0.97。对压实完成的垫层进行抽检，抽检数量为每200m²不小于1处，且每个罐基不小于3处。

砂垫层施工过程中应洒水浇湿，使砂的含水率保持在20%左右。

宜采用质地坚硬的中、粗砂，不得含有草根等有机杂质，含泥量不得大于5%，不得采用粉砂和冰结砂。

垫层每层压实后，用环刀取样检测压实系数，每100m²不少于2个取样点。垫层每层振动压实合格后，应立即松铺上一皮砂石层，避免振压好后的垫层因过久暴露而被扰动。垫层压实系数的检测按《建筑地基处理技术规范》JGJ 79—2012的相关要求执行。中粗砂摊铺施工如图3.1-8所示。

图3.1-8 中粗砂摊铺施工

（4）标桩设置

基础环梁找平：基础环墙找平层水平平整度10m，弧长偏差±3mm，整个基础环梁平整度偏差不得大于±6mm，为沥青砂施工打好基础。

在砂垫层表面罐中心布置一个标桩，沿罐基础半径方向布置标桩，沿罐的环行方向均匀布置标桩。标桩采用灰饼控制，灰饼顶标高为沥青砂绝缘层控制标高。施工前根据工程特点、压实度要求、施工条件等，合理地确定填方料的虚铺厚度和压实遍数等参数。

（5）沥青砂生产控制

根据实际情况，本项目采用沥青与砂进行现场拌和。为了控制好沥青砂的质量，在沥青砂拌制时使用现场机械加热拌合的方式并派专业人员到加工现场进行监督。沥青砂的制作主要控制点如下：

1）本项目沥青砂采用30号建筑石油沥青与级配中砂按重量比配制而成，沥青砂软化点不小于60℃，压实系数不小于0.97，中砂含泥量不大于5%。

2）对采购的沥青及砂需把好原材料关。对供应商提供的沥青合格证，沥青、砂等原材料复检报告进行审查。施工前对沥青砂的配合比报告进行评审，不符合设计要求的不予采用。用砂必须为干燥的中砂，砂中含泥量不得大于5%。

3）砂进入加热设备后要加热到100～150℃时才能进入搅拌筒与加热到160～180℃的沥青进行拌和（冬期寒冷季节时可应适当提高砂的温度）。

4）沥青运输

沥青砂供应地至场地运输时间大约为10min。在运输过程中难免会有热损失，尤其在冬期施工时温度损失加剧，所以在运输途中必须要有保温措施（具体做法将和供应商协商决定）。沥青砂运到现场铺设时的温度不应低于140℃。

5）沥青铺设

① 为了减少沥青热量损失，到场的沥青砂不能等待太久。为了减少热量损失，施工时要加快铺设速度，沥青砂到场后应尽快使用装载车将沥青砂运到罐内铺设。人工铺摊，压路机压实。

② 铺设从中心点开始铺设，用人工找平后再用平板振捣器振实2~3遍，从而保证沥青砂的压实系数。沥青砂摊铺如图3.1-9所示。

图3.1-9 沥青砂摊铺

③ 沥青砂绝缘层应按扇形分格分层铺设，其分格应沿环墙每10m弧长为一点进行等分，并分两层铺设压实，每层铺50mm（虚铺65mm）。沥青砂绝缘层扇形分块示意如图3.1-10所示。

施工时缝隙用10~20mm厚的模板隔开，待沥青砂压实烙平冷却后抽出模板，后灌热沥青并熨平。铺设时采用从圆心到环墙边铺设，环墙处的铺设宽度控制在2.6~2.8m范围内。沥青砂入模后人工用铝合金靠尺刮平模内沥青砂。铺设时必须按设计要求形成坡度。

④ 第一层铺设完成30~60min后使用小型压路机压实碾压3~4遍，第二层铺设完成20~45min后使用小型压路机压实碾压3~4遍。用压路机进行压实时，采用"薄填、慢驶、多次"的碾压法，碾轮每次重叠宽度为15~25mm，每碾压完一层后，应检查复核。边缘压实不到的地方，辅以人力夯实或用立式夯实机夯实，打夯要按一定方向进行，一夯压半夯，夯夯相接，行行相连，两遍纵横交叉，分层夯打。

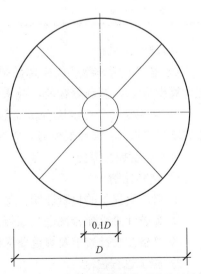

图3.1-10 沥青砂绝缘层扇形分块示意
D—罐底的直径

107

⑤ 对于接槎，在冷却的沥青砂铺设时，用加热的铁滚子、火夯碾压，直到表面光滑看不出压痕、平整、密实无裂纹、无分层为止。火滚和烙铁压平和烫平时应掌握快慢火候，温度高应快一些，温度低就慢一点。总之控制温度使其略大于140℃，使用红外线测温仪对沥青砂浆进行温度控制。

⑥ 接缝处理时由于施工要用木方分隔成若干个扇形，以及施工时出现的周期间隔，使沥青砂垫层中出现了两种施工缝：冷缝和热缝。处理如下：

a. 热缝处理：在接缝处浇上一层热沥青，并将铺设的厚度和宽度适当加大，然后用火夯反复夯实，刮去多余的砂浆，最后用烙铁烫平。

b. 冷缝处理：先将原砂浆垫层表面有污染的面层刮去，然后用温度较高的火烙铁加热，再在上面浇上一层热沥青，然后铺上新拌和的砂浆夯实。

c. 沥青砂浆与护圈处的冷缩缝浇上一层热沥青烫平即可。

⑦ 上下层接缝错开距离不小于500mm，每层每块尽量做到连续铺设碾压，不产生施工缝。

⑧ 如果热拌沥青砂在间歇后需继续铺设，将已压实的面层边缘加热，并涂一层热沥青，施工缝处应碾压平整，无明显接缝痕迹。

⑨ 第一层压实后经自检及总包和监理验收合格后进行第二层沥青砂的铺设施工，其施工方法及施工要求同以上步骤。

整个流程各材料温度控制要求见表3.1-4。

各材料温度控制要求 表3.1-4

	加热温度（℃）	废弃温度（℃）
沥青	160～180	≥200
砂料	100～150	
混合料拌合物	150～170	≥200

（6）标高控制

1）基层沥青砂绝缘层标高控制：先测出罐基础中心标高及环墙顶平均标高，按照坡度计算出每10m圆环处标高，并采用垫砖块拉线找平的方式进行标高控制。

2）面层沥青砂绝缘层标高控制：先进行复测罐基础中心标高及环墙顶平均标高，按照坡度算出每7m圆环处标高，并采用贴灰饼拉线找平的方式进行标高控制。

（7）质量控制措施

1）材料控制

① 对厂商提供的材料证明、复检证明认真审查，发现可疑情况要调查清楚。

② 按设计要求配合比进行试拌、试铺和检测，合格后方可进行大批生产。

③ 严格按设计要求及规范要求的施工温度控制沥青砂混合料的施工质量。

2）施工过程控制

① 为保证罐基沥青砂层表面平整度，在施工前，可在每层每块中按设计高程放坡要求做沥青砂塌饼，间距2～3m，以控制铺设厚度的均匀及表面平整度。

② 沥青砂绝缘层施工完毕后做抽样检测。抽样数量按每 200m² 一处，且每个罐基不少于 2 处。

③ 沥青砂绝缘层表面按设计要求由罐中心向外铺设平整。

④ 压路机不得静止停留在温度高于 60℃ 的已经压实完成的区域内。同时，应采取有效措施，防止油料、润滑脂及其他有机杂质在压路机操作或停放期间洒落在沥青砂绝缘面层热沥青面层上造成污染。

⑤ 施工之前应预先掌握天气变化，沥青砂绝缘层不得在雨天、雾天施工。

⑥ 油罐的环梁是沥青砂垫层参照面，坡度和周边的水平度都由环梁决定，因此，沥青砂浆施工前，一定要用水平仪测量环梁并找平。

⑦ 为防止雨后道路不畅造成沥青砂运输困难，检查施工现场排水设施，疏通各种排水渠道，清理雨水排水口，保证雨天排水通畅。

⑧ 雨期施工要加强与气象部门联系，及时掌握近期、本周、当天天气预报状况，为施工提供确切的气象信息，加强天气预报工作，防止暴雨突然袭击，合理安排每日的工作。及时做好有关应急措施和对计划的重新排布。

⑨ 如施工中突遇大雨，在可以设施工缝的情况下，应立即停止沥青砂绝缘层的铺设，并及时对摊铺完成的沥青砂进行覆盖保护。

3）施工技术质量要求

① 沥青砂垫层表面应平整、密实无裂纹、无分层。表面平整应符合如下规定：以罐基础中心为圆心，以不同半径作同心圆，在各圆周等分测量沥青砂的标高，同一圆周的任意两点实测标高之差不得大于 10mm。

② 第二层铺设时要严格控制好沥青砂表面平整度，表面应平整密实、无裂纹、无分层，当罐直径小于 25m 时，可从基础中心向基础周边拉线测量，表面凹凸度不得大于 25mm，测点数为基础表面每 100m² 范围内不小于 10 点（小于按 100m² 计）。参照《石油化工钢制储罐地基与基础施工及验收规范》SH/T 3528—2014 第 6.5.8 条规定。

（8）成品保护

1）在基础承台铺设沥青砂绝缘层过程中必须防止机械设备碰拉混凝土环梁，应做到在运输车辆运料过程中要有专人指挥车辆行走，防止车辆碰撞环墙，在压实过程中要有专人指挥压路机作业，对于环梁附近压路机无法作业时立即停止压路机前行，应采取人工木夯配合电夯进行夯实，特别在铺设沥青砂垫层时应设专人指挥，防止压路机压裂环梁。

2）环梁上设有入口的应采取有效措施防止运输车辆运次过多而压坏环梁，拟采取如下措施：用素土在环墙外侧垫出坡道，并压实到位，坡道要高出环梁，坡道与环梁处要用麻袋等软质材料进行填塞以保护环梁。环梁入口平面、剖面示意图如图 3.1-11、图 3.1-12 所示。

3）在入口周边的环梁要用麻袋等材料覆盖，以保护环梁外观质量。

（9）安全防护

1）安全注意事项

① 针对工程特点及"安全第一，预防为主"的方针，上岗前对施工人员进行安全培训和安全技术交底，考核上岗。

② 施工班组每日进行安全活动，有针对性地提出当天施工作业的安全注意事项，施工班组的安全活动必须每天记录，由现场安全员定期检查活动记录情况。

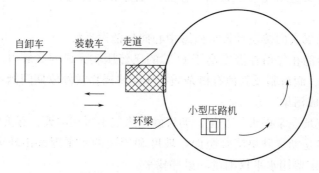

图 3.1-11　环梁入口平面示意图

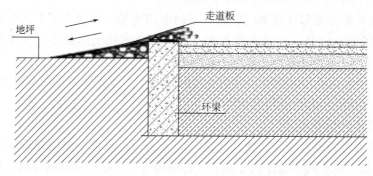

图 3.1-12　环梁入口剖面示意图

③ 加强施工安全用电管理，严格执行《建设工程施工现场供用电安全规范》GB 50194—2014 等相关规定。夜间施工要有充足的照明，夜间照明除采用四个 10kW 固定镝灯以外，在亮度较差的路口、基坑内再用 1kW 碘钨灯增加亮度。夜间施工要有专人进行巡视，确保施工作业人员的安全。

④ 用手推车运输时，不要超重，禁止撒把溜车，卸料时严禁猛推、撒把、掀车，严禁抛掷、野蛮施工。

⑤ 材料堆放整齐，合理堆放，保证使用方便，现场整洁安全。材料堆放处的围护结构有明显标识，材料不得超高。

⑥ 施工现场按当地消防部门的规定，配备义务消防人员。现场配备的消防器材由专人负责保管，保持器材整洁、无误、有效；消防器材放在醒目的位置上，以便于使用。现场施工人员必须"三懂三会"，即懂防火、防爆知识，会报火警；懂得消防器材性能，会使用灭火器材；懂得灭火知识，会扑灭初起火灾。

⑦ 各种机械设备的操作处悬挂操作规程牌、警告和负责人牌，落实定人、定机、定岗位责任的"三定"规定，专人负责。

⑧ 安全、消防设施齐全，对施工人员必须严格遵守安全和防火管理规定，坚决杜绝违章指挥、违章操作、违章施工，现场安全标牌醒目。

⑨ 机械不得在施工中碰撞支撑，以免引起支撑破坏或拉损。

⑩ 存放沥青的仓库或现场要严禁烟火，且必须有防火措施，按消防规范设置一定数量的灭火器材和沙袋。

3.1.5 实施效果

环形基础沥青砂基础实施效果如图 3.1-13 所示。

图 3.1-13　环形基础沥青砂基础实施效果

3.2　覆土外罐结构施工

3.2.1　工程概况

某万吨覆土罐油库项目储油区为若干个 10000m³ 混凝土覆土罐。各个覆土罐室结构相同，其罐室罐壁内径为 33m，罐室罐壁高度为 16.65m，罐壁厚 450mm，穹顶呈球壳形，为钢筋混凝土结构，球壳最高位置高度为 21.473m，球壳最薄处厚度为 250mm，最厚处厚度为 500mm。因其罐壁为弧形、穹顶为球形结构且四周厚、中间薄、跨度大，弧形罐壁与穹顶混凝土结构施工是覆土罐室施工的重点与难点。

针对传统木模施工弧形罐壁遇到的成型质量差、施工效率低、易爆模、模板周转次数低等特点，我公司采用了铝合金组合模板对筒体的弧形剪力墙结构进行支模施工，铝合金组合模板在施工过程中显示出诸多优势，如：自重轻，工人可现场徒手操作安拆；刚度大，不易变形，模板拼接严密，浇筑的混凝土成型及观感质量好；现场拼装简便，不用现场二次加工，省时省力；周转使用率高，并能回收再加工利用，节约资源，绿色环保，通过铝合金组合模板的使用取得了良好的成效。

传统穹顶施工方法采用的是满堂脚手架。根据以往同类型项目施工经验，传统的满堂脚手架虽能完成穹顶施工，但施工周期长，脚手架租赁费用高，对此，我公司采用罐室穹顶钢支撑胎架体系和盘扣式满堂脚手架进行覆土罐的结构施工。本书主要介绍钢支撑胎架体系，该支撑体系在我公司类似油库项目已应用非常成熟且已经申报国家专利。该技术很好地解决了传统钢管支撑架安拆周期长、耗费钢材多、危险性大、混凝土成型质量差等一系列问题。覆土罐钢支撑胎架体系支模剖面图如图 3.2-1 所示。

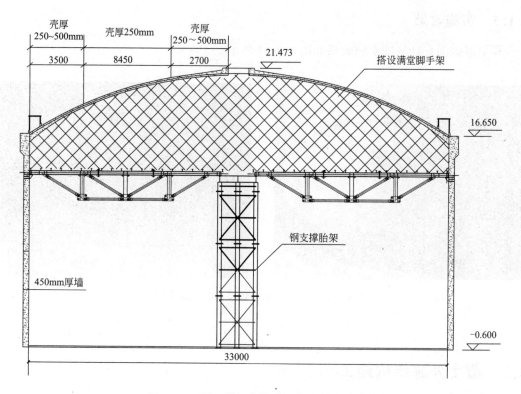

图 3.2-1 覆土罐钢支撑胎架体系支模剖面图

3.2.2 施工组织部署及准备

1. 方案设计

（1）铝合金组合模板方案设计如图 3.2-2 所示。

（2）罐室穹顶钢支撑胎架体系设计。

1）罐室穹顶钢支撑胎架体系模型如图 3.2-3 所示。

2）罐室穹顶钢支撑胎架体系强度计算如图 3.2-4 所示。

由图 3.2-4 可得，最大应力比为 0.95＜1.00，满足要求。

3）罐室穹顶钢支撑胎架体系变形验算如图 3.2-5 所示。

由图 3.2-5 可得，主梁最大变形 28＜8500/250＝34mm，满足要求。

2. 施工部署

项目根据施工部署定做了 7 套弧形铝合金模板和 4 套钢支撑胎架进行周转使用，覆土罐基础施工完成后进行罐壁施工。罐壁采用弧形铝合金模板进行分段施工。罐壁第一段施工完成后开始搭设环形脚手架（罐壁内外两侧均需搭设），环形脚手架搭设高度高于罐壁两步，第一段罐壁浇筑完后即开始搭设下一段环形脚手架操作平台，罐壁结构完成后进行钢支撑胎架体系的施工，钢支撑胎架体系穹顶支模完成后，最后进行穹顶钢筋的绑扎及混凝土的浇筑。

3. 罐壁铝合金模板准备工作

罐壁铝合金模板施工的人员准备见表 3.2-1，机械准备见表 3.2-2，物资准备见表 3.2-3。

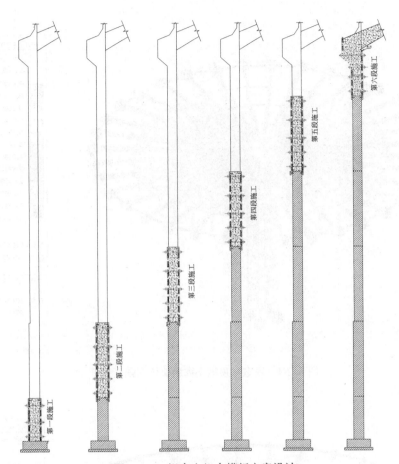

第一段施工　第二段施工　第三段施工　第四段施工　第五段施工　第六段施工

图 3.2-2　铝合金组合模板方案设计

图 3.2-3　罐室穹顶钢支撑胎架体系模型

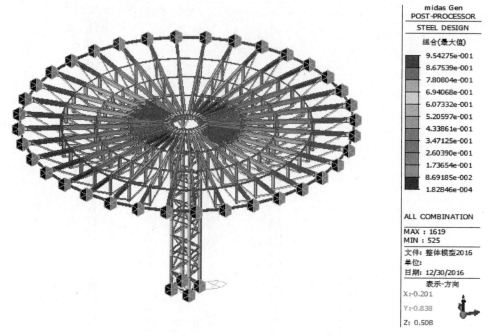

图 3.2-4　罐室穹顶钢支撑胎架体系强度计算

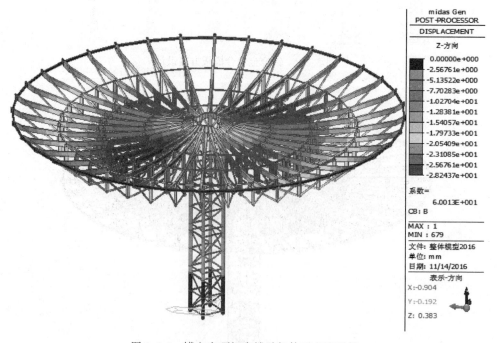

图 3.2-5　罐室穹顶钢支撑胎架体系变形验算

序号	工种	人数
1	安全员	1
2	技术员	1
3	施工班长	2
4	铝合金模板安装工	20
5	杂工	2

人员准备 表 3.2-1

机械准备 表 3.2-2

序号	名称	型号	数量	用途
1	手持电钻	—	2台	钻对拉螺栓孔
2	汽车式起重机	25t	1台	垂直运输
3	水准仪	—	1台	定位和校验
4	经纬仪	—	1台	定位和校验
5	铅坠	—	若干	定位和校验
6	卷尺	—	若干	定位和校验
6	开模器	定制	若干	安装和拆除
7	铁锤	定制	若干	安装和拆除
8	铁钩	定制	若干	安装和拆除

物资准备 表 3.2-3

序号	材料名称	用途
1	铝合金模板弧形 K 板	整体定位
2	铝合金模板标准板	大面积拼装
3	双方钢背楞	加固铝合金模板
4	三段式止水螺杆	加固铝合金模板
5	销钉销片	加固铝合金模板
6	槽钢卡码	加固背楞
7	隔离剂	铝合金模板混凝土接触面涂刷

4. 穹顶钢支撑胎架体系施工准备

穹顶钢支撑胎架体系施工的人员准备见表 3.2-4，机械准备见表 3.2-5，材料准备见表 3.2-6。

人员准备 表 3.2-4

序号	工种	人数
1	安全员	2
2	技术员	1

序号	工种	人数
3	施工班长	2
4	胎架安装工	8
5	焊工	4
6	起重工	2
7	架子工	15
8	杂工	2

机械准备　　　　　　　　　表 3.2-5

序号	名称	单位	数量	用途
1	全站仪	台	1	打点、放线
2	水准仪	台	3	水平打点放线
3	水准标尺	把	10	控制水平
4	钢卷尺	把	5	量距离
5	吊坠	个	5	垂直控制
6	对讲机	台	4	信息沟通
7	JJM-3 卷扬机	台	6	拆卸钢平台
8	交流电焊机	台	3	焊接钢平台牛腿

材料准备　　　　　　　　　表 3.2-6

序号	材料名称	单位	型号	用量
1	钢管	t	48mm×3.0mm	230
2	0.3mm 薄钢板模板	m²	0.3mm 厚	5800
3	木方	m³	50mm×100mm	300
4	扣件	万个		5
5	钢支撑胎架	套	定型制作	6

3.2.3　施工流程

罐壁铝合金模板施工流程如图 3.2-6 所示,钢支撑胎架施工流程如图 3.2-7 所示,穹顶结构的施工工艺流程如图 3.2-8 所示。

3.2.4　施工方法

1. 外罐罐壁铝模板施工

(1) 墙柱定位放线及验线

1)墙线及控制线的测设:剪力墙墙线按图纸测放,墙线控制线由剪力墙墙线向外平

```
┌─────────────────┐                    ┌─────────────────────┐
│  墙柱定位放线及验线  │◄──┐              ┌►│  中心格构柱支撑架及     │
└────────┬────────┘   │              │ │    中心盘安装        │
         ▼            │              │ └──────────┬──────────┘
┌─────────────────┐   │              │            ▼
│  设置墙点定位筋及验收 │   │              │ ┌─────────────────────┐
└────────┬────────┘   │              │ │      桁架安装         │
         ▼            │              │ └──────────┬──────────┘
┌─────────────────┐   │              │            ▼
│   钢筋绑扎及验收    │   进              转 ┌─────────────────────┐
└────────┬────────┘   行              动 │  龙骨布置及上部钢管     │
         ▼            下              至 │    脚手架搭设        │
┌─────────────────┐   一              下 └──────────┬──────────┘
│  安装墙身模板、校正加 │   循              个            ▼
│    固后验收        │   环              罐 ┌─────────────────────┐
└────────┬────────┘   │              室 │    穹顶模板安装       │
         ▼            │              重 └──────────┬──────────┘
┌─────────────────┐   │              复            ▼
│    混凝土浇筑      │   │              使 ┌─────────────────────┐
└────────┬────────┘   │              用 │    穹顶钢筋安装       │
         ▼            │              │ └──────────┬──────────┘
┌─────────────────┐   │              │            ▼
│  模板拆除(保留K板)  │───┘              │ ┌─────────────────────┐
└─────────────────┘                  │ │    穹顶混凝土浇筑      │
                                     │ └──────────┬──────────┘
                                     │            ▼
                                     │ ┌─────────────────────┐
                                     └─│    穹顶支撑结构拆除     │
                                       └─────────────────────┘
```

图 3.2-6　罐壁铝合金模板施工流程　　　　　图 3.2-7　钢支撑胎架施工流程

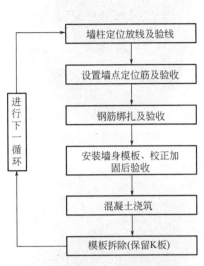

(a) 安装中心格构柱及中心盘

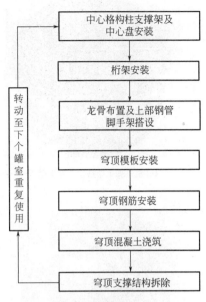

(b) 安装支撑桁架(对称安装)

(c) 安装连系杆件加固

(d) 布置工字钢龙骨

图 3.2-8　穹顶结构的施工工艺流程

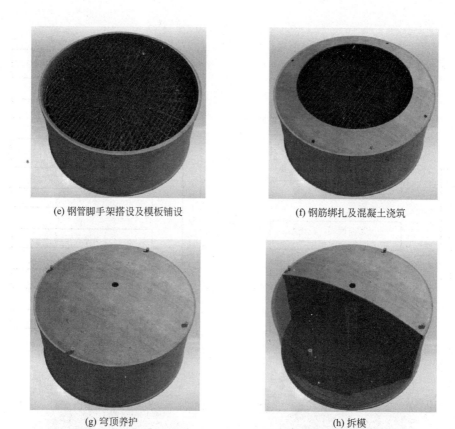

(e) 钢管脚手架搭设及模板铺设

(f) 钢筋绑扎及混凝土浇筑

(g) 穹顶养护

(h) 拆模

图 3.2-8　穹顶结构的施工工艺流程（续）

移 200mm，以便于模板安装后调整位置，控制线允许偏差≤3mm，控制线示意图如图 3.2-9 所示。

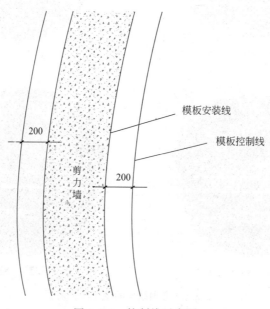

图 3.2-9　控制线示意图

2）校核放线人员投射的轴线和墙线是否正确。

3）目测墙身钢筋是否在墙内，并留有相应的保护层。

4）使用水平仪测量本段标高是否在控制范围内，必须使上口K板在统一标高段，如果超过范围，需要做相应的找平处理。

（2）墙身垂直参照线及墙角定位

根据校核后的墙线将对应控制线投测在墙线外 150mm 左右作为墙身垂直定位参照线。垂直度检测示意图如图 3.2-10 所示。

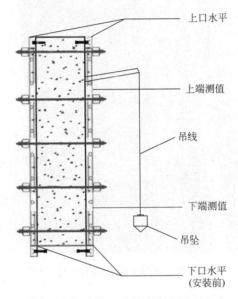

图 3.2-10　垂直度检测示意图

在墙身两侧以及转角处用 φ12 钢筋定位，在墙长较大的部位中间每隔 900mm 布置一相同定位钢筋。定位钢筋长度比墙厚短 1mm，水平间距为 800～1000mm。定位钢筋长度根据墙厚确定，其焊接按照弹出的墙线确定，钢筋与墙线控制线偏差应小于 3mm，以保证模板安装时剪力墙下部的墙体厚度。钢筋定位示意图如图 3.2-11 所示。

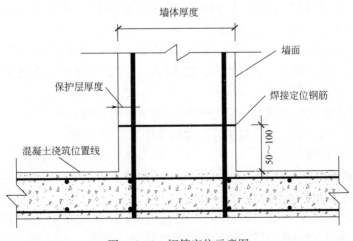

图 3.2-11　钢筋定位示意图

（3）安装墙板及校正垂直度

1）墙板安装前表面清理干净，涂抹适量的隔离剂。

2）调整 K 板水平，使两侧 K 板在同一水平面上并在图纸标高位置。

3）依据墙定位控制线，从端部封板开始，两边同时逐件安装墙板。

4）安装过程中遇到墙拉杆位置，两头穿过对应的模板孔位，铝合金模板对拉螺栓示意如图 3.2-12 所示。

图 3.2-12　铝合金模板对拉螺栓示意图

5）墙板安装完毕后，需用临时支撑固定，再安装两边背楞加固，拧紧过墙拉杆螺丝，保证墙身厚度。

6）在墙模顶部，固定线坠自由落下，线坠尖部对齐楼面垂直度控制线。如有偏差，通过调节斜撑，直到线坠尖部和参考控制线重合为止（墙身垂直）。

7）每层剪力墙弧形铝合金模板设置五道背楞，背楞由两条尺寸为 60mm×40mm×3.0mm 的方钢做成。墙板背楞加固示意如图 3.2-13 所示。

8）剪力墙所用的对拉螺栓为 $\phi16$ 的粗牙止水螺杆，水平方向间距小于或等于 800mm，如图 3.2-14、图 3.2-15 所示。

9）剪力墙的背楞应分段，背楞长度在 3m 左右，背楞接头处用卡码连接，且上下接头宜错开布置，以保证模板的整体性。安装卡码口，用钢筋焊接于背楞接口处或者采用螺母连接，如图 3.2-16、图 3.2-17 所示。

10）每段墙体施工竖向连接采用导墙板；每个阶段墙体模板安装前，保证 K 板不拆除，且上口在同一水平面上，K 板定位剖面图如图 3.2-18 所示。

（4）后浇带的处理

1）罐体的后浇带两侧及施工缝必须按照要求安装止水钢板并满焊连接；

2）罐体后浇带处钢筋保持连续不间断；

3）后浇带内侧两边使用快易收口网拦截混凝土，由于混凝土浇筑过程中混凝土对其压力过大，可提前采用钢筋设置拦格挡住快易收口网，如图 3.2-19 所示。

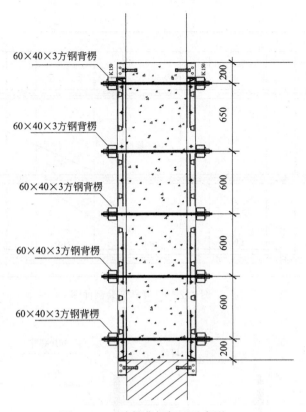

图 3.2-13 墙板背楞加固示意图

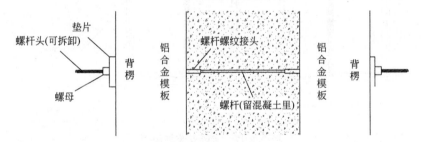

图 3.2-14 螺杆安装剖面图

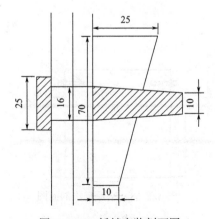

图 3.2-15 插销安装剖面图

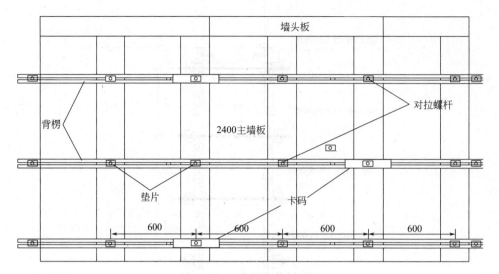

图 3.2-16 背楞安装剖面图

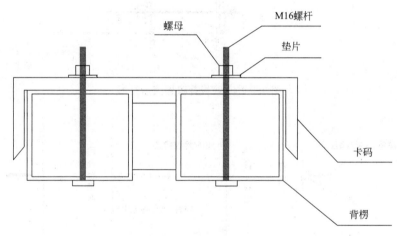

图 3.2-17 卡码安装剖面图

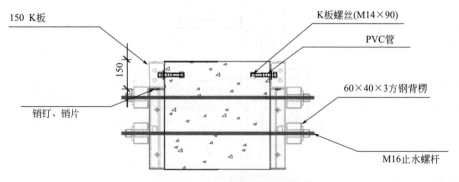

图 3.2-18 K板定位剖面图

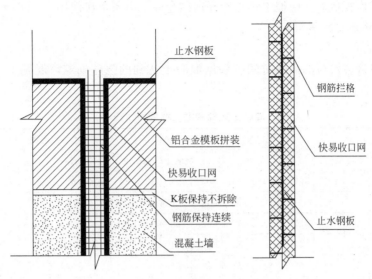

图 3.2-19　后浇带施工剖面图

（5）混凝土浇筑

1）混凝土浇筑前的工作

① 所有模板应清洁且涂有合格隔离剂。

② 确保墙模按放样线安装。

③ 检查全部开口处尺寸是否正确且无扭曲变形。

④ 检查墙模的背楞和斜支撑是否按设计要求安装，并且稳固。

⑤ 检查对拉螺栓、销子、楔子是否保持原位且牢固。

⑥ 把剩余材料及其他物件清理出浇筑区。

2）混凝土的浇筑规则及要求

① 每段剪力墙需分 2～3 次从下至上分层浇筑，快进慢出，并保证振捣均匀。

② 混凝土泵管不能和铝合金模板硬性接触，需要用胶垫防振。

3）浇筑混凝土期间的注意事项

① 人员：混凝土浇筑期间每一个浇筑点至少要有两名具有较强责任心和木工技能的操作工随时在浇筑的墙体内外两侧进行检查，内外各一人同时跟着浇筑点移动。检查销子、楔子及对拉螺栓的连接情况等。如遇大面积漏浆、跑模现象，应及时与混凝土工联系，停止下料和振捣混凝土，待处理好此处后才能进行浇筑。

② 工具准备：铁锤、撬棍、24/27 扳手、手锯、铁锹、泥工用小铲子、灰桶，晚上还需配备照明用具。

③ 材料准备：支撑、木方、少量木板、钢丝、钢钉、插销。

④ 混凝土浇筑过程中，守模工人需用高压水枪冲洗模板背面的渗浆（混凝土初凝后）。

⑤ 一般混凝土在浇筑 2～3h 后已经初凝（冬期施工时间长一些），此时守模人员可用铁锹把墙根泄漏的水泥浆剔除，清理干净。堵漏用的木方也可拆除，以减少拆模时的难度。

⑥ 守模工作完成后，应把工具收拾好送回仓库，以备下次使用。

（6）罐壁铝合金模板拆除

1）拆模时间

① 罐壁铝合金模板的拆模时间应根据混凝土达到的强度确定，混凝土达到强度与温度对比见表 3.2-7。

混凝土达到强度与温度对比表　　　　　　　　　表 3.2-7

水泥种类	混凝土天数(d)	32.5级水泥(MPa)								42.5级水泥(MPa)							
		混凝土平均温度															
		1℃	5℃	10℃	15℃	20℃	25℃	30℃	35℃	1℃	5℃	10℃	15℃	20℃	25℃	30℃	35℃
		混凝土强度对应正常硬化条件下 28d 强度															
普通水泥	3	14	21	30	37	45	52	58	62	17	22	29	34	42	47	52	56
	5	21	30	38	47	56	63	69	74	26	34	40	47	57	64	69	73
	7	27	37	47	55	64	72	77	83	35	43	52	61	68	75	78	83
	10	36	47	57	67	75	83	88	93	46	55	65	75	82	87	91	95
	15	49	60	72	83	92	87	—	—	57	70	80	89	90	—	—	—
	28	70	80	91	100	—	—	—	—	75	86	95	100	—	—	—	—
矿渣水泥	3	5	10	14	20	25	32	40	50	8	11	15	20	26	30	35	44
	5	11	17	24	32	34	47	56	67	12	19	25	32	38	42	48	55
	7	15	23	32	41	51	58	68	78	17	25	34	43	47	52	60	67
	10	22	32	44	54	68	72	82	90	25	25	45	55	60	66	73	82
	15	32	45	58	71	80	88	97	—	36	50	62	74	80	86	93	100
	28	46	68	86	100	—	—	—	—	60	70	90	100	—	—	—	—

② 铝合金模板具体拆除时间为混凝土浇筑 12h 以上或混凝土达到拆除强度。

2）拆模的顺序及要求

① 拆除墙模板

根据工程项目的具体情况决定拆模时间，一般情况下 12h 后可以拆除墙模。拆除墙模之前保证以下部分已拆除：

a. 所有钉在混凝土板上的垫木。

b. 斜撑和竖向背楞。

c. 所有横向背楞。

d. 所有模板上的销子和楔子。

e. K 板是为保证下阶段墙体水平及防止截面胀模"穿裙"，拆除时禁止拆除或振动 K 板。

② 拆模后的安装工作

a. 将下层已拆并清理干净的模板按区域和顺序上传并摆放稳当。如重叠堆放，应板面朝上，方便涂刷隔离剂（在涂刷隔离剂时，不得粘污钢筋和混凝土接槎处）。采用就近传板的原则，在临边阳台、门洞、窗台等处 2～3 人一组往上传，传板时两人应沟通好模板的位置区域。

b. 内墙模板安装时从阴角处（墙角）开始，按模板编号顺序向两边延伸，为防模板倒落，须加以临时固定斜撑（用木方、钢管等），并保证每块模板涂刷适量的隔离剂。

c. 竖向模板的连接插销的数量每间隔 300mm 不应少于 1 个，打插销时不可太用劲，一般 3～4 锤，模板接缝处没有空隙就可以了。横向拼接的模板端部插销必须钉上，中间可间隔一个孔位钉上，要求从上而下插入，避免振捣混凝土时振落。

d. 在安装另一侧墙模时，在对拉螺栓孔位置附近把尺寸相符的混凝土撑条（或已切割好的短钢筋）垂直放置在剪力墙的钢筋上，并用扎丝捆扎牢固，检查对拉螺栓穿过是否有钢筋挡住（特别是墙、柱下部），如挡住，用撬棍或铁锤敲打，使钢筋移位，保证 PVC 导管的顺畅通过。两侧模板对拉螺栓孔位必须正对，这也是检查墙板安装是否正确的方法之一。

e. 每面墙模板在封闭前，一定要调整两侧模板，使其垂直竖立在控制线位上，才能保证下一工序的顺利进行。

f. K 板安装前，先将 K 板连墙螺栓用 PVC 保护导管套住并拧紧在 K 板条形孔的底部，再安装在墙头板上。

2. 双排脚手架操作平台施工

在罐室第二段铝合金模板搭设的同时，开始搭设内外双排钢管脚手架，用以铝合金模板安装加固、钢筋绑扎以及混凝土浇筑施工的操作平台。外侧从基础面搭设直至罐壁顶部环梁牛腿处上方 2m，搭设高度 19.55m；内侧搭设至罐壁顶部牛腿以下穹顶支撑刚架平台下方 0.5m 处，搭设高度 15.65m。钢管脚手架搭设采用直径 48mm×3.6mm 厚标准钢管，严格按照《建筑施工扣件式钢管脚手架安全技术规范》JGJ 130—2011 要求搭设并做好安全防护措施。

（1）脚手架的一般构造

1）内、外脚手架架体内排立杆的内边离外墙边 100～270mm，标准架体宽 850mm（轴线间距），净空 0.8m 宽。小横杆采用 1.2m 长钢管，间距 0.75m，每端露出大横杆 150mm，立杆纵向间距 1.20～1.25m。

脚手架步距设为 1.80m，脚手架每跨设 3 条小横杆，两根大横杆之间设置两道拦腰杆，间距 600mm，面铺一层脚手板，脚手板采用 800mm×1000mm 钢筋网片，周边防护采用绿色阻燃型密目安全网全封闭。

2）上、下横杆的接长位置应错开布置在不同的立杆纵距中，以减少立杆偏心受压，与相近立杆的距离不大于纵距的三分之一。扫地杆通长设置在距外架底部 20cm 处。

3）脚手架必须满足施工作业层安全施工防护要求，脚手架搭设高出作业层 1.2m。

4）连墙件横向每隔三跨设置，竖向层层设置，且上下层交错设置，以保证架体的安全稳定。脚手架必须配合施工搭设，一次搭设高度不应超过相邻连墙件两步以上。

（2）架体的搭设布置

1）罐壁内外脚手架为双排 26 边形搭设，罐壁内侧采用 4500mm 大横杆搭设，每段双排架的内立杆最远距离罐体 400mm，罐壁内侧每段双排架的立杆纵距分别为 1200mm/1500mm/1200mm。罐壁外侧采用 5000mm 大横杆搭设，罐壁外侧每段双排架的立杆纵距分别为 1400～1500mm/1500mm/1400～1500mm，脚手架整体布置图如图 3.2-20 所示。

2）在搭设架体时，将架体大横杆或者立杆与建筑物的距离超过 250mm 的地方采用

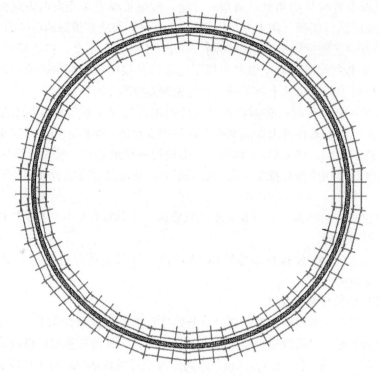

图 3.2-20　脚手架整体布置图

1500mm 的小横杆搭设，小横杆向外侧预留。罐壁混凝土浇筑后，模板拆除并传递完成后，将小横杆推向罐壁方向，并在端头加设大横杆后铺脚手板，下挂安全兜网。小横杆的防护与兜网可以每两步一设置。脚手架与罐壁安全距离防护如图 3.2-21 所示。

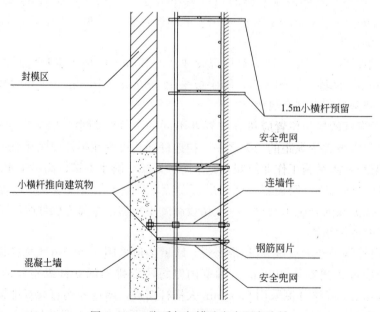

图 3.2-21　脚手架与罐壁安全距离防护

3）底层铺设 0.2m、长 2m、厚 0.05m 的松木垫板，脚手架外边侧要搭设竖向剪刀撑，每隔两个空由上而下架设剪刀撑及斜支撑（架体底部加强带）。罐内脚手架搭设方式与罐外相同。在脚手架支设前，底部土层要进行夯实。脚手架采用扣件方式连接。另外，沿脚手架杆外侧开挖排水沟，保证雨期施工安全。加强区域截面图如图 3.2-22 所示、加强立面图如图 3.2-23 所示。

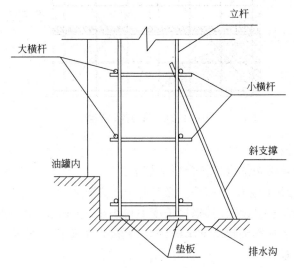

图 3.2-22　加强区域截面图

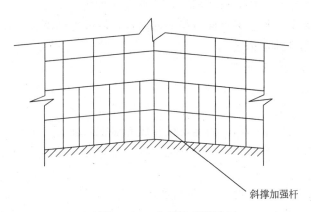

图 3.2-23　加强立面图

外脚手架外侧布设绿色密目安全网，需搭设防护围栏时，围栏高度不得小于 1.1m。

（3）剪刀撑的搭设

1）剪刀撑、斜杆等应随架体一起搭设，脚手架外侧立面高度设置连续剪刀撑，每段单独设置剪刀撑，斜杆与地面的倾角在 45°～60°之间，最下面的斜杆与立杆的连接点离地面不应大于 500mm，斜杆接长采用对接扣件，除斜杆两端扣紧外，中间应增加 2～4 个扣结点。

2）剪刀撑斜杆应用旋转扣件固定在与之相交的横向水平杆的伸出端或立柱上，旋转扣件中心线距主节点的距离不应大于 150mm。剪刀撑与水平方向成 45°夹角。剪刀撑的搭设如图 3.2-24 所示。

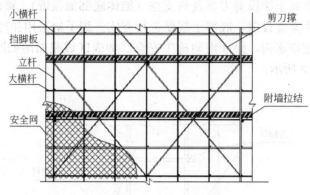

图 3.2-24　剪刀撑的搭设

（4）脚手板的铺设

脚手板或其他作业层板铺设应符合以下规定：

1）脚手板或其他铺板应铺平铺稳，必要时应予绑扎固定。

2）脚手板采用搭设铺放时，其搭接长度不得小于 200mm，且在搭接段的中部应设有支承横杆。铺板严禁出现端头超出支承横杆 250mm 以上未进行固定的探头板。

（5）连墙杆的设置

连墙杆的位置设置在与立杆和纵向水平杆相交的节点处，离节点间距不宜大于 30cm，连墙杆亦按两步三跨布设。相邻两层错开，呈梅花状布置。

由于覆土罐为地下工程，需保证罐壁的防水性，故设置连墙件时需在对应罐壁上预埋钢板，拆模后与连墙件满焊相连。

3. 钢支撑胎架支模体系施工

（1）胎架基础的施工

在施工罐室基础的同时，根据穹顶结构支撑所需地基承载力要求，结合工程实际地质情况，在罐室中心设置胎架基础，通常可设置成方形钢筋混凝土承台的结构形式，承台内预埋对应中心柱的锚栓。预埋锚栓可由直径 25mm 圆钢制作而成。中心柱基础施工时需注意以下方面：

1）中心柱基础应严格控制标高，不得影响后续工程施工；

2）中心柱的预埋锚栓应严格按照设计的水平定位和标高进行预埋控制；

3）中心柱基础的方位在有后浇带设计的罐室施工时应结合罐室的后浇带位置统一考虑，避免上部桁架牛腿与后浇带冲突无法安装。

（2）罐壁预埋施工

在施工罐壁最后一次标准段时，需要预埋埋件用以焊接钢牛腿，预埋钢板的标高和水平位置均要符合整个胎架的安装标高和水平定位，特别是与中心柱基础的预埋锚栓定位保持轴线一致，否则会因为偏位而导致桁架无法正常安装。在罐壁浇筑完拆模后，即可在预埋板上焊接钢牛腿，焊接的质量必须满足设计要求。

（3）中心柱安装

中心柱标准节安装采用塔式起重机或汽车式起重机吊装，中心柱有若干标准节，顶部有一个中心盘，每个标准节为四根圆管柱作为主要承重结构，四根圆管柱之间利用角钢连接成整体，每节格构柱需在地面先将散件组装完成后再整体起吊至罐室内，柱与柱之间采用高强度螺栓连接，螺栓连接后方可进行下一次吊装，中心柱安装如图 3.2-25 所示。

图 3.2-25　中心柱安装

（4）桁架安装

每榀桁架拼装完成后，使用塔式起重机或汽车式起重机整体吊装，首先，对称安装四榀支撑桁架，一端放在罐壁牛腿件上，一端落在支撑架中心圆盘上，均采用锚栓固定方式固定。再沿顺时针（或逆时针）方向依次对称安装剩余桁架，并采用锚栓固定方式固定。桁架的吊装，前四榀桁架的安装和剩余桁架的安装如图 3.2-26～图 3.2-28 所示。

图 3.2-26　桁架的吊装

图 3.2-27　前四榀桁架的安装

图 3.2-28　剩余桁架的安装

（5）桁架上部铺设钢龙骨及木垫板

1）钢龙骨与桁架交点处点焊固定，防止工字钢在桁架上滑动。

2）脚手架立杆与钢龙骨采用木垫板作为防滑垫脚板，长木垫板铺设如图 3.2-29 所示。

（6）穹顶扣件式满堂支撑脚手架的施工

1）在桁架搭设好之后，开始搭设上方满堂支撑脚手架，搭设步骤如下：

① 按工字钢排布图铺设 12 号工字钢，用来作为脚手架钢管的支点。工字钢中心间距 800mm。

② 根据穹顶弧形造型及脚手架排布图经过计算机放样，得出每一根脚手架立杆需要搭设的高度，然后在现场根据放样图搭设脚手架立杆及横杆，立杆纵横间距 800mm，横杆步距 1000mm。

③ 在钢结构平台梁下弦杆处满挂水平安全兜网，降低施工过程中高空坠物的风险。

④ 安装立杆并同时按设置扫地杆→搭设水平杆→搭设剪刀撑→铺脚手板的顺序进行脚手架搭设。满堂支撑脚手架立杆定位排布图、满堂支撑脚手架侧面剖视图及穹顶支撑脚手架实拍图如图 3.2-30～图 3.2-32 所示。

图 3.2-29　长木垫板铺设

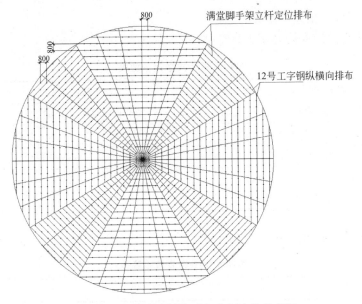

满堂脚手架立杆定位排布

12号工字钢纵横向排布

图 3.2-30　满堂支撑脚手架立杆定位排布图

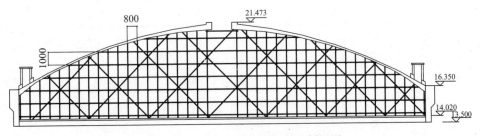

图 3.2-31　满堂支撑脚手架侧面剖视图

图 3.2-32　穹顶支撑脚手架搭设实拍图

2) 穹顶支撑脚手架设计参数。

扣件式脚手架搭设参数见表 3.2-8。

扣件式脚手架搭设参数表　　　　　　　　　　　　　表 3.2-8

	模板支架高度(m)	7.82	主梁布置方向	垂直立柱纵向方向
支撑设计	立柱纵向间距 l_a(mm)	800	立柱横向间距 l_b(mm)	800
	水平拉杆步距 h(mm)	1000		
	小梁间距 l(mm)	150		
	小梁最大悬挑长度 l_1(mm)	100		
	主梁最大悬挑长度 l_2(mm)	100		

扣件式脚手架荷载验算见表 3.2-9。

扣件式脚手架荷载验算表　　　　　　　　　　　　　表 3.2-9

验算项目		计算过程	结论
小梁	抗弯	$\sigma = M_{max}/W = 0.514 \times 10^6/83330 = 6.168 \mathrm{N/mm^2} \leqslant [f] = 15.44 \mathrm{N/mm^2}$	满足要求
	抗剪	$\tau_{max} = 3V_{max}/(2bh_0) = 3 \times 3.155 \times 1000/(2 \times 50 \times 100) = 0.947 \mathrm{N/mm^2} \leqslant [\tau] = 1.78 \mathrm{N/mm^2}$	满足要求
	挠度	跨中 $\nu_{max} = 0.521qL^4/(100EI) = 0.521 \times 0.986 \times 800^4/(100 \times 9350 \times 416.67 \times 10^4) = 0.054 \mathrm{mm} \leqslant [\nu] = L/400 = 800/400 = 2 \mathrm{mm}$	满足要求
主梁	抗弯	$\sigma = M_{max}/W = 0.678 \times 10^6/4490 = 151 \mathrm{N/mm^2} \leqslant [f] = 205 \mathrm{N/mm^2}$	满足要求
	抗剪	$\tau_{max} = 2V_{max}/A = 2 \times 3.802 \times 1000/424 = 17.934 \mathrm{N/mm^2} \leqslant [\tau] = 125 \mathrm{N/mm^2}$	满足要求
	挠度	跨中 $\nu_{max} = 0.578 \mathrm{mm} \leqslant [\nu] = 2 \mathrm{mm}$； 悬挑段 $\nu_{max} = 0.223 \mathrm{mm} \leqslant [\nu] = 0.5 \mathrm{mm}$	满足要求

验算项目	计算过程	结论
立柱	$\lambda = l_0/i = 2633.4/15.9 = 165.623 \leqslant [\lambda] = 210$	满足要求
	$f_1 = N_1/(\varphi A) = 9012/(0.197 \times 424) = 107.892 \text{N/mm}^2 \leqslant [f] = 205 \text{N/mm}^2$	满足要求
	$f_2 = N_2/(\varphi A) = 9.822 \times 10^3/(0.412 \times 424) = 56.226 \text{N/mm}^2 \leqslant [f] = 205 \text{N/mm}^2$	满足要求
可调托座	$N = 9.037 \text{kN} \leqslant [N] = 30 \text{kN}$	满足要求
高宽比	$H/B = 7.82/30 = 0.26 \leqslant 3$	满足要求

注：σ—正应力；M_{max}—最大弯矩；W—截面模量；τ_{max}—最大剪应力；ν_{max}—最大挠度；b—翼缘板的外伸宽度；h_0—腹板的计算高度；$[f]$—材料的抗拉、抗压、抗弯强度设计值；l_0—柱计算长度；q—均布荷载；L—长度；λ—长细比；N，N_1，N_2—轴力；i—截面回转半径；f_1，f_2—材料的抗拉、抗压、抗弯强度；$[\nu]$—最大允许挠度；$[\lambda]$—长细比限值；$[\tau]$—最大允许剪应力；$[N]$—最大允许轴力；A—面积；H—高度；B—宽度；φ—轴心受压构件的稳定系数。

（7）穹顶模板工程施工

穹顶满堂支撑脚手架工程完工后即进行穹顶模板工程施工。

1）模板支设前的准备工作

① 人员进入：施工人员从罐壁外侧的施工马道上下通行进行支模作业。

② 安装放线：模板安装前先测放控制轴线网和模板控制线。根据平面控制轴线网，在顶板上放出环梁中线和检查控制线，待竖向钢筋绑扎完成后，在每层竖向主筋上部标出标高控制点。

③ 模板安装前将表面的施工杂物、混凝土浮浆清理干净，并将模板修整涂刷隔离剂。

④ 在梁端部、梁与梁转角处留置清扫口。顶板浇筑前将模板、钢筋上的杂物用高压气泵清理干净。

2）穹顶模板安装

模板底部采用标准尺寸木方满铺，穹顶木方铺设完成图如图 3.2-33 所示，然后在木方上满铺 0.3mm 厚薄钢板作为穹顶的模板。薄钢板用钢钉固定在木方上，穹顶支模体系

图 3.2-33　穹顶木方铺设完成图

图 3.2-34　穹顶支模体系完成图

完成图如图 3.2-34 所示。施工时需注意穹顶外边缘与罐室环墙外环梁之间的模板衔接及支撑加固检查。

（8）穹顶钢筋工程

按穹顶钢筋结构图绑扎安装钢筋，并做好防雷接地、预留预埋等工作，完成后进行钢筋检验批验收，穹顶钢筋工程实拍图如图 3.2-35 所示。

图 3.2-35　穹顶钢筋工程实拍图

（9）穹顶混凝土工程

1）混凝土浇筑的施工顺序对整个模架体系的稳定性有很大影响，因此根据本项目结构特点，对穹顶结构混凝土浇筑的方式主要以"对称连续浇筑"方式施工。

2）混凝土浇筑采用汽车泵送商品混凝土，根据《混凝土泵送施工技术规程》JGJ/T 10—2011 中对混凝土坍落度的规定并结合本项目穹顶弧形的特征，选用的商品混凝土入泵坍落度在 140±20mm，避免混凝土流动性过大不易成型。

3）由于穹顶混凝土和罐室环墙顶端的牛腿及环梁混凝土为同时施工，根据结构实际特点，总共分为三个施工段浇筑成型。

第一阶段完成牛腿段浇筑，如图 3.2-36 所示。

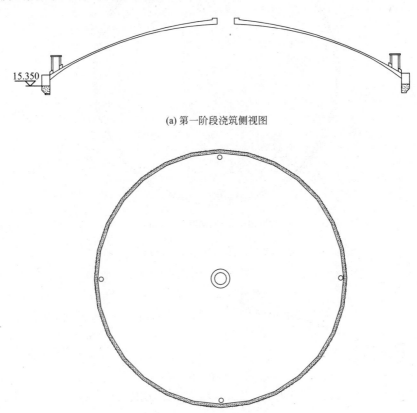

(a) 第一阶段浇筑侧视图

(b) 第一阶段浇筑俯视示意图

图 3.2-36　第一阶段浇筑

第二阶段完成环梁及三分之一段穹顶的浇筑，如图 3.2-37 所示。

第三阶段完成剩下三分之二段穹顶及四周边孔的浇筑，如图 3.2-38 所示。

4）每个阶段浇筑顺序按环形对称浇筑方式进行，确保支架受力尽可能保持平衡，穹顶混凝土浇筑实拍图如图 3.2-39 所示。

5）每个阶段施工间隔约 2h 以内，即在上一阶段混凝土初凝前但已基本成型时浇筑下一阶段混凝土，避免出现冷缝。

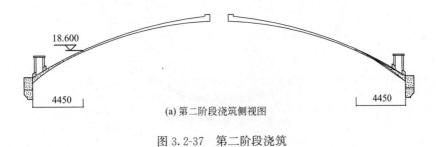

(a) 第二阶段浇筑侧视图

图 3.2-37　第二阶段浇筑

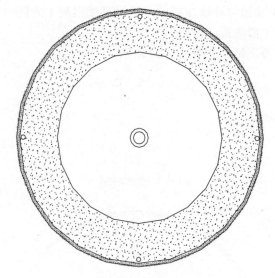

(b) 第二阶段浇筑俯视示意图

图 3.2-37　第二阶段浇筑（续）

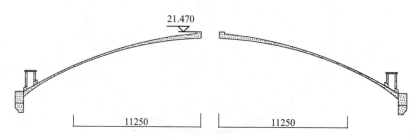

(a) 第三阶段浇筑侧视图

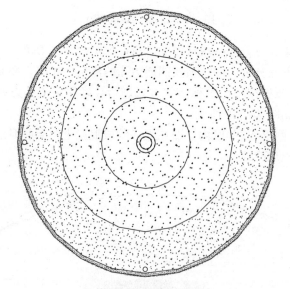

(b) 第三阶段浇筑俯视示意图

图 3.2-38　第三阶段浇筑

图 3.2-39　穹顶混凝土浇筑实拍图

6）混凝土浇筑完毕后，应在 12h 以内加以覆盖，并浇水养护。

7）混凝土养护至少 10d。在混凝土强度达到 $1.2N/mm^2$ 之前，不得在其上踩踏或施工振动。

8）每日浇水次数应能保持混凝土处于足够的湿润状态，常温下每日浇水两次。

（10）支模架监测监控

本项目采用"钢支撑胎架＋钢管满堂架"综合支模体系，在钢筋安装、混凝土浇捣前、施工过程中及混凝土终凝前后，必须随时进行监测，监测措施如下：

1）班组日常进行安全检查，项目部每周进行安全检查，公司每月进行安全检查，所有安全检查记录必须形成书面材料。

2）日常检查，巡查的重点部位：

① 杆件的设置和连接、连墙件、支撑、剪刀撑等构件是否符合要求。

② 地基基础是否积水，底座是否松动，立杆是否悬空。

③ 连接扣件是否松动。

④ 支撑体系是否有不均匀的沉降及垂直度偏差。

⑤ 施工过程中是否有超载的现象。

⑥ 安全防护措施是否符合规范要求。

⑦ 支撑体系和各杆件是否有变形的现象。

3）在承受六级大风或大暴雨后必须进行全面检查。

4）要浇捣穹顶混凝土前，由项目部组织公司相关部门及监理、业主对脚手架进行全面系统地检查，合格后才开始浇混凝土。在混凝土浇筑过程中，任何人不得进入模板支撑下方。施工人员在罐体外监测模板支撑变形情况。

5）监测方案包括：

① 监测项目：支架的整体水平位移、大梁下的支撑杆的水平位移和基础沉降。

② 监测点布设：绕架体环形一周均匀布置 8 个观测点监测整个架体水平位移和沉降位移。

③ 监测频率：在浇筑混凝土过程中应实时监测，一般监测频率宜为 20～30min 一次；在混凝土初凝前后及混凝土终凝前后也应实时监测。搭设允许偏差及预警值要求见表 3.2-10。

监测时间应控制在模板使用时间至混凝土达到设计强度的 75% 以上。

监测可用经纬仪、水平仪观测垂直度及标高。

搭设允许偏差及预警值要求

表 3.2-10

项目	允许偏差(mm)	预警值(mm)	检查工具
支架支撑沉降	≤10	5	经纬仪、水准仪
支架水平位移	≤15	8	经纬仪及钢板尺

④ 当支架支撑沉降、支架水平位移检测值达到预警值时，必须立即停止施工并组织所有人员撤离，并通知技术负责人组织有关人员进行处理，将险情的因素全部排除后才能继续施工。

（11）穹顶支撑结构拆除

1）脚手架拆除

① 脚手架拆除遵循先上后下原则，拆除脚手架从混凝土穹顶预留洞口传出并打包成捆用塔式起重机或汽车式起重机运走放到指定位置。

拆架前，全面检查拟拆脚手架，根据检查结果，拟订作业计划，报请公司批准，进行技术交底后才允许工作。作业计划一般包括：拆架的步骤和方法、安全措施、材料堆放地点、劳动组织安排等。拆架时应划分作业区，周围设置围栏并竖立警戒标识，地面应设专人指挥，禁止非作业人员进入。

② 拆架的高处作业人员应戴安全帽、系安全带、扎裹腿、穿软底防滑鞋。拆架程序应遵守由上而下、先搭后拆的原则，即先拆拉杆、脚手板、剪刀撑、斜撑，而后拆小横杆、大横杆、立杆等，并按一步一清原则依次进行。严禁上下同时进行拆架作业。拆立杆时，要先抱住立杆再拆开最后两个扣，拆除大横杆、斜撑、剪刀撑时，应先拆中间扣件，然后托住中间，再解端头扣。连墙杆（拉结点）应随拆除进度逐层拆除，拆抛撑时，应用临时撑支住，然后才能拆除。

③ 拆除时要统一指挥，上下呼应，动作协调。拆架时严禁碰撞脚手架附近电源线，以防触电。在拆架时，不得中途换人，如必须换人时，应将拆除情况交代清楚后方可离开。拆下的材料要徐徐下运，严禁抛掷。运至地面的材料应按指定地点随拆随运，分类堆放，当天拆当天清，拆下的扣件和钢丝要集中回收处理。

2）钢结构桁架及格构柱拆除

① 混凝土穹顶模板、脚手架拆除完成后即进行钢结构桁架及格构柱拆除工作，桁架

拆除示意如图 3.2-40 所示、格构柱拆除示意如图 3.2-41 所示。

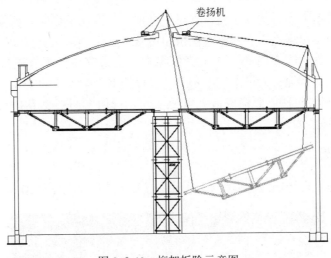

图 3.2-40　桁架拆除示意图

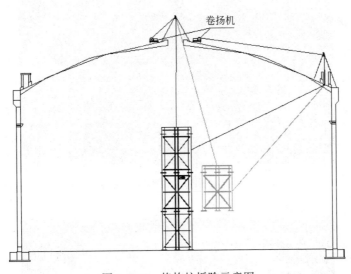

图 3.2-41　格构柱拆除示意图

　　② 将钢桁架两端的螺栓拆除完成后，钢桁架两端用卷扬机钢丝绳吊住，吊点距桁架边缘 500mm，利用卷扬机吊装缓缓降落到罐室底板位置后，从罐室底门洞口运出。钢平台采取单件依次拆除的方式，拆除顺序：先安装的后拆，后安装的先拆；先拆除副桁架，后拆除主桁架；同时，桁架拆除时也遵循对称拆除的原则，以保证拆除卸载时格构柱受力均衡。

　　③ 钢架体拆除时，使用 2 台卷扬机，每台卷扬机的钢丝绳均穿过仓顶板预留孔，与钢结构架体连接牢固并保持钢结构架体的平衡。拆除中使用的垂直运输设备、机具、绳索，必须经检查合格后方可使用。凡是参加拆除人员均遵守"一切行动听从指挥"的原则，所有操作人员必须听从现场负责人的指挥，禁止擅自行动，同时在降模过程中禁止中途换人。所有操作人员必须佩戴安全帽，高处作业人员系好安全带，并保证罐室内灯光及

通风要求。

④ 降模过程中所有操作者要坚守岗位，注意力高度集中，听从现场负责人的信号，在信号不明确的情况下不得乱动设备。在罐室穹顶进行拆除工作时，所有拆下的物件应放置稳妥，同时及时运出罐室。卷扬机控制按钮由专人操作，每人负责 1 台卷扬机，专业指挥人员统一指挥操作。罐室内有 4 人负责倒绳索，罐室穹顶处系有连接可靠的 4 根安全绳，另一头系在负责倒绳索人员的安全带上，以保证倒绳索人员的安全。

⑤ 根据桁架及格构柱单个构件最大重量 2.5t，选用 JJM-3 型卷扬机，其额定拉力为 3.0t，钢丝绳直径为 17mm。

3.2.5 实施效果

铝合金模板施工现场图如图 3.2-42 所示，混凝土结构完成图如图 3.2-43 所示。

图 3.2-42 铝合金模板施工现场图

图 3.2-43 混凝土结构完成图

3.3 附属构筑物施工

3.3.1 工程概况

以某油库项目为例，该工程11000m³事故池设计为在泄洪道下游拦油坝内侧西南角紧挨泄洪道新建。新建事故池占地面积约2800m²，池壁高4m。混凝土强度为C30抗渗混凝土，抗渗等级为P8，钢筋选用HRB400级，垫层混凝土等级为C15，底板厚度250mm，外围池壁厚度250～400mm，内侧池壁厚度250mm，池壁和底板连接处均加腋处理。钢筋保护层厚度：底板顶层和池壁为30mm，底板下层为40mm，迎水面厚度不小于50mm。

3.3.2 施工组织部署及准备

附属构筑物的人员准备见表3.3-1，机械准备见表3.3-2。

人员准备   表3.3-1

工种	架子工	木工	钢筋工	混凝土工	焊工	电工
人数	10	15	15	10	2	1

机械准备   表3.3-2

序号	机械设备名称	型号规格	数量	单位	额定功率(kW)
1	液压挖掘机	WY-160	1	台	—
2	钢筋切断机	GQ40	1	台	4
3	钢筋弯曲机	WGKW50	1	台	4
4	钢筋调直机	GT1.6/4	1	台	2.2
5	插入振动器	ZX-50	2	台	5
6	交流弧焊机	Bx3-500	1	台	50
7	气焊工具		1	套	3
8	手电钻		2	台	1
9	木工电锯		2	个	1

3.3.3 施工流程

附属构筑物的施工流程如图3.3-1所示。

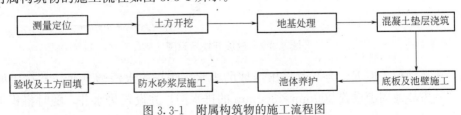

图3.3-1 附属构筑物的施工流程图

3.3.4 施工方法

1. 工程测量定位

工程测量主要依据全站仪进行引测，所用仪器为宾得 R-202 全站仪、欧波 DS32 水准仪、鑫霸 5m 钢尺若干、维融 HKWR-V6 对讲机两对。

（1）以建设单位提交的测量控制点为依据建立适合本工程的测量体系，保证建筑物定位准确，保证轴线、标高正确。

（2）施工平面控制网的测点。根据建设单位提供的测量控制点在场区内引测 2～3 个控制点桩位，用全站仪定出主控制轴线，并根据主控轴线弹出其他轴线位置。

垫层施工完毕后，在结构面进行一次轴线闭合检查。

（3）标高控制。

1）在事故池周边的较为安全但视线无阻挡的位置布设易于传递标高的传递高程点，用红色油漆标记并在旁边注明建筑标高，以标记上顶线为标高基准，同一区域、同一层平面内标记不得少于三个，间距分布均匀并要满足结构施工的需要，且标记需设在同一水平高度，其误差控制在 3mm 以内则认为合格，在施测各标高时，应后视其中的两个标记上顶线以作校核。

2）池底各构造层的标高传递均利用设定的高程传递点标记上顶线为标高基准，用检定合格的钢尺引测，并在投测模板上标记，复检合格后，方可在该层施测。

2. 土方开挖及地基处理

开挖前提请监理与业主一同将原始地貌高程测量并做好书面记录。

根据现场实际情况、地勘报告及设计要求，本工程土方开挖工程主要分为两部分：一是原地面的土方开挖；二是开挖至垫层底标高之后的地基处理。

（1）基础开挖前检查排除临边管线等相关设施的影响，确定开挖区域及深度。

（2）本项目南侧由于原始地貌标高和开挖完成面高差较大，约 15m，并且该部位土质多为堆积土，土质较为松散，为确保边坡安全，故采取 1∶1 放坡比例进行开挖，基础开挖工作面按 500mm 设置，并采取分级放坡，每级放坡高度不超过 8m，上一级放坡与下一级放坡间距不小于 2m，放坡开挖示意如图 3.3-2 所示。

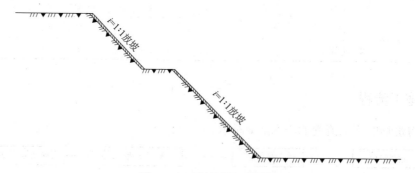

图 3.3-2　放坡开挖示意图

（3）事故池位于坡下，为及时排出边坡的雨水，防止雨水浸泡基底，需在边坡的顶部、底部及事故池周围设置 300mm×300mm 的排水沟，并设置集水井，随时将积水从集水井抽走。

（4）根据现场实际情况、地勘报告及设计要求，地基处理方式为：抛石挤淤结合毛石混凝土整平。抛石挤淤即在基础底部从中部向两侧抛投一定数量的毛石，将淤泥和砂层挤出基础范围以外的一种施工换土形式，此法施工简便易行，无须抽水和清淤。在抛石挤淤的完成面上，再采用毛石混凝土浇筑整平的方式加强地基整体承载力。

具体方案为：

1）将基坑北侧紧挨泄洪道的部位，沿池壁方向开挖基槽，基槽开挖至中风化岩层为止，基底大致清理平整，然后支模浇筑800mm厚毛石混凝土挡墙，挡墙浇筑高度至设计的事故池基础垫层底面。此挡墙目的为防止泄洪道的水流长期冲刷池底破坏地基。

2）在基坑西北侧设集水坑，抛石之前，水泵抽除基坑积水，挖掘机对基底大致整平，并用人工配合清理。

3）抛投毛石。

① 抛石须分层抛填。抛石顺序应从路中线向前抛填，再向两侧扩展，以20～50m长度依次推进；第一层的抛填厚度以能上大型施工机械为宜。若块石无明显沉降，可向前延伸进行下一段施工；若沉降量较大，则需再抛一层石块进行碾压，直至块石沉降量较小为止。

② 抛石填料粒径宜大于30cm，抛投时应大小搭配，挖淤泥抛石换填范围为路基坡脚抛石棱体以外不小于3.5m。

③ 抛填施工时，首先利用毛石自重进行初步挤淤，随后整平毛石顶面，并采用自重较大的推土机、挖掘机等履带施工机械进行碾压。抛石填筑完成后，应在抛石顶面用粒径相对较小的碎石整平。

④ 安排好石料运输路线，专人指挥。摊铺平整工作采用挖掘机和推土机相结合进行，个别不平整处应配合人工用细块石和石屑找平。

4）碾压。

抛投过程中首先由自重较大的推土机及挖掘机来回走动进行碾压，使毛石沉入基本稳定。待作业面展开后，再用自重18t以上的振动式压路机进行碾压，振动碾压4～5遍，碾压过程中，用人工将片石空隙以小石或石屑填满铺平，直至抛石层顶面平整无明显孔隙。

5）检测。

压实度检测采用沉降观测法，以重型振动压路机压实，当压实层顶面稳定，无轮迹，可判为密实状态。在检测路段选择检测点，用白灰做出明显标记，先记录初始高程，然后用压路机振动压实2遍后，再观测检测点的高程，如前后两次检测点高程差在3mm以内，可判定沉降稳定，压实度满足要求。沉降观测检测点的抽检频率参考灌砂法的检测频率。检验合格后方可填筑碎石垫层。如检验后不符合要求，查明原因，采取措施或继续碾压，直到合格。

（5）抛石挤淤完成后，再根据现场实际地形浇筑毛石混凝土垫层至基础底部标高，完成后即可施工水池结构。

3. 钢筋工程

（1）钢筋进场时，检查产品的钢筋标示牌和质量证明文件并对进场的钢筋按规定抽取试样进行力学性能试验，检验合格后方可使用。

（2）进场钢筋的表面应洁净，无损伤、油漆、铁锈，若有则应在使用前清除干净。

（3）钢筋下料尺寸必须准确无误，首先应核对成品钢筋的规格、型号、形状和数量。严格按照设计要求和施工质量验收规范下料，长度不得任意变更或更改。钢筋加工在钢筋加工棚内进行，钢筋加工完成后，进行二次转运至施工现场。

（4）钢筋制作和安装必须符合设计及相应规范要求。

（5）根据设计要求事故池底板厚250mm，按筏板基础相关构造要求施工，设计布置双层双向直径12mm的HRB400级钢筋，纵横间距均为200mm。池壁厚250～400mm，水平筋使用直径14mm的HRB400级钢筋，间距200mm；竖向筋使用直径16mm的HRB400级钢筋，间距250mm。

（6）钢筋的连接构造应按相关图集的有关要求施工，当图集中未注明时则按下列要求施工：

1）受力钢筋的最小锚固长度及搭接长度按相关规范及图集规定执行。

2）钢筋的连接应优先采用焊接或机械连接。钢筋的连接接头宜设置在受力较小处，在同一根钢筋上宜少设接头。接头的类型和质量应符合国家现行有关标准的规定。

3）纵向受力钢筋的焊接接头或机械连接接头应相互错开。钢筋焊接接头或机械连接接头连接区段的长度为35d（d为纵向受力钢筋的较大直径）且不小于500mm，凡接头中点位于该连接区段长度内的焊接接头或机械连接接头均属于同一连接区段。位于同一连接区段内的钢筋接头面积百分率不宜大于50%。

（7）基础钢筋交叉点全部用20号钢丝扎牢，不允许绑梅花扣，钢筋绑扎完毕要用混凝土垫块将钢筋垫起，垫块和钢筋用钢丝扎牢。

（8）在钢筋施工中，应采取有效的钢筋定位措施，确保钢筋保护层的厚度符合设计要求，底板顶层和池壁为30mm，底板下层为40mm，迎水面厚度不小于50mm。浇筑混凝土前，应仔细检查定位夹或保护层垫块的位置、数量及紧固程度，确保钢筋不移位，提高混凝土保护层的施工质量。

（9）钢筋摆放位置线的标定。

1）在垫层上放出轴线和下层钢筋线的位置线，在其上（用红漆标点标识）放出预埋件及管的位置线。

2）在垫层上弹上钢筋位置线→安装池底钢筋，安装模板→安装池壁插筋→安装钢板止水带→浇筑底板混凝土→绑扎池壁→安装模板→浇筑混凝土。

① 先将混凝土垫层表面清理干净，然后弹好基础钢筋的分档标点线和钢筋位置线，并摆放下层钢筋、绑扎底板钢筋及池壁插筋。

② 绑扎钢筋时，纵横两个方向相交点必须全部绑扎，不得跳扣绑扎。

③ 钢筋的上、下层钢筋接头要按规范要求错开，钢筋配料时要将接头错开。

④ 钢筋绑扎好后，应随时垫好垫块，浇筑混凝土时有专人看管并负责调整。

（10）钢筋绑扎完并自检完毕后，应及时通知业主、监理共检，共检完毕方可进行下道工序。

4. 模板工程

本工程模板采用15mm厚木模板（多层板背面加方木），池壁采用直径16mm止水螺杆对拉加固。根据本工程实际情况,考虑分两次施工。

首先,施工底板及 500mm 高池壁。500mm 高池壁采用吊模,加固采用木方及钢管,且采用止水螺杆,事故池底板及池壁吊模段剖面示意如图 3.3-3 所示。

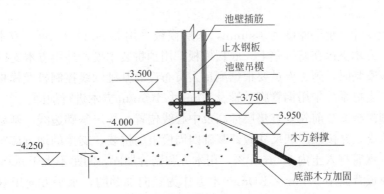

图 3.3-3　事故池底板及池壁吊模段剖面示意图

其次,上部池壁施工。上部池壁高度为 3m 和 3.5m 两种,事故池上部池壁模板支撑示意如图 3.3-4 所示。

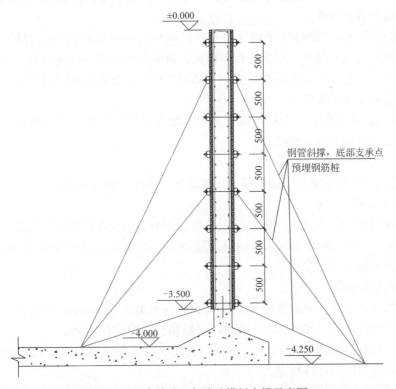

图 3.3-4　事故池上部池壁模板支撑示意图

模板安装前,应选用平整度和刚度满足质量标准要求的模板,表面应清理干净并涂刷水质隔离剂,模板接缝处要加海棉条保证接缝严密和模板接缝不漏浆,并确保模板及其支架牢固，能可靠地承受浇筑混凝土的侧压力，模板加固完成后再重新仔细核对几何尺寸、垂直度等，以免出现偏差。

（1）主要施工方法及措施：事故池底板模板按设计要求截面尺寸支设，池壁模板使用 15mm 厚木模板背面加 50mm×100mm 方木加筋，使用 φ48×3.5mm 钢管与止水螺杆对拉加固。

（2）模板设计：垫层厚度为 100mm，垫层模板采用 50mm×100mm 方木，沿垫层边线设置方木，方木支撑在基坑壁上。底板模板，用预拼装木模，外用方木支撑。

（3）模板安装时，施工人员要根据测量人员布设的基础轴线控制桩及模板线进行底板模板的安装，支撑系统采用钢管脚手管及 50mm×100mm 方木进行加固。

（4）基础模板安装前先复查垫层标高及中心线位置，放出基础边线，基础模板顶标高应符合设计要求，并按照图纸尺寸做好基础四周模板的拼装，支撑的地方应牢固，外侧下 φ48×3.5mm 钢管打入土内 300mm 深，用木方和钢管加固，间距不大于 600mm。

（5）木模板背面用 50mm×100mm 木方作为竖向加劲肋，水平方向用双管加固，沿池壁高每 500mm 一道。

（6）预埋铁件、套管等安装时应仔细核对其中心位置及标高，不得遗漏。

（7）模板拆除要点：

1）在常温条件下，池体混凝土强度必须达到 1.2MPa 才允许拆模，拆模时应以同条件养护试块抗压强度为准。

2）拆除模板与安装模板顺序相反，先拆纵向模板后拆横向模板，再拆下穿池螺栓，使模板向后倾斜与池壁脱开。如果模板与混凝土面吸附或粘结不能离开时，可用撬棍撬动模板下口，不得在池壁上口撬模板，或用大锤砸模板。应保证拆模时混凝土池壁不晃动。

（8）模板施工注意事项：

1）安装与拆除模板时二人抬运模板要相互配合，协同工作，不得乱抛，模板装拆时上下应有人接应，应有专人指挥。

2）拆下的模板要及时清理，堆放整齐。

3）作业人员要在安全地点进行操作，要增强自我保护的安全意识。

5. 混凝土工程

事故池混凝土分三次浇筑，先进行底板及 500mm 高的池壁混凝土浇筑，之后再进行上部 3m 段及 3.5m 段池壁浇筑，最后浇筑后浇带。池壁施工缝墙中安装 300mm×3mm 止水钢板，满足施工缝抗渗要求。

（1）后浇带的施工

按照图纸设计要求，事故池中每隔 30m 设置一处宽度为 900mm 的后浇带，则整个事故池中共计 2 处后浇带，如图 3.3-5 所示，底板和池壁均设置后浇带。

1）施工过程严格按照后浇带的工艺进行施工。在混凝土浇筑前，采用细钢丝网结合钢筋安装牢固将后浇带进行隔离。

2）凿除后浇带表面洒落的混凝土和浮浆，对后浇带钢筋除锈，用水冲洗后浇带表面。

3）后浇带混凝土强度等级较两边结构构件混凝土强度等级提高一个等级，并且在事故池整体结构浇筑后混凝土强度达到 100% 后再进行施工，后浇带混凝土内掺微量膨胀剂。混凝土浇筑完毕应加强养护，养护时间不少于 14d。

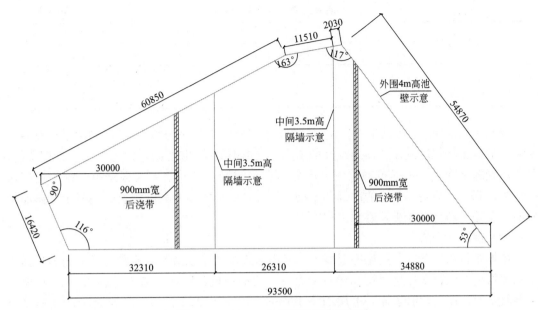

图 3.3-5　11000m³ 事故池平面示意图

4）事故池底板厚 250mm，虽小于大体积混凝土的最小尺寸 1000mm 的要求，但因本工程混凝土量较大，为防止产生类似于大体积混凝土的质量缺陷并综合事故池混凝土体的质量要求，对事故池混凝土及浇筑过程的要求如下：

① 采用低热或中热水泥，混凝土中应掺加粉煤灰、磨细矿渣粉等掺合料。

② 混凝土中应掺入减水剂、缓凝剂、膨胀剂等外加剂。

③ 采取保温保湿养护。混凝土中心温度与表面温度的差值不应大于 25℃，混凝土表面温度与大气温度的差值不应大于 20℃，养护时间不应少于 14d。

④ 控制使用碱活性骨料，碱活性骨料的膨胀量应小于或等于 0.1%，混凝土中的总碱含量不超过 3kg/m³，防止混凝土发生碱骨料反应。

⑤ 控制砂、石原材料的含泥量，石子含泥量宜低于 0.7%，砂子含泥量宜低于 2%，从而减少混凝土在硬化过程中产生的收缩。

⑥ 商品混凝土拌和用水，宜使用饮用水，当使用其他水源时应进行检测，符合混凝土拌和用水标准时可以使用。

⑦ 搅拌时，应严格按照试验室配合比施工，原材料必须按批量进行检验，各项指标符合施工质量验收规范要求，混凝土入模的坍落度控制在 160±10mm，并随时检验坍落度，以控制水灰比；对于不符合要求的，坚决退场处理。

⑧ 混凝土结构工程施工控制的重点是防止混凝土结构出现裂缝和保证混凝土结构的外观质量。

⑨ 混凝土的运输：采用商品混凝土搅拌运输车运送到指定的浇筑地点，再用一台56m 混凝土输送泵输送到浇筑地点，浇筑混凝土应连续进行，如必须间隔，其间隔时间宜缩短，并应在前层混凝土凝结之前，将此层混凝土浇筑完毕，混凝土浇筑间隔的时间不得超过表 3.3-3 的规定。

混凝土浇筑间隔时间要求

表 3.3-3

混凝土强度等级	气温(℃)	
	≤25	>25
<C30	210min	180min
≥C30	180min	150min

混凝土的浇筑：1台混凝土汽车泵（56m）平均每小时泵送约 60m³，能满足现场施工要求。混凝土浇筑应满足整体连续性的要求，初凝时间按 2h 控制，由专人统一指挥布料，避免出现施工冷缝。依据布料顺序分区分层振捣混凝土，并由专人根据布料统一指挥振捣，责任到人，避免混凝土的冷缝和振捣不密实，保证质量。在已浇筑的混凝土暴露面初凝前，覆盖上新浇混凝土，避免出现冷缝。

（2）混凝土振捣

依据布料顺序分区分层振捣混凝土，采用插式振动棒振捣，钢筋密集区采用加长插式振动棒振捣。混凝土振捣时振动棒直上直下，快插慢拔，插点距离不超过 0.6m，振捣上层混凝土时，振动棒必须插入下层 50～100mm，以确保上下层混凝土结合处的密实度符合要求，振捣混凝土时间以 20～30s 为宜。配备两台振动棒，防止漏振、欠振。振捣以混凝土表面水平、不再下降、不再出现气泡、表面泛出灰浆为准。

（3）混凝土的表面处理

在混凝土浇筑结束后要认真处理，隔 2～3h，初步按标高用长刮尺刮平，在初凝前用铁滚筒碾压数遍，再用木搓二次打磨压实，以闭合收水裂缝，随后进行保湿保温养护。混凝土分项工程质量允许偏差及检测方法见表 3.3-4。

混凝土分项工程质量允许偏差及检测方法

表 3.3-4

序号	项目		允许偏差(mm)	检测方法
1	轴线位移	基础	15	经纬仪、拉线、尺量
2	标高	基础	+8，−5	经纬仪、拉线、尺量
3	表面平整度	基础	5	拉线和尺量
4	预埋件	中心线位移	3	拉线和尺量

混凝土运送至施工现场必须按规定进行坍落度测试，发现混凝土坍落度不符合要求、和易性不好时，应退回混凝土搅拌站进行处理，严禁私自处理用于工程上，混凝土要在搅拌车卸料口处随机取样，并按规定做好试块，进行标准与同条件养护以确定混凝土的质量。混凝土试块按规范要求留置。连续浇筑混凝土每 500m³ 应留置一组抗渗试件（一组为 6 个抗渗试件），且每项工程不得少于两组。留置的试块需在现场及标准养护室分别养护，同时还需制作用来检测混凝土强度的试块，试模边长为 150mm×150mm×150mm，同样需在现场及标准养护室分别养护，28d 后送至相关检测机构检测其抗渗等级与混凝土强度。

（4）混凝土养护

根据本地气候环境，混凝土浇筑完毕后采取自然养护。在底板混凝土表面养护采用塑料薄膜一层，塑料薄膜上覆盖保温棉垫一层，棉垫应叠缝铺放。为减少水分蒸发，覆盖时混凝土表面不要暴露，且薄膜内有凝结水为佳，密切注意天气情况，要用重物压住塑料布，防止混凝土表面水分散失。墙板混凝土带模养护数天，根据设计要求，模板拆除后，在砂浆抹面之前进行试水试验并采取堵漏措施。

6. 砂浆工程

根据设计要求，主体池体施工完成后进行试水试验并采取措施堵漏。试水完成后，水池底板、外壁、内壁均采用 20mm 厚 1∶2 防水水泥砂浆抹面。为提高水池的不透水性，池内的 1∶2 防水水泥砂浆抹面，应分层紧密连续涂抹，每层的连接缝需上下左右错开，并应与混凝土的施工缝错开。

（1）工艺流程

基层处理→冲洗湿润→刷素水泥浆→抹底层砂浆→素水泥浆→抹面层砂浆→抹水泥砂浆→养护。

（2）操作工艺

1）基层处理

① 清理基层、剔除松散附着物，基层表面的孔洞、缝隙应用与防水层相同的砂浆堵塞压实抹平，混凝土基层应进行凿毛处理，使基层表面平整、坚实、粗糙、清洁，并充分润湿，无积水。

② 施工前应将预埋件、穿墙管预留凹槽内，嵌填密封材料后，再施工防水砂浆。

a. 刷素水泥浆：根据配合比将材料拌和均匀，在基层表面涂刷均匀，随即抹底层砂浆。

b. 抹底层砂浆：按配合比调制砂浆搅拌均匀后进行抹灰操作，底层抹灰厚度为 5～10mm，在砂浆凝固之前用扫帚扫毛。砂浆要随拌随用，拌和后使用时间不宜超 1h，严禁使用拌和后超过初凝时间的砂浆。

c. 刷素水泥浆：抹完底层砂浆 1～2d，再刷素水泥砂浆，做法与第一层同。

d. 抹面层砂浆：刷完素水泥浆后，紧接着抹面层砂浆，配合比同底层砂浆，抹灰厚度在 5～10mm，抹灰宜与第一层垂直，先用木抹子搓平，后用铁抹子压实、压光。

e. 刷素水泥浆：面层抹灰 1d 后，刷素水泥浆，做法与第一层同。

2）抹灰程序，接槎及阴阳角做法

① 抹灰程序宜先抹立面后抹底面，分层铺抹或喷刷，铺抹时压实抹干和表面压光。

② 防水各层应紧密结合，每层宜连续施工，必须留施工缝应采用阶梯形槎，但离开阴阳角处不得小于 200mm。

③ 防水层阴阳角应做成圆弧形。

3）养护

普通水泥砂浆防水层终凝后应及时养护，养护温度不宜低于 5℃，并保持湿润，养护时间不得少于 14d。

7. 脚手架工程

（1）脚手架搭设要点

由于池深 4m，为便于施工，需在池壁内、外两侧架设脚手架进行钢筋、模板安装及混凝土浇筑。综合脚手架采用落地式双排脚手架，选用扣件式钢管脚手架，规格为 φ48×2.7mm 钢管。脚手架采用双排布置，内排脚手架距池壁外皮 350mm，内、外排间距 800mm。立杆纵距 1800mm，大横杆步距 1700mm，踢脚杆离地面 200mm。剪刀撑设置间距≤15m，抛撑设置间隔不大于 6 跨。脚手架必须严格按《建筑施工扣件式钢管脚手架安全技术规范》JGJ 130—2011 规定组织施工。脚手板必须用 10 号钢丝绑扎牢固，脚手板采用 $\delta=50mm$ 厚跳板。立杆应垂直，脚手架平台应分层。施工操作层沿纵向满铺脚手板，做到严密、牢固、铺平、铺稳，不得超过 50mm 的间隙。架子上不准留单块脚手板。脚手板在纵向的接头可采用对接铺设和搭接铺设，如图 3.3-6 所示。

图 3.3-6　脚手板铺设示意图

(a) 对接铺设；(b) 搭接铺设

对接铺设的脚手板，在每块板两端下面均要有小横杆，杆离板端的距离应不大于 150mm，小横杆应放正、绑牢。搭接铺设的脚手板，要求两块脚手板端头的搭接长度应不小于 200mm，接头处必须在小横杆上，脚手板与小横杆之间不平处允许用木块垫实并绑牢，不许垫砖块等易碎物体。

(2) 施工要求

1) 人员要求

脚手架搭设人员必须是经过考核合格的专业架子工。上岗人员应定期体检（高处作业前也应进行体检），合格者方可持证上岗。搭设脚手架的人员必须正确佩戴安全帽、系挂安全带、穿防滑鞋。

2) 作业条件及防护

当有六级及六级以上大风和雨、雷电天气时应停止脚手架搭设与拆除作业，并不得使用。雨后上架作业应有防滑措施。搭设、拆除脚手架时，地面应设围栏和警戒标识，并派专人看守，严禁非操作人员入内。脚手架底部地面必须平整，垫 5cm 木跳板。随时系好安全带，安全带应高挂低用。工作面跳板应满铺，并绑扎牢固。

3) 脚手架的构配件质量要求

所有进场钢管扣件均必须有合格证及质量证明文件并符合国家相应规范要求。脚手架钢管质量应符合现行国家标准《碳素结构钢》GB/T 700 中 Q235-A 级钢的规定。扣件应采用可锻铸铁制作的扣件，其材质应符合现行国家标准《钢管脚手架扣件》GB 15831 的规定。脚手架采用的扣件，在螺栓拧紧扭力矩达 40～60N·m 时，不得发生破坏。旧扣件使用前应进行质量检查，有裂缝、变形的严禁使用，出现滑丝的螺栓必须更换。钢管表面应平直光滑，不应有裂缝、结疤、分层、错位、硬弯、毛刺、压痕和深的划痕，钢管上严禁打洞。

4) 脚手板

木脚手板应采用杉木或松木制作，其材质应符合现行国家标准《木结构设计标准》GB 50005 的规定。脚手板厚度不应小于 50mm，宽度不宜小于 200mm，腐朽的脚手板不得使用。搭设时先在梁及平台上按照脚手架搭设平面布置图进行放线定位，每搭完一步架后要及时校正步距、纵距、横距和立杆的垂直度。脚手架搭设时扣件必须拧紧。螺栓拧紧扭力矩不应小于40N·m，且不大于65N·m，采用扭力扳手进行检查。

5）技术要求

立杆垂直度偏差不得大于架高的1/200。脚手架底部必须设置纵、横向扫地杆。纵向扫地杆应用直角扣件固定在距垫块表面不大于200mm处的立杆上，横向扫地杆应用直角扣件固定在紧靠纵向扫地杆下方的立杆上。大横杆设于小横杆之下，在立杆内侧，采用直角扣件与立杆扣紧，大横杆长度不宜小于3跨，并不小于6m。大横杆对接扣件连接，对接应符合以下要求：对接接头应交错布置，不应设在同步、同跨内，相邻接头水平距离不应小于500mm；各接头中至最近主节点的距离不宜大于纵距的1/3。架子四周大横杆的纵向水平高差不超过500mm，同一排大横杆的水平偏差不得大于1/300。小横杆两端应采用直角扣件固定在立杆上。每一主节点（即立杆、大横杆交汇处）必须设置一小横杆，并应采用直角扣件紧扣在大横杆上。脚手板一般应设置在四根以上的大横杆上，并应将脚手板两端与其可靠固定，以防倾翻。脚手架搭设中要随搭随校正杆件的垂直度和水平偏差，适度拧紧扣件，四周铰接，形成整体。脚手架的外侧立面整个长度和高度上连续设置剪刀撑，每道剪刀撑宽度不应小于4跨，且不应小于6m，斜杆与地面的倾角宜在45°～60°之间，剪刀撑跨越立杆的最多根数见表3.3-5。

剪刀撑跨越立杆的最多根数   表3.3-5

剪刀撑斜杆与地面的倾角	45°	50°	60°
剪刀撑跨越立杆的最多根数	7	6	5

剪刀撑斜杆的接长宜采用搭接，搭接长度不应小于1m，应采用不少于2个旋转扣件固定，端部扣件盖板的边缘至杆端距离不应小于100mm。剪刀撑应用旋转扣件固定在与之相交的小横杆的伸出端或立杆上，旋转扣件中心线距主节点的距离不应大于150mm。用于大横杆对接的扣件开口，应朝架子内侧，螺栓向上，避免开口朝上，以防雨水进入，导致扣件锈蚀、锈腐后强度减弱，直角扣件不得朝上。脚手架施工层应满铺木跳板，脚手架外侧双护栏和挡脚板一道，栏杆高1.2m，挡脚板高不应小于180mm。

（3）脚手架拆除

架子拆除时应划分作业区，周围设绳绑围栏或立警戒标识，应设专人指挥，禁止非作业人员入内。拆架子的高处作业人员应戴安全帽、系安全带、扎裹脚。

拆除顺序应遵守由上而下、先搭后拆、后搭先拆的原则，先拆边模剪刀撑、斜撑，而后小横杆、大横杆、立杆等，并按一步一清原则依次进行，要严禁上下同时进行拆除工作。拆立杆要先抱住立杆再拆开最后两个扣，拆除斜撑、剪刀撑时，应先拆中间扣，然后托住中间，再解端头扣。拆除时要统一指挥，上下呼应，动作协调，当解开与另一个有关的结扣时，就先通知对方，以防坠落。拆除时严禁撞碰脚手架附近电源线，以防止发生事故。拆开的材料，应用绳拴住杆件吊下，严禁抛掷，应按指定地点堆放。随拆随搬运，分类堆放，当天拆，当天清，拆下的扣件要集中回收处理。

3.3.5 实施效果

11000m³事故池实施效果如图3.3-7所示。

图 3.3-7 11000m³ 事故池实施效果图

3.4 室外总平面施工

3.4.1 工程概况

以某万吨覆土罐油库项目为例，该项目室外总平面施工主要包括室外道路及挡土墙、室外越野管线（具体工艺详见 4.3）、水土保持三个分项工程。

1. 室外道路及挡土墙设计概况

（1）储油区新建道路宽 6m，新建道路与现有道路相连通，道路依据罐底标高依山势修建，道路标高在罐位处根据罐底标高和通道口的标高综合考虑确定。储油区新建主消防道路最大纵坡控制在 10% 以内，最小纵坡为 3%。

（2）新建挡土墙、护坡处需修建排水沟，并设泄水孔。排水沟、排洪沟的断面尺寸按 100 年一遇洪水流量进行设计。油罐之间采用排水沟进行有组织排水，油罐布置避开沟谷等排水通道处，在油罐上方山坡设截洪沟，避免大量雨水直接冲刷油罐。为减轻冲刷造成的影响和实现隐蔽性，罐区施工完成后应进行植被恢复。

（3）在储油区覆土罐靠山体侧增设截排洪沟，在罐室内设地面排水沟，导入道路排水沟，接入库区原有排洪沟引出库外，构成储油区总体防排洪系统。

（4）消防道路转弯半径为 12m。

（5）各建（构）筑物单体四周根据需要设置 2m 宽人行道路，道路转弯半径为 2m。

（6）消防道路路面采用单面坡。

2. 室外越野管线设计概况

（1）越野管线沿原有管线及道路埋地敷设；

（2）管线坡度应保证由罐区方向坡向公路发油区，路面中不能出现反坡；

（3）管线穿越处利用原有涵洞进行敷设，新建管线采用平管托架进行支撑，管线的具体位置可根据现场实际情况进行适当调整；

（4）阀门井做法参见国家建筑标准设计图集《室外给水管道附属构筑物》05S502 第

68页，井盖采用轻型防火材料制作，防水做法按结构图纸；

（5）管线穿越公路处应加设套管，做法参见管线穿越图集，土建做法按结构相关图纸；

（6）管道沿线应设置里程桩、标志桩、转角桩、阴极保护测试柱和警示牌等永久性标识，管道标识的制作和安装应符合现行行业标准《油气管道线路标识设置技术规范》SY/T 6064 的有关规定；

（7）埋地管线采用 3PE 防腐，具体做法应符合《埋地钢质管道聚乙烯防腐层》GB/T 23257—2017 相关规定；越野埋地管线加牺牲阳极保护；

（8）新建管线施工过程中应对原有管线进行施工保护措施，确保原有管线安全；

（9）材料表中不包括给水排水专业相关管线材料。

3. 水土保持设计概况

水土保持措施如图 3.4-1 所示。

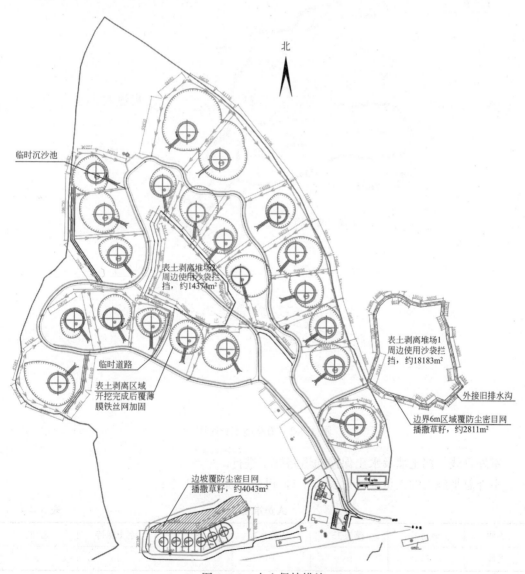

图 3.4-1　水土保持措施

3.4.2 施工组织部署及准备

施工部署：如图 3.4-2 所示为道路施工分区图，将现场施工道路分为五个区，现场道路施工顺序如下：

一区→三区→四区→五区→二区。

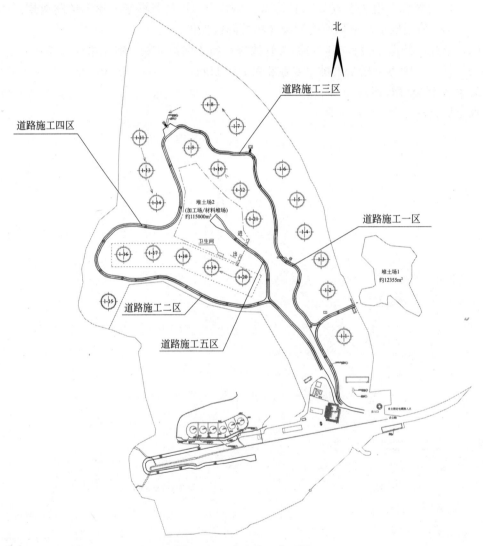

图 3.4-2 道路施工分区图

室外管线、挡土墙及水土保持随道路施工进行。

室外总平施工的人员准备见表 3.4-1，机械准备见表 3.4-2。

人员准备 表 3.4-1

工种	钢筋工	模板工	混凝土工	电工	水土保持	杂工
人数	20	10	10	2	10	8

机械准备　　　　　　　　　　　　　　　　**表 3.4-2**

机械设备名称	型号规格	数量	单位	额定功率(kW)
液压挖掘机	WY-160	1	台	—
光轮压路机	—	1	台	—
钢筋切断机	GQ40	1	台	4
钢筋弯曲机	WGKW50	1	台	4
钢筋调直机	GT1.6/4	1	台	2.2
插入振动器	ZX-50	2	台	5
交流弧焊机	Bx3-500	1	台	50
自卸汽车	8t	4	台	—
插入式振动棒	ϕ80	5	个	—
气焊工具		1	套	3
手电钻		2	台	1
木工电锯		2	个	1

3.4.3 施工流程

道路施工流程：室外总平面工程的道路施工流程如图 3.4-3 所示，挡土墙施工流程如图 3.4-4 所示，水土保持施工流程如图 3.4-5 所示。

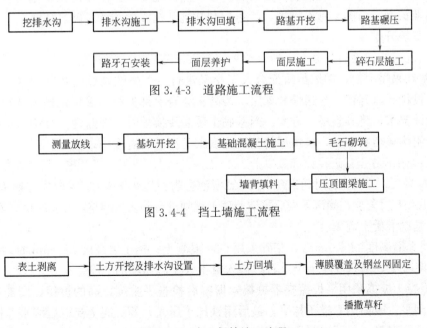

图 3.4-3　道路施工流程

图 3.4-4　挡土墙施工流程

图 3.4-5　水土保持施工流程

3.4.4 施工方法

1. 道路施工方法

（1）土方施工

在土方施工前，应摸清地下管线、地下电缆等障碍物，并根据设计图纸，结合安装图纸，完成地下管线和地下电缆的敷设工作，清除施工区域内的地下、地上障碍物。

（2）碎石层的施工

根据图纸要求，使用粒径大小符合要求的碎石，进行铺筑，按图纸要求厚度进行分层碾压，压实系数符合规范要求。

（3）混凝土路面

路面采用商品混凝土进行浇筑，在路面混凝土施工中合理安排施工计划，提前与商品混凝土站联系沟通，确保浇筑过程连续进行。

（4）混凝土板养护与变形缝设置

1）混凝土板面层做完后，应及时进行养护。养护采用湿法养护，草袋覆盖，每天均匀洒水，经常保持潮湿状态，并在草袋上盖塑料薄膜一层，防止水分蒸发。

2）变形缝、伸缩缝横向均为20m，伸缩缝纵向根据道路宽窄3～4.5m设一道。伸缩缝内填25mm厚整木，外表40mm深填塞沥青胶泥。板底下铺二层油毡，油毡宽250mm，变形缝居板底油毡中间。

2. 挡土墙施工方法

（1）定位放线

精确测定挡土墙基座主轴线和边桩、起始端的衔接，曲线段每10m设一桩，视地形需要适当加桩，测定的重要控制桩要设有护桩，确保施工时挡土墙的位置精度，把施工中所需的水准控制点引测至施工现场，严格控制基坑开挖深度和墙身砌筑高度。

（2）基坑开挖

1）因现有地面为岩石分布，所以要采用爆破措施后，才能开挖。

2）基础采用明挖，用挖掘机配合人工交叉进行，严格按基坑的各部尺寸、类型、埋置深度等设计要求开挖。如遇松软地层，为防止墙身上部失稳，采用跳槽法开挖，开挖深度达到设计要求后将其整平、夯实。当基底土质需要换填时，在监理工程师认可后挖除软土，并采用优质填料夯实，换填层的基坑宽度大于原基坑宽度1m以上。

3）当挖掘机挖至接近设计标高以上180～220mm时，改用人工开挖，防止超挖。基坑开挖到设计标高后，要防止长时间暴露，扰动或浸泡会削弱其承载能力。及时做好地基承载力检测和断面几何尺寸复验，确认无误后报请监理工程师进行确认或调整，并及时做好换填方案。

（3）基础混凝土施工

1）挡土墙高度 $H \leqslant 6$m 时，基础采用C30混凝土；挡土墙高度 $H > 6$m 时，基础采用C15毛石混凝土，毛石混凝土中毛石的掺入量不大于总体积的25%。

2）混凝土振捣采用平板振捣器振捣，振捣后检查平整度，高的拆掉，凹的补平，用水平刮杆刮平。表面用木搓子抹平，最后用铁抹子压光，等混凝土初凝后洒水养护。

（4）毛石砌筑（毛石混凝土浇筑）

1）挡土墙高度 $H \leqslant 6$m 时，墙身采用M10水泥砂浆，配合比见表3.4-3，毛石强度>

MU30；挡土墙高度 H＞6m 时墙身及基础采用 C15 毛石混凝土，毛石混凝土中毛石的掺入量不大于总体积的 25％，毛石强度等级＞MU30。

M10 水泥砂浆配合比 表 3.4-3

M10 水泥砂浆	水泥	河沙	水
	275kg	1450kg	320kg
	1	5.27	1.16

2）选料严把质量关。石料厚度不小于 150mm，外露面砌筑时，尽量采用厚度 20～30cm，宽度约为厚度的 1.5 倍规格片石，片石形状要大致平整，发现有棱角时，应敲除棱角，四周稍加修整，隐蔽面可不加修凿，但要嵌缝严密。当采用片石有风化面时要及时凿除。孤石不做镶面砌筑，当用作挡土墙腹内砌筑时，一定要凿除风化层。

3）砌筑前，将石料表面泥垢清除干净并洒水保持湿润。砌筑时必须两面立杆挂线或样板挂线，外面砌筑线顺直整齐，逐层收坡，内面砌筑线大致顺直，砌筑过程中要经常校正线杆，确保砌体各部分几何尺寸符合设计要求。

4）砌筑采用坐浆法，所有石块均应坐于新拌砂浆之上固定就位，再将已砌好的石块侧面抹浆，然后将要砌入的石块相间侧面抹上砂浆，侧压挤靠就位，先铺砌角隅石和镶面石，然后铺砌帮衬石，最后铺砌腹石。镶面石应丁顺相间或二顺一丁排列分层砌筑，砌缝宽度小于 3cm。面层砌块应与里层砌块交错，连成一体；面层、里层均应砌筑平整。腹墙分层砌筑时，应与外圈分层一致，应先铺一层适当厚度的砂浆，再安放砌块和填塞砌缝。各砌层的砌块应放稳固，砌块间应砂浆饱满，粘结牢固，不得贴靠或脱空，底浆应铺满，竖缝砂浆应先在已砌石块侧面铺放一部分，石块放稳之后，填满砂浆并捣实，用混凝土塞竖缝时，应以扁铁捣实。

5）分层砌筑第一层时，若基底为岩层或混凝土，应先将基底表面清洗、湿润，再坐浆砌筑。不得在已砌好的砌体上抛掷、滚动、翻转和敲击试块。砌筑基底或基层应选用较大较平整石块，所有层次的铺砌都应是承重面和石块的天然层面找平、分层砌筑，上下两层石料竖缝错开距离不小于 10cm，不得有通缝。砌筑砌体外侧时，砌缝需留出 2cm 深的缝槽，以便进行砂浆勾缝，勾缝砂浆要饱满，线形要美观。为保证砌体的稳定和砌筑方便，墙身砌筑与墙背回填交叉进行。

6）较长段砌体砌筑时，相邻工作段的砌筑差不应超过 1.2m，分段位置应尽量设于沉降缝处，各段水平砌缝应一致。

7）砂浆应用机械拌和，严禁人工拌和，拌和时间不小于 3min。砂浆应随拌随用，保持适宜稠度。根据现场施工距离，采用手推车或小型机动车进行运输，拌和好的砂浆在 2～3h 内必须用完，在运输时，若发生离析的砂浆，必须重新拌和，已凝固的砂浆不得使用。

8）砌筑工作中断后恢复砌筑时，已砌筑的砌层表面加以清扫并湿润，砌筑好的砌体要及时进行洒水养护，养护期不得小于 7d。

9）为排出墙后积水，须设置泄水孔，泄水孔按梅花形交错布置，间隔 1.5m，采用 100mmPVC 管，并用透水土工布包裹 PVC 管，泄水孔的横坡为 5％，最下一排泄水孔的出水口应高出地面≥200mm。

10）为防止泄水孔堵塞，在挡土墙后铺 550mm 厚砾石滤水层，为防积水渗入基础，需在最低排水孔下部，夯实至少300mm厚黏土隔水层。

11）结合地质情况及墙高、墙身断面的变化情况，需设置沉降缝，为减少砌体硬化后收缩和温度变化等而产生裂缝，需设置伸缩缝，沉降伸缩缝≤15m设置一道，缝宽25mm，缝中填塞沥青麻筋、沥青木板或其他有弹性的防水材料，沿内外顶三方填塞，深度不小于200mm。

12）在土质地基上的挡土墙，应置于好土上，不应放在软土、松土或未经处理的回填土上，埋深不小于1m。

13）在基础岩石或砂石类土质地基上的挡土墙，应清除表面风化层，基础嵌入地基的深度，一般岩石埋深不小于0.6m。松软岩石、砂加砾石埋深不小于1.00m。

14）基底力求粗糙，对黏性土地基和基底潮湿时，应夯填50mm厚砂石垫层。

15）墙基沿纵向有斜坡时，基底纵坡不陡于5%，当纵坡陡于5%时，应将基底做成1∶2台阶式。

16）砌筑挡土墙时，要分层错缝砌筑，基顶及墙趾台阶转折处，不得做成垂直通缝，砂浆水灰比必须符合要求并填塞饱满。

17）施工前要做好地面排水，保持基坑干燥。

18）C15毛石混凝土浇筑时，应先铺一层150mm厚混凝土打底，再铺毛石，毛石插入混凝土约一半后再浇筑混凝土，填满所有空隙，再逐层铺砌毛石、浇筑混凝土，直到挡土墙顶，保持毛石顶部不少于150mm厚的混凝土覆盖层。毛石铺放应均匀排列，使大面向下，小面向上，毛石间距不小于100mm，离开模板或槽壁的距离不小于150mm。每两层之间应设连接石，连接石大面朝下，间距500～600mm。

（5）压顶圈梁施工

圈梁厚度为240mm，宽度视挡土墙高度而定，依照图纸给出的参数表，从690～1260mm不等。圈梁顶标高同厂区设计标高，配筋为8ϕ14通长纵向钢筋，钢筋采用绑扎搭接，搭接长度35d，箍筋为ϕ8@200二肢箍，混凝土强度等级C30。

（6）墙背填料

1）应严格控制填土的含水量，采用粉质黏土作为填料时，其最优含水量为12%～15%。

2）填方应采取分层碾压的方法，每次松铺土可根据选用的碾压设备而定，使用常规设备时，每层铺土厚度不得大于300mm。

3）若填方分几个作业段施工，两端交接处，不在同一时间填筑，则先填低段，应按1∶1坡度分层填筑，每层碾压必须到边缘，逐层收坡，等后填段填筑到位时再把交接面完成1m的台阶，分层碾压密实。若两个地段同时填，则应分层相互衔接，其搭接长度不得小于2m。

4）在半挖半填地段，当挖填高差大于2m时，将挖方区挖成若干个1∶2的阶梯形边坡，每台阶高度0.5m，宽度1m，填方应由最低一层台阶填起，并分层压实。

3. 水土保持施工方法

（1）表土剥离

根据库区情况，剥离表层土的厚度平均为50cm。由于区域内表土厚度存在差异，对土层深厚、肥沃的地方可适当深剥，对土层较薄、肥力不高的地方可适当浅剥，在总量控制（用多少剥多少）的前提下应尽量将剥离区域内最肥沃的土壤剥离出来。

表土临时堆存应尽量占用场内空闲地，如场内无适合堆处则应另行征地，表土保存时应采取临时防护措施，拟定在储油区内两个区域及消防道路靠边坡处堆存。

四周用编织袋临时挡护，编织袋外 0.5～1.0m 处设临时排水沟，堆积形成后可利用铲车或推土机对顶部和边坡稍作压实，顶部应向外侧做成一定坡度，便于排水。如堆放量小，可用塑料彩条布或薄膜覆盖，四周用编织袋压脚。如保存期较长，超过 1 个生长季，可撒播草籽临时绿化，草种应该选择有培肥地力的（豆科）牧草。如堆放在渣场，一般应集中堆放在渣场下游或者两侧地势平缓处，避开低洼及水流汇集处。

各罐体表土剥离范围和土方开挖范围重合。

（2）排、截水沟

1）覆土罐区

① 在距边坡坡顶上边缘 2m 位置挖设 0.5m×0.5m 的截水沟，用水泥砂浆抹面，随地形走势找坡排水。

② 在坡底设置 0.5m×0.5m 的排水沟。随地形走势由高向低进行排水，及时排除施工场地内的积水，防止积水对土层形成浸泡，破坏土层结构，造成水土流失。

2）临时道路

在场区的临时道路内侧修建矩形排水沟，随地形走势由高向低进行排水，及时排除施工场地内的积水。

排水沟底部采用砂浆硬化，两侧采用 240mm 厚砖砌体砌筑，表面进行 20mm 厚防水砂浆抹灰，排水沟结构示意图如图 3.4-6 所示。

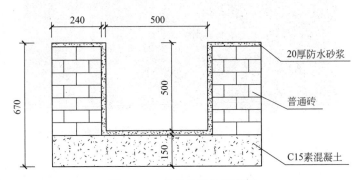

图 3.4-6　排水沟结构示意图

（3）覆盖彩条布和挂钢丝网

在被破坏土层表面覆盖彩条布和挂钢丝网能有效防止雨水对土层的侵蚀，能有效防止施工过程中的水土流失。

1）做到覆盖彩条布对边坡全面覆盖，不使裸露边坡面长时间被雨水侵蚀。

2）对钢丝网的固定要做到牢固可靠，以防钢丝网发生滑落。

3）作业人员在施工过程中严格遵循相关安全规范要求，以免发生伤害事故。

（4）表土回填

1）为提高草皮成活率，植草皮前应先覆土，覆土应控制厚度，一般为 3～5cm，覆土时应适当压实，增加与边坡黏合力，避免剥落或因含水量增加与草皮一起顺坡向下滑移。

2）表土回填及整地过程中应保持地面与周边地形相协调，应避免出现中间低四周高的情况，避免雨天洼地积水。

3）临时占地利用完毕后应先铲除地表泥结石层，然后回填表土进行全面整地，全面整地后地面高度应与周边相一致，以利于复绿。

4）当采用喷混植生或打土钉挂网喷草绿化时，不需覆土。

（5）播撒草籽

草籽品种选择本地物种，保证草籽质量达标，以免造成浪费。应均匀回填0.3m厚腐殖土后，播撒草籽，对植被进行保护、养护。

植被措施是治理水土流失的根本措施，临时措施和植被措施相辅相成，缺一不可。草皮能有效减小风力对土壤的侵蚀，降低水土流失，在夏天能起到降尘的作用；草皮的根系能使土壤具有良好的结构，提高土壤的整体性和孔隙率，对水和土壤的保持起到决定性的影响，在雨期能有效减小水土的流失。

（6）实施效果

室外总平面施工实施效果图如图3.4-7所示。

图3.4-7 室外总平面施工实施效果图

3.5 建筑装饰施工

3.5.1 工程概况

覆土罐项目的结构主要为混凝土外罐及钢制储油内罐，其结构完工后需要进行混凝土结构的防水施工以及钢储罐的防腐施工。混凝土结构主要为罐外壁及穹顶防水施工，钢储罐主要为内外表面的防腐施工。

3.5.2 施工组织部署及准备

1. 工效及工序穿插分析

建筑装饰施工的工效及工序穿插分析见表3.5-1。

建筑装饰施工的工效及工序穿插分析　　　　表 3.5-1

序号	工作内容	工序穿插	工效分析	备注
1	钢储罐防腐	钢储罐水压试验合格后进罐施工	(1)外部吊篮搭设:6人2d; (2)外壁喷砂除锈:3人9班(3人一组,24h全天候施工); (3)外壁刷漆:3人12班(3人一组,24h全天候施工); (4)内部吊篮搭设:6人3d; (5)内壁喷砂除锈:3人15班(3人一组,24h全天候施工); (6)内壁刷漆:4人21班(4人一组,24h全天候施工)	单罐:防腐面积6424m^2
2	混凝土罐壁防水	混凝土罐壁浇筑完成,强度达到要求,外架拆除前	(1)罐壁基层清理:6人3d; (2)涂刷JS聚合物防水涂料:6人7d(分三次涂刷成型); (3)XPS挤塑板保护层:随土方回填分层施工	单罐:罐壁防水面积约1700m^2
3	混凝土罐顶防水	混凝土罐顶浇筑完成,强度达到要求	(1)20mm厚1:3水泥砂浆找平层:10人1d; (2)涂刷JS聚合物防水涂料:6人1d; (3)20mm厚1:3水泥砂浆找平层:10人1d; (4)耐根穿刺防水卷材铺贴:6人3d; (5)沥青纸隔离层:3人1d; (6)50mm厚C20细石混凝土保护层(配Φ6@150钢筋网):12人1d	单罐:罐顶防水面积约1000m^2

2. 外罐罐壁防水施工组织

外罐罐壁防水施工的人员准备见表 3.5-2,机械准备见表 3.5-3。

人员准备　　　　表 3.5-2

序号	职位名称	单位	数量
1	施工队长	个	1
2	专职安全员	个	1
3	防水涂料施工人员	个	20
4	辅助工	个	6
5	电工	个	1

机械准备　　　　表 3.5-3

序号	名称	单位	数量
1	吹灰器	台	4
2	毛刷	个	20
3	滚刷	个	20
4	扁铲	把	10
5	凿子	个	5
6	弹线盒	个	4
7	剪刀	把	8

3. 钢制内罐防腐施工组织

钢制内罐防腐施工的人员准备见表 3.5-4,机械准备见表 3.5-5。

人员准备

表 3.5-4

序号	职位名称	单位	数量
1	施工队长	个	1
2	专职安全员	个	1
3	抛丸除锈施工人员	个	10
4	脚手架工	个	10
5	辅助工	个	6
6	电工	个	1
7	防腐施工人员	个	20

机械准备

表 3.5-5

序号	名称	单位	数量
1	空压机	台	4
2	储气罐	台	4
3	移动式抛丸机	台	2
4	S-85 电动升降车	辆	2
5	反吹工业吸尘器	台	2

3.5.3 施工流程

1. 混凝土外罐防水施工流程

混凝土外罐防水施工涉及多个方面，其中罐壁防水施工流程图如图 3.5-1 所示，罐顶防水施工流程图如图 3.5-2 所示。

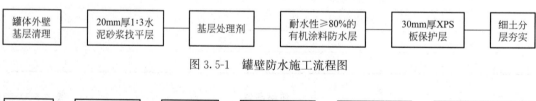

图 3.5-1 罐壁防水施工流程图

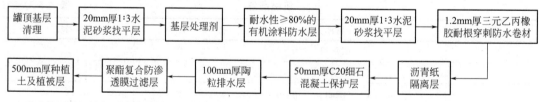

图 3.5-2 罐顶防水施工流程图

2. 钢制内罐防腐施工流程

钢制内罐防腐施工流程图如图 3.5-3 所示。

图 3.5-3 钢制内罐防腐施工流程图

3.5.4 施工方法

1. 混凝土外罐罐壁外侧及斜通道外部防水施工

（1）防水构造

罐体结构形式为钢筋混凝土现浇结构，罐壁防水等级二级，罐壁防水构造做法如图3.5-4所示。

（2）基本施工流程

罐体外壁基层清理→罐壁找平层→基层处理剂→刷有机涂料防水层→30mm厚XPS板保护层安装→细土分层夯实。

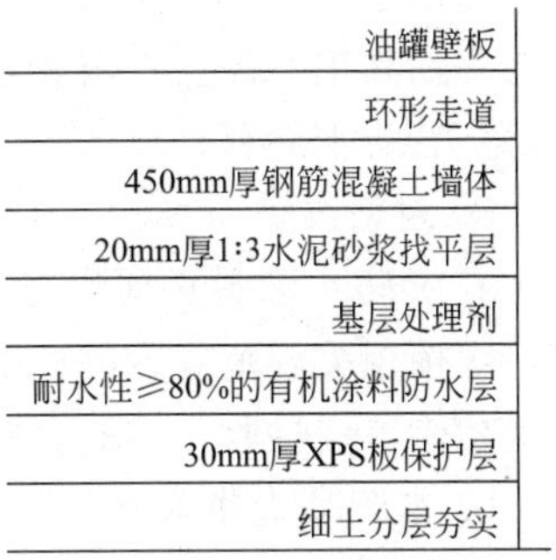

1）罐体外壁基层清理

首先将罐壁表面的杂物、灰尘清理干净，结构的浮浆剔凿干净；必须将罐壁面凸出的钢筋头用砂轮切割机进行切割、打磨，同罐壁表面平整。

2）罐壁找平层

罐壁找平层根据设计要求的厚度和基层表面的平整、垂直情况，采用20mm厚1:3水泥砂浆找平层：

① 找标高弹线：根据罐壁垂直高度线，量测出层高度线，并弹在罐壁上。

② 墙面抹灰饼和标筋：罐壁上弹线找规矩，必须由顶层到底层一次进行，弹出垂直线，分层设点、做灰饼。横线则以罐壁为水平基线由下到上环绕罐壁依次做饼控制，竖向线则以罐顶到罐底垂直为基线控制。每层打底时则以此灰饼作为基准点进行冲筋，使基底层灰做到横同罐壁平行，竖同罐壁垂直。抹灰饼和标筋应使用干硬性砂浆，厚度为20mm。

③ 在清理好的基层上洒水湿润。

④ 按设计要求的砂浆配合比在标筋间抹底层1:3水泥砂浆，分层装档，每遍厚度为7~9mm，用2.5m长刮尺刮平，用木抹子搓毛。每层抹灰不宜跟得太紧，以防收缩影响质量。待第一层六至七成干时，即可抹第二层。第二层用相同配合比的砂浆按冲筋抹平，短刮杠刮平，低凹处事先填平补齐，最后用木抹子搓出麻面。待第二层六七成干时，开始抹灰做面层。

⑤ 抹面层灰：底层砂浆抹好后，即可抹面层砂浆，首先将墙面湿润，抹面层1:3水泥砂浆，厚度5mm并用杠竖向刮平，横向用木抹子搓平，铁抹子溜光、压实，直至表面平整度符合要求为止。收光后的表面应平整光洁、干燥、不起灰。抹灰的施工顺序：从上往下打底，底层砂浆抹完后，再从上往下抹面层砂浆。应注意在抹面层砂浆前应先检查底层砂浆有无空、裂现象，如有应剔凿返修后再抹面层灰。

⑥ 找平层养护：找平层施工完24h后浇水养护，养护时间为10d左右。

3）基层处理剂

采用聚合物水泥防水涂料乳液打底，罐壁找平层达到养护时间后，涂刷基层处理剂，基层处理剂可用防水乳液稀释搅拌均匀后使用（一般比例为防水乳液:水=1:4，选用的防水乳液同防水层材料一致），涂刷基层处理剂时，应用力薄涂，要求不露白，涂刷均匀，

油罐壁板

环形走道

450mm厚钢筋混凝土墙体

20mm厚1:3水泥砂浆找平层

基层处理剂

耐水性≥80%的有机涂料防水层

30mm厚XPS板保护层

细土分层夯实

图3.5-4 罐壁防水构造做法

使其渗入基层孔隙中，其目的是：

① 堵塞基层毛细孔，使基层的潮湿水蒸气不易向上渗透至防水层，减少防水层起鼓；

② 增加基层与防水层的粘结能力；

③ 将基层表面的尘土清洗干净，以便于粘结。

4）刷有机涂料防水层

根据本工程特点及图纸要求，本工程选用聚合物水泥防水涂料（Ⅱ型）。聚合物水泥防水涂料是以聚丙烯酸乳液、乙烯-醋酸乙烯酯共聚乳液和各种添加剂组成的有机液料，再与高铁高铝水泥、石英砂及各种添加料组成的无机粉料制成的双组分水性建筑防水涂料（简称 JS 防水涂料）。

① 材料准备

a. JS 防水涂料必须附有产品说明书、质量检验报告。施工单位对进入施工现场的材料，应按相关规范规定的标准抽样复检。每 10t 为一批，不足 10t 也作为一批进行抽样送法定检验单位检验，抽验合格方可使用。不合格的产品，严禁使用在建筑工程上。

b. 本产品为非易燃易爆材料，可按一般货物运输。运输时应防止雨淋、暴晒、受冻，避免挤压、碰撞，保护包装完好无损。

c. 进场的材料应存放在干燥、通风、阴凉的仓库，液料的贮存温度不应低于 5℃，在正常运输、贮存条件下，贮存期不得超过 6 个月。

② 机具准备

a. 清理基层的工具：铁锹、锤子、凿子、笤帚、钢丝刷、吹尘器、抹布等。

b. 搅拌配料工具：台秤、搅拌桶、电动搅拌器、装料桶、壁纸刀、剪刀等。

c. 涂料涂覆工具：滚刷、刮板、油漆刷等。

③ 技术准备

a. 为确保防水工程质量，防水工程必须由有防水资质的防水专业队伍进行施工。凡从事防水工程的施工人员必须经过统一培训，由取得专业岗位证书的人员操作，坚持持证上岗，逐步提高持证率。

b. 防水基层须经过检查验收，符合涂膜防水要求。

c. 施工现场应有良好的通风与照明，施工温度宜为 5～35℃。

④ 施工工艺及质量标准操作工艺

a. 配制 JS 防水涂料：应有专人负责配料，根据表 3.5-6 的配合比分别称出所用的液料、粉料和水的重量。装在搅拌桶内，用手提电动搅拌器搅拌均匀，一般约 5min，直至涂料中不含有未分散的团粒。

防水涂料配合比　　　　　　　　　　　　　　　　　　　　　表 3.5-6

涂料类别		按重量配合比
Ⅰ型	底层涂料	液料∶粉料∶水＝10∶7～10∶14
	中、面层涂料	液料∶粉料∶水＝10∶7～10∶0～2
Ⅱ型	底层涂料	液料∶粉料∶水＝10∶10～20∶14
	中、面层涂料	液料∶粉料∶水＝10∶10～20∶0～2

b. 涂刷中、面层防水涂料：按设计要求涂层厚度的防水涂料配合比，将配制好的JS防水涂料，均匀地涂刷在已干固的涂层上，并与上道涂层相垂直方向涂刷，以保证涂层厚度的均匀性，每遍涂料用量宜为 $0.8\sim1.0kg/m^2$，涂刷多遍涂料以达到设计要求的厚度。

c. 自检：完工后操作者要先自检，有不合格的部位自己修复，直到满意为止；并认真清理下脚料和杂物，彻底打扫干净后，交付专业队和有关人员初检。

⑤ 质量标准

a. 聚合物水泥防水涂料材质必须符合《聚合物水泥防水涂料》GB/T 23445—2009 的要求，现场抽样应复测合格，不得使用过期、受潮或假冒伪劣的产品。

检验方法：对照标准检查各项技术指标及复检报告。

b. 防水基层必须抹平压光，不得有空鼓、起砂、开裂、掉皮等缺陷，立墙涂料防水层的高度应符合设计要求。

检验方法：观察和尺量检查。

c. 涂膜防水层的厚度不应小于 1.5mm。

检验方法：针入法或切块法测量，每间抽检不少于 3 点。

5）30mm 厚 XPS 板保护层安装

① 基层处理。罐体防水层表面基层必须干净，无污染物及妨碍粘结的物质。基层含水率小于 10%。

② 弹出基线。根据图纸要求，首先沿着罐体外墙勒脚标高弹好水平线，需设置系统变形缝处，则应在罐体面弹出变形缝及其宽度线。

③ 胶浆的配置。

a. 将胶粘剂与普通硅酸盐水泥按 1.0：1.2 重量配比，采用电动搅拌器充分搅拌均匀，静置 5min 后，观其稠度情况，加入少量水，再搅拌一次。

b. 加入水泥搅拌时，采用 700～1000r/min 电动搅拌器，在盛有胶粘剂的桶中，边逐量加入水泥，边搅拌至均匀，最后加入适量的水搅拌均匀。

c. 根据气候情况掌握胶浆稠度，以易施工、不流淌为度，严格控制加水量。

d. 胶浆中不得再掺有砂、骨料、防冻剂、速凝剂、聚合物或其他添加剂。

e. 一次配置胶浆不得过多，在不同温度环境条件下，每次配置的胶浆要在 1～2h 内用完。

④ 刷界面剂。

为增加挤塑保温板与基层的粘结强度，在挤塑保温板的一面刷一层界面剂，然后再用胶浆作粘结剂。

⑤ 安装挤塑保温板。

a. 标准尺寸挤塑保温板 600mm×2400mm，特殊部位按所需尺寸切割挤塑保温板，切割误差控制在 2mm 内。

b. 粘结采用条点粘结法，用不锈钢抹子在每块挤塑保温板周边涂抹 50mm 宽配制好的胶浆，中间最厚处 10mm。当采用标准尺寸保温板时，再在板的中间部分均匀布置 16 个点，每点直径约 100mm，厚约 10mm，中心距约 200mm，挤塑保温板条点法示意图如图 3.5-5 所示。当采用非标准尺寸的挤塑保温板时，粘结胶浆的涂抹面积与挤塑保温板的面积之比不得小于 1/3。抹浆时挤塑保温板侧边应保持清洁，不得粘有胶浆。XPS

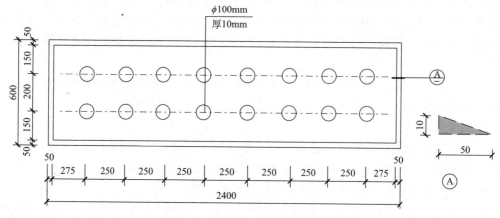

图 3.5-5　挤塑保温板条点法示意图

板应错缝粘贴，转弯部位应相互错搭，且保证保温板的侧面缝隙不得留有胶浆，以免形成冷桥。

c. 抹完粘结胶浆后，立即将板立起贴在罐体的基层上滑动就位，粘贴时应轻柔，均匀挤压，平整度调整应采用橡皮锤敲击的方式，不得采用上下、左右错动的方式调整，以免因挤塑板的错动致使粘结剂溢进板间的缝隙内，形成冷桥，对外保温系统的保温效果造成较大的负面影响，并随时用 2m 靠尺检查垂直度、平整度。粘结挤塑保温板应做到从罐体一侧围绕罐体表面弧度依次按顺序施工，每粘完一块应及时清除挤出的粘结剂，板间不留空隙。

d. 罐体外挤塑保温板粘结施工时，从勒脚处自下而上沿罐体弧形外表横向铺贴，每排板错缝 1/2 板长，挤塑保温板应垂直交错连接，保证板材安装的垂直度。

e. XPS 板施工过程中产生的板面缺陷采用发泡剂修补。发泡胶干燥后（约 30min 即可干燥）用美工刀割去凸出于墙面部分，然后用打磨板磨去板缝处的不平整，使整个保温墙面的平整度≤3mm。

⑥ 质量验收标准。

a. 挤塑保温板的规格和各项技术指标，粘结剂及粘结胶浆的配制质量必须符合有关规程及标准要求。

b. 挤塑保温板必须与墙面粘结牢固，无松动和虚粘现象。

c. 抹面胶浆与挤塑保温板必须粘结牢固，无脱层、空鼓。

d. 挤塑保温板与墙面的总粘结面积不得小于 30%。

e. 抹面胶浆保护层总厚度不宜大于 5mm。

⑦ 成品保护措施。

施工中各专业工种应紧密配合，合理安排工序，严禁颠倒工序作业。

6）细土分层夯实

XPS 板保护层安装完毕后，需对罐体四周进行回填土分层夯实，在细土回填过程中，特别注意防止机械碰撞罐体表面，在靠近罐体面的地方，宜采用人机结合的方式进行作业，避免机械在施工作业的工程中，碰坏已完成的防水保温罐体外表体系。

2. 混凝土外罐穹顶防水施工

（1）防水构造

罐体结构形式为钢筋混凝土现浇结构，穹顶防水等级二级，外罐穹顶防水构造做法如图 3.5-6 所示。

500mm厚种植土及植被层
聚酯复合防渗透膜过滤层，四周上翻300mm高
100mm厚陶粒排水层(粒径大于25mm)
50mm厚C20细石混凝土保护层(内植双向筋 $\phi6@150$)
沥青纸隔离层
1.2mm厚三元乙丙橡胶耐根穿刺防水卷材
20mm厚1:3水泥砂浆找平层
耐水性≥80%的有机涂料防水层
基层处理剂
20mm厚1:3水泥砂浆找平层
钢筋混凝土球壳顶

图 3.5-6　外罐穹顶防水构造做法

（2）基本施工流程

罐顶基层清理→20mm 厚 1:3 水泥砂浆找平层→基层处理剂→耐水性≥80％的有机涂料防水层→20mm 厚 1:3 水泥砂浆找平层→1.2mm 厚三元乙丙橡胶耐根穿刺防水卷材→沥青纸隔离层→50mm 厚 C20 细石混凝土保护层→100mm 厚陶粒排水层→聚酯复合防渗透膜过滤层→500mm 厚种植土及植被层。

1）罐顶基层清理

首先将罐顶表面的杂物、灰尘清理干净，凸出基层表面的灰渣等粘结杂物要铲平，不得影响找平层的有效厚度。

2）20mm 厚 1:3 水泥砂浆找平层

① 洒水湿润：抹找平层水泥砂浆前，应适当洒水湿润基层表面，主要是利于基层与找平层的结合，但不可洒水过量，以免影响找平层表面的干燥，防水层施工后窝住水汽，使防水层产生空鼓。所以洒水达到基层和找平层能牢固结合为度。

② 贴点标高、冲筋：根据坡度要求，拉线找坡，一般按 1～2m 贴点标高（贴灰饼），铺抹找平砂浆时，先按流水方向以间距 1～2m 冲筋，并设置找平层分格缝，宽度一般为 20mm，并且将缝与保温层连通，分格缝最大间距为 6m。

③ 铺装水泥砂浆：按分格块装灰、铺平，从罐顶最高处向四周铺浆，用刮扛靠冲筋条刮平，找坡后用木抹子槎平，铁抹子压光。待浮水沉失后，人踏上去有脚印但不下陷为度，再用铁抹子压第二遍即可交活。找平层水泥砂浆一般配合比为 1:3，稠度控制在 7cm。

④ 养护：找平层抹平、压实 24h 后可浇水养护，一般养护期为 7d，经干燥后铺设防水层。

3）基层处理剂及防水层施工方法

罐顶找平层施工完毕，达到养护期，经验收合格后，方可进行下道工序：即基层涂刷处理剂及有机涂料聚合物水泥防水层的施工（具体的施工方法参照罐壁施工方法）。

聚合物水泥防水层施工完毕，经验收合格后，在防水层面铺 20mm 厚 1:3 水泥砂浆找平层。

4）1.2mm 厚三元乙丙橡胶耐根穿刺防水卷材施工

① 本工程罐顶耐根穿刺防水卷材采用 1.2mm 厚聚酯胎背衬型三元乙丙防水卷材，该卷材耐植物根系穿刺性能持久，可以冷施工、水泥湿铺，操作方便，具有粘结力强、稳定性、低温柔性、耐热性、耐化学腐蚀性好等优点。

a. 用水泥基专用粘结胶（三元乙丙防水卷材水泥基专用粘结胶粉加水泥及水配制而成）粘结，施工时因在聚酯胎的背面有很多纤维又可像树根一样渗透到水泥浆里，待水泥基专用粘结胶固化后将卷材与水泥层牢牢地粘结在一起，搭边不易脱开、粘结牢固，不存在老化、霉变、水解、窜水等问题；既可在潮湿基面上施工，也可在干燥基面上施工，形成完整的防水体系，从根本上解决因"窜水"造成防水系统失效的难题。

b. 可以在超出含水率 8% 或只要没有大明水的基面上或基层不平整恶劣基面上实现满粘冷施工，操作简便，适应性广，基面不需光滑，便于在地下室及大型工程施工中更好地完成目标工程量，加快施工进度，避免拖延工期，是普通防水卷材施工速度的 1～2 倍。

② 施工方法及要求：

a. 基层表面必须平整、坚固、干净，施工前要清除浮灰、浮浆及剥离层，对基层缺陷部位进行修补。

b. 配制三元乙丙防水卷材水泥基专用粘结胶，粘结胶浓度根据基面、天气、温度情况而定，做到无沉淀、无凝块、无离析现象，即可使用。

c. 刮三元乙丙防水卷材水泥基专用粘结胶：在找平层表面上满面均匀地刮上水泥基专用粘结胶。刮粘结胶前要先对基层进行湿润，湿润程度根据基面、天气、温度情况而定，但不能有大明水。

d. 铺贴卷材：铺贴卷材时，可根据卷材的配置方案，先用彩粉弹出基准线。将卷材沿长边方向对折成二分之一幅宽卷材，然后将待铺卷材首对准已铺卷材短边搭接基准线，待铺卷材长边对准已铺卷材长边搭接基准线；贴压完毕后，将另一半展铺并用压辊将卷材滚压粘牢。每铺完一幅卷材后，立即用力滚压卷材面，以保证卷材与基层粘贴牢固。铺粘卷材时，注意及时用橡胶刮板排除卷材与基层间的空气，刮除多余的水泥基专用粘结胶，使其充分粘合在一起。

e. 铺贴顺序：卷材应逆水方向沿罐顶四周边最低处向罐顶铺贴，由低向高先铺贴四周，再逐层铺向罐顶。

f. 卷材搭边粘贴：铺贴卷材采用搭接法，上下层及相邻两幅卷材的搭接接缝应错开，用配好的水泥基专用粘结胶进行搭边粘合，一边排除空气一边压实。须保证搭接宽度不小于 80mm。

g. 卷材搭边处密封：卷材粘好后，用 JS 防水涂料进行密封或用聚氨酯密封。

③ 全面检查：对做好的卷材应进行地毯式检查，发现有问题及时修补，做到合格为止。

④ 运输储存：

a. 应贮存在阴凉通风干燥的库房内。

b. 应立放或平放，平放时高度不超过 5 卷。

c. 不能在 0℃ 以下或雨中施工。

5）沥青纸隔离层施工

罐顶防水层施工完毕，经全面检查验收合格后，应将基层表面的砂砾、硬块等杂物清理干净，然后在防水层表面虚铺一层石油沥青纸作界面隔离层，铺粘采用胶粘剂花粘固定，接缝粘牢。

6）50mm 厚 C20 细石混凝土保护层

① 工艺流程

基层清理→细部构造处理→标高坡度、分格缝弹线→绑扎钢筋→洒水湿润→浇筑混凝土→浇水养护→分格缝嵌。

② 施工要点

a. 标高坡度、分格缝弹线。根据设计坡度要求在罐顶边引测标高点并弹好控制线。根据设计或技术方案弹出分格缝位置线（分格缝宽度不小于 20mm），分格缝最大间距为 6m，且每个分格板块以 20～30m² 为宜。

b. 绑扎钢筋。钢筋网片按设计要求的规格、直径配料、绑扎（双向 $\phi6$ 钢筋@150），搭接长度应大于 250mm，在同一断面内，接头不得超过钢筋断面的 1/4；钢筋网片在分格缝处应断开；钢筋网应采用砂浆垫起至细石混凝土上部，并保证留有 10mm 的保护层。

c. 洒水湿润。浇混凝土前，应适当洒水湿润基层表面，主要是利于基层与混凝土层的结合，但不可洒水过量。

d. 浇筑混凝土。

ⓐ 拉线找坡、贴灰饼。根据弹好的控制线，顺罐顶排水方向拉线冲筋，冲筋的间距为 1.5m 左右，在分格缝位置安装木条。

ⓑ 混凝土搅拌、运输。C20 细石混凝土必须严格按试验设计的配合比计量，各种原材料、外加剂、掺合料等不得随意增减。混凝土应采用机械搅拌。坍落度可控制到 30～50mm；搅拌时间宜控制在 2.5～3.0min 内。

掺减水剂的细石混凝土搅拌，宜先加入砂石料和水泥搅拌 0.5～1.0min 后，再加水。

掺膨胀剂拌制补偿收缩混凝土时，应按配合比准确称量，搅拌投料时，膨胀剂应与水泥同时加入，混凝土连续搅拌时间不应少于 3min。

混凝土在运输过程中应防止漏浆和离析；搅拌站搅拌的混凝土运至现场后，其坍落度应根据穹顶各部位坡度适时调整，保证混凝土成型质量。当有离析现象时必须进行二次搅拌。

ⓒ 混凝土浇筑。混凝土的浇筑应按先远后近、先高后低的原则。在湿润过的基层上分仓均匀地铺设混凝土，在一个分仓内可先铺 25mm 厚混凝土，再将扎好的钢筋提升到上面，然后再铺盖上层混凝土。用平板振捣器振捣密实，用木杠沿两边冲筋标高刮平，并用滚筒来回滚压，直至表面浮浆不再沉落为止；然后木抹子搓平、剔除多余水泥浆。浇筑混凝土时，每个分格缝板块的混凝土必须一次浇筑完成，不得留施工缝。

ⓓ 压光。混凝土稍干后，用铁抹子三遍压光成活，抹压时不得撒干水泥或加水泥浆，并及时取出分格缝和凹槽的木条。头遍拉平、压实，使混凝土均匀密实；待浮水沉失，人踩上去有脚印但不下陷时，再用抹子压第二遍，将表面平整、密实，注意不得漏压，并把

砂眼、抹纹抹平，在水泥终凝前，最后一遍用铁抹子同向压光，保证密实美观。

在混凝土达到初凝后，即可取出分格缝木条。起条时要小心谨慎，不得损坏分格缝处的混凝土；当采用切割法留分格缝时，缝的切割应在混凝土强度达到设计强度的70%以上时进行，分格缝的切割深度宜为防水层厚度的3/4。

ⓔ 养护。常温下，细石混凝土找平层抹平压实后12～24h可护盖草袋（垫）、浇水养护（塑料布覆盖养护或涂刷薄膜养生液养护），时间一般不少于7d。

ⓕ 分格缝嵌缝。细石混凝土干燥后，即可进行嵌缝施工。嵌缝前应将分格缝中的杂质、污垢清理干净，然后在缝内及两侧刷或喷冷底子油一遍，待干燥后，用油膏嵌缝。

ⓖ 成品保护。细部构造的防水嵌缝、勾缝及装配结构屋面的灌缝未干燥或未达到设计强度时，不得在其面上行走、搬运材料及用具，更不得有较大振动。

7）100mm厚陶粒排水层

① 采用陶粒做排水层。因为陶粒是超轻材料，呈粒状，孔隙度高，以利于排水，铺陶粒前，细石混凝土的强度必须达到设计强度的80%以上。

② 筛选陶粒。陶粒的级配要适宜，粒径要大于25mm，松散度为580～680kg/m³，吸水率8.3%～10%，陶粒中不得混夹渣或黏土块，然后均匀平铺在细石混凝土上。

8）聚酯复合防渗透膜过滤层

聚酯复合防渗透膜采用人工滚铺方式，要求布面平整，并适当留有变形余量。在施工中，复合防渗透膜采用自然搭接。自然搭接时最小宽度为20cm，四周上翻高30cm，端部及收头5cm范围内用胶粘剂与基层粘牢。

9）500mm厚种植土及植被层

根据设计要求铺设500mm厚种植土，在铺设种植土时，要防止机械野蛮施工，破坏复合防渗透膜。

3. 钢制内罐防腐施工

钢制内罐防腐做法见表3.5-7。

钢制内罐防腐做法 　　　　　　　　　　　　　　　　表3.5-7

涂装部位	涂料名称	涂敷遍数	每遍干膜厚度（μm）	总干膜厚度（μm）	面漆颜色
罐底及罐壁下部300mm内表面	稀有金属纳米重防腐底漆	3	50	300	灰色
	稀有金属纳米重防腐面漆	3	50		
油罐内表面其余部分	稀有金属纳米重防腐底漆	2	50	200	灰色
	稀有金属纳米重防腐面漆	2	50		
油罐外表面（顶、壁）	钛合金金属纳米重防腐底漆	3	50	300	白色
	脂肪族可覆涂聚氨酯面漆	3	50		
储罐外地板靠基础面	环氧沥青厚涂底漆	3	50	300	黑色
	环氧沥青厚涂面漆	3	50		
油罐边缘板外伸部分与油罐基础之间的缝隙防水	采用Deson油罐边缘板防腐技术。将油罐钢板与基础表面处理干净，在钢板上涂刷Deson高黏力底漆，在基础表面涂Deson沥青底漆，钢板与基础之间的缝隙涂刷Deson矿脂胶泥，并形成平整的过渡表面，然后在外面缠绕Deson矿脂防腐带和RT保护带				

（1）钢制内罐防腐检验流程

1）顶板及壁板内表面

抛丸除锈→检查验收→表面防腐底漆涂刷→检查验收→搭设移动脚手架→检查验收→焊缝手工除锈及涂刷底漆→检查验收→面层涂刷→检查验收→移动脚手架拆除。

2）顶板外表面、底板上表面、储罐外底板靠基础面

抛丸除锈→检查验收→表面防腐底漆涂刷→检查验收→焊缝手工除锈及涂刷底漆→检查验收→面层涂刷→检查验收。

（2）钢制内罐表面处理

依据设计要求，钢制内罐表面处理主要采用抛丸除锈且级别应达到 Sa2.5 级。在抛丸除锈处理无法达到的区域，可采用动力或手工除锈，除锈等级应达到 St3.0 级。

1）抛丸除锈

① 钢丸粒径要求和添加频率

钢丸粒径：$\phi0.5\sim\phi1.8$mm。

钢丸添加频率：抛丸机每工作 40h，补加新钢丸 500kg。

② 零件抛丸后存放时间要求

a. 晴天或湿度不大（≤80%）的气候条件下：零件在完成抛丸处理后，必须在 4h 之内进行防护处理。

b. 雨天、潮湿（湿度＞80%）的气候条件下：零件在完成抛丸处理后，必须在 2h 之内进行防护处理。

c. 超过规定时间后，应重新进行抛丸处理。

2）注意事项

① 操作工人在实施抛丸作业时，必须佩戴好防护眼镜、手套和穿劳保鞋；在操作过程中，严禁蹲坐或站立在悬挂零件下方。

② 正常生产中应每班清理机台周边钢丸，以免滑倒伤人，并将漏出的钢丸从加料处倒入机台内，供设备循环使用。

③ 抛丸机运行过程中，禁止对设备进行任何检修动作。

④ 停机步骤严格按照如下流程执行：关闭供丸闸门→关闭抛丸器→关闭螺旋输送器→关闭提升机→关闭除尘系统→关闭空压机→关闭设备总电源。

⑤ 设备维护和保养参照项目部《设备维护和保养规范》。

（3）钢制内罐防腐涂漆施工

1）概述

油漆涂装在罐内表面形成一层牢固的薄膜，使其将周围的空气、水分、油料、日光等隔离，保护罐体免受各种侵害，对防止罐体金属锈蚀、延长使用年限具有重要作用，为达此目的，必须选用优质油漆及采用正确的施工方法。

2）材料要求

① 涂料的配制

涂料的调配：将 A、B（A 为主料，B 为固化剂）两组按比例混合搅拌均匀，再加入少量的稀释剂（10%），充分搅拌，放置几分钟后即可进行涂装施工。调和好的涂料要在 2h 内用完。

② 涂料的性能根据设计图纸而定。

图 3.5-7 操作平台示意图

③ 领用油漆时应了解其名称牌号规格、性能和出厂日期等资料，符合技术要求才能使用，尤其开桶后如表面有一层漆皮，必须揭掉，经油漆搅拌均匀，通过 80～120 目铜筛过滤后才能使用。已开桶尚未用完的油漆，可用油纸盖面，使其不与空气接触，防止结皮。

④ 涂料使用前 1～2d 可倒置漆桶，以减轻油漆的沉淀结块，用前必须充分搅匀。

⑤ 涂料应按使用说明书配合比例调配，根据温度情况，如黏度太大时可掺用稀释剂。

3）钢储罐内防腐平台搭设

钢储罐结构完成后，其壁板高度为 14291mm。防腐需要处理的焊缝高度为 12511mm。需在钢储罐内部搭设操作平台，高度为 13200mm（含 1200mm 护栏），操作平台示意图如图 3.5-7 所示。

4）施工方法

① 施工准备：防腐平台采用盘扣式移动操作平台，其参数见表 3.5-8。

盘扣式移动操作平台参数表　　　　　　　　　　表 3.5-8

操作平台安全等级	Ⅱ级	结构重要性系数 γ_0	1
操作平台架体高度 H(m)	13.4	平台沿纵向搭设长度 L(m)	2.7
立杆纵向间距 l_a(m)	0.9	立杆横向间距 l_b(m)	0.9
立杆步距 h(m)	1.5	平台总步数 n	8
顶部防护栏杆高 h_1(m)	1.2	纵横向扫地杆距立杆底距离 h_2(mm)	0.2
内立杆离建筑物距离 a(mm)	300	平台立杆安放位置	钢储罐底板

为保证其安全及稳定性，搭设前进行受力计算，经核算符合规范及设计要求。

② 材料进场及运输

a. 材料进场：对进入现场的脚手架及配件，使用前应对其质量进行复检，对外观、材料规格和型号、尺寸、偏差、壁厚等关键位置按照《建筑施工承插型盘扣式钢管支架安全技术规程》JGJ 231—2010 仔细检查，同时检查是否有产品检验合格证书。

平台立杆钢管类型主要采用 B-LG-1500（ϕ48mm×3.2mm×1500mm），强度为 300kN/mm²；横向水平杆采用 A-SG-900（ϕ42mm×2.5mm×900mm），纵向水平杆 A-SG-900（ϕ42mm×2.5mm×900mm），强度为 205kN/mm²。脚手板采用冲压钢板。立杆

纵距为 0.9m，共搭设 3 跨，横距为 0.9m，共搭设 3 跨，脚手架步距为 1.5m，平台四个角设置配套的支撑脚。

脚手架底部采用工业用重型高弹力橡胶脚轮（带刹车），如图 3.5-8 所示，直径为 200mm，最大荷载为 400kN，每个立柱底部设置 1 个，共计 16 个。脚手架与万向轮采用焊接连接。

b. 材料运输。脚手架材料通过斜通道进入混凝土罐，之后直接通过底部钢储罐人孔运输脚手架。

③ 脚手架搭设

立杆定位→竖立杆→装第一步大横杆并与各立杆扣紧→安装第一步小横杆→安装第二步大横杆→安装第二步小横杆→加设竖向斜撑→安装梯子、铺设脚手板→接立杆→重复之前步骤直至完成搭设。

图 3.5-8　工业用重型高弹力橡胶脚轮（带刹车）

④ 脚手架验收

脚手架搭设完毕后，应按规定进行质量验收，验收合格后方可投入使用。验收时需具备下列文件：

a. 脚手架构配件出厂合格证及各类合格标识。

b. 脚手架搭设施工质量记录。

c. 对拉杆数量及位置是否符合设计。

d. 连墙件数量及位置是否符合设计。

e. 垂直度及水平度是否符合设计。

⑤ 脚手架移动/拆除

移动：首先清除平台操作层上的所有物品和人员，再松掉底部工业轮刹车装置，然后缓慢推行移动至下一个作业面。

拆除：拆除时按平台板→斜杆→横杆→立杆的顺序从上至下依次按步拆除。

5）钢储罐外防腐平台搭设

钢储罐外施工平台采用高空吊绳进行施工。

① 施工工具简介及使用

a. 工作绳、生命绳：材质为锦纶，直径为 20mm，拉力为负荷 500kg，主要用于吊板式座板下吊、登高作业。工作绳通过下滑扣内的活络节连接吊板形成高空吊板系列。生命绳和高空人员身上的安全带上的自锁钩连接，形成登高人员的安全系统。

b. 安全绳：材质为高钢丝，直径为 20mm，拉力为负荷 500kg，主要用于配合工作绳使用。高空人员通过座板吊在工作绳上，把安全带的自锁扣用自锁器连接到安全绳上，能够确保提高安全系数。

c. 滑板：滑板型号为 700mm×250mm×30mm，材质为压缩木板组合而成，吊带由纤维纺织而成，具有一定的抗拉强度。作用是高空下吊施工时，高空作业人员坐在吊板上向下坠，进行操作作业。防滑座板断裂载荷大于 4400N。

d. 安全带：材质为纤维纺织而成，五点式双大钩。生命绳及安全带如图 3.5-9 所示。

e. 自锁器：材质为不锈钢。自锁器自动锁止距离≤500mm。作用是连接安全带与安

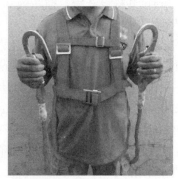

图 3.5-9　生命绳及安全带示意图

全绳上，当高空施工人员因工作绳断裂而下坠时，自锁钩的自锁装置会因人体的重量拉动而自锁，使下坠的人被生命绳拦住。

f. U 形卡：由 16mm 高强度钢制成 U 形扣，拉力负荷 1500kg，并有螺栓销连接。以上几种可组装成一个坐式高空吊板。自锁器及 U 形卡示意图如图 3.5-10 所示。

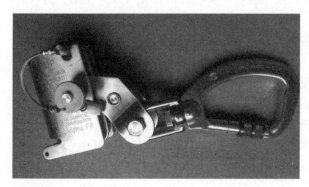

图 3.5-10　自锁器及 U 形卡示意图

② 滑板系统装置及具体施工方法

a. 在固定绳子的地方，绳子要多拴几圈，反复负重试验做到万无一失。将所有绳子搭角、搭棱地方用橡胶等垫底，防止摩擦。固定绳结不少于 4 套绳结，外露头不少于 150mm。

b. 将吊绳在坐式吊板上的 U 形扣里打好结，在旁边栓上吊桶，里面装上施工用具及材料。人控制绳索，可以自由操作。

c. 缓缓将吊板下放，到达第一工作位置。

d. 一个工作位置结束后，将滑板下滑至下一工作点，直至该位置工作结束。

6）涂料施工

在涂料施工过程中，要根据现场情况和不同的物件位置，按从上至下、从左到右的原则依次进行施工，涂刷要均匀一致，不得有脱层、起皱、漏涂和误涂现象，为使涂层间结合良好，一般在第一道涂完，待 24h 后再进行下道工序的施工，保证漆膜完好，颜色一致，涂层厚度达到设计要求。

施工环境、温度一般在 5～30℃ 为宜，相对湿度不大于 80%，施工温度若低于 10℃ 时，固化反应会迟缓，涂层间隔时间需要延长。

在施工完每一道涂层时都要认真检查，发现有质量问题立刻进行处理，如发生碰伤或破损要按工序进行补涂，以获防腐最佳效果。

辊涂油漆的程序应由上而下、自左至右、先内后外、先难后易、依次均匀。涂刷油漆时，可横刷或者竖刷，每次应压叠一半，要注意保持均匀，尤其注意不易刷到的地方可补刷。每层涂层应均匀，不得有缺漏、皱纹、流淌现象。

罐体涂装宜在天气晴朗、无大风和温暖季节进行，寒冷时、烈日下、大风沙、阴雨天及潮湿的钢梁表面均不能刷油漆，冬季可在气温较高的中午阳光下进行油漆工作。

为确保油漆质量良好，施工时要做到十不刷涂：

a. 有锈蚀不刷涂。

b. 表面有尘土油污不刷涂。

c. 有雨雪潮湿时不刷涂。

d. 遇大风不刷涂。

e. 没有底漆不刷涂面漆。

f. 底层漆未干不涂下层漆。

g. 气温不符合规定不刷涂。

h. 漆膜破损不刷涂。

i. 湿度超过 80％不刷涂。

j. 没经过检查不刷涂。

施工时每天使用的油漆品种、牌号、刷涂方法和部位以及施工人员姓名、刷涂时间、气候条件等资料记入工程日志。

7）储罐基础外边缘防腐

① 表面处理

a. 金属表面必须是清洁的、干燥的、无油的。表面处理的最低标准是 St2，即彻底刮削、金属丝刷光或机器研磨。

b. 混凝土表面处理须除去所有的疏松或破损混凝土表层及其他杂质，在破损的地方先进行修复，使表面平整。

② 底漆使用

a. 金属表面处理以后，在整个需要铺上矿脂带的地方涂一层高黏度底漆，包括螺栓头、螺母和所有细缝。

b. 混凝土表面处理以后，在整个需要铺上矿脂带的地方涂一层沥青底漆让它渗入混凝土。底漆表面不能有水滴流动，等 15～30min 干后方可铺上矿脂带。

③ 整形

用矿脂胶泥填平罐底和水泥交接的地方，并做一个斜台直到混凝土平台的边缘，表面必须平整和没有空隙。如果有螺栓和螺母，也要用胶泥来包好。矿脂带的使用：要用 150mm 以上宽度的矿脂带来铺设。从混凝土平台的边缘位置开始，一层一层向上铺。铺的时候要紧贴表面，层与层之间最少重叠带子宽度的 55％。用足够的拉力，保持矿脂带与罐底表面一致，避免矿脂带出现皱纹或气囊。注意重叠部位，要用手抚平。当用完一卷矿脂带时，后一卷应与前一卷最少重叠 75mm。

4 钢制内罐及工艺管道施工技术

4.1 钢制内罐结构施工

4.1.1 工程概况及重难点分析

以湖北省某大型油库项目为例,所属分部分项工程为 25 个 10000m³ 覆土罐内钢结构储罐,2 个 5000m³ 露天钢结构储罐。具体技术参数见表 4.1-1、表 4.1-2。

10000m³ 覆土罐钢结构储罐工程技术参数　　　　表 4.1-1

罐底	中幅板(mm)	厚度	δ＝10	材质	Q235B	接头形式	搭接接头
	边缘板(mm)	厚度	δ＝12	材质	Q345R	接头形式	对接接头
	垫板(mm)	扁钢 60×6		材质	Q235B		
	直径(mm)	φ31050					
罐壁	壁厚(mm)	第 1 层 16,第 2 层 14,第 3 层 12,第 4、5 层 10,第 6~8 层 8					
	材质	1~5 层为 Q345R,其他为 Q235B				接头形式	对接接头
罐顶	厚度(mm)	δ＝6				接头形式	搭接接头
	材质	Q235B					
附件	盘梯、罐顶栏杆						

5000m³ 露天钢结构储罐工程技术参数　　　　表 4.1-2

罐底	中幅板(mm)	厚度	δ＝8	材质	Q235B	接头形式	搭接接头
	边缘板(mm)	厚度	δ＝10	材质	Q235B	接头形式	对接接头
	垫板(mm)	扁钢 60×6		材质	Q235B		
	直径(mm)	φ20630					
罐壁	壁厚(mm)	第 1 层 14,第 2 层 12,第 3 层 10,第 4~5 层 8,第 6~8 层 6					
	材质	Q235B				接头形式	对接接头
罐顶	厚度(mm)	δ＝6				接头形式	搭接接头
	材质	Q235B					
附件	盘梯、罐顶栏杆、抗风圈						

4.1.2 施工方法

1. 钢制内罐制作及安装

储罐钢板预制加工。

（1）预制前注意事项

1）设置钢板加工场，按照各功能区进行预制，预制场布置及效果图如图 4.1-1～图 4.1-4 所示。

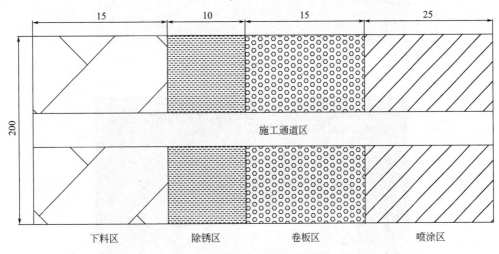

图 4.1-1　预制场内布置图（单位：m）

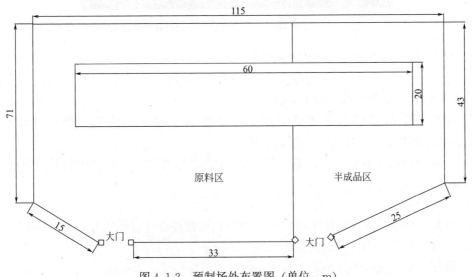

图 4.1-2　预制场外布置图（单位：m）

2）贮槽下料前要核对到货钢板规格，施工图纸已详细给出每台贮槽的排板图及下料尺寸，下料时要严格按图施工，并标识清楚，但壁板下料时还应考虑焊接收缩量。

3）贮槽施工前，应在预制场地对底板、壁板和顶板下料及坡口加工，壁板的卷制，包边角钢和施工用胀圈、贮槽顶组板均在预制场地加工，坡口加工时按施工图纸要求进

图 4.1-3 预制场实际效果图

图 4.1-4 预制场内设置 3t 电动行车作为吊装设备

行。坡口加工后将渣熔瘤、氧化皮等用磨光机打磨干净。

4）壁板下料后，在预制场地将坡口加工后到卷板机上滚圆，顶板下料后，将坡口加工好，并在胎具上单片或整体加工成型。

5）钢板下料及坡口加工采用机械切割或自动、半自动火焰切割。材料在卷制前均要压头，进料方向要垂直于滚轴，并用起重机配合。

6）所有预制构件在保管、运输、喷砂防腐及现场堆放时，要制作胎具，防止变形、损伤和锈蚀。

（2）底板预制

1）底板下料前根据绘制排板图，底板排板直径宜按设计直径放大 0.1%～0.2%。

2）边缘板沿罐底半径方向的最小尺寸，不得小于 700mm。

3）罐底中幅板宽度不得小于 1000mm，长度不应小于 2000mm。

4）罐底板任意相邻两个焊接接头之间的距离以及边缘板焊接接头距底圈壁板纵焊缝的距离不应小于 200mm。

5）边缘板预制时可预留 1～2 块调整板，调整板的一侧增加 200～400mm 的余量。

6）弓形边缘板尺寸允许偏差见表 4.1-3。

弓形边缘板尺寸允许偏差 表 4.1-3

测量部位	允许偏差(mm)
长度 AB、CD	±2
宽度 AB、BD、EF	±2
对角线之差 AD−BC	≤3

（3）壁板预制

1）壁板预制前应绘制排板图，并对每块壁板进行编号，按设计排板图下料也应对每块壁板编号。

2）壁板上下相邻两圈纵向焊缝间距不得小于 500mm，其壁板宽度不得小于 1000mm，长度不得小于 2000mm。

3）壁板尺寸允许偏差见表 4.1-4。

壁板尺寸允许偏差 表 4.1-4

测量部位		环缝对接(mm)	
		板长 AB(CD)≥10m	板长 AB(CD)<10m
宽度 AC、BD、EF		±1.5	±1
长度 AB、CD		±2	±1.5
对角线之差｜AD−BC｜		≤3	≤2
直线度	AC、BD	≤1	≤1
	AB、CD	≤2	≤2

4）罐壁的纵向焊缝宜向同方向错开板长度的三分之一，且不应小于 500mm。

5）壁板加工完后，应在四周找四条距边缘 50mm 的线作为基准线，并在四周和板长中心上打下样冲眼（共 6 点），以便组装时精确对中。

6）罐壁的开孔（或补强板边缘）应离开纵焊缝 200mm 和环焊缝 100mm 以上。

7）壁板卷制后，应立置在平台上用样板检查。垂直方向上用直线样板检查，其间隙不得大于 1mm，水平方向上用弧形样板检查，其间隙不得大于 4mm。

8）在三芯滚板机上进行壁板圆弧的成型，边压制边用圆弧样板检查圆弧的成型情况。

9）弧形构件的预制。

10）需卷制的型钢，其自身连接必须采用全焊透的对接接头。

11）抗风圈、加强圈、包边角钢等弧形构件加工成型后，用弧形样板检查，其间隙不得大于 2mm。放在平台上检查，其翘曲变形不得超过构件长度的 0.1%，且不得大于 4mm。

（4）顶板预制

1）罐顶板在预制前应绘制排板图，并应符合下列规定：

① 相邻两块顶板焊缝不得小于 200mm。

② 瓜皮板本身的拼装，可采用对接接头或搭接接头（一般采用对接接头），当采用搭

接接头时，搭接宽度不得小于 5 倍板厚。

③ 排板图应根据材料规格和瓜皮板的几何尺寸精确确定，并符合排板规定。

2）顶板预制操作要点：

① 按排板图放大样，制作下料样板，采用样板下料。在地样上将各种梯形板料组焊成扇形面。板面焊接采用手工双面焊。

② 为了减少材料的浪费，我公司采用最新的国家级工法进行预制排板。

扇形单元板的施工过程如下：

将 5 块钢板中的一块从中间切割开，如图 4.1-5 所示。

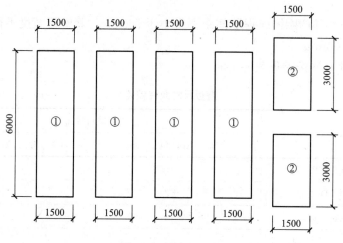

图 4.1-5　钢板切割

因为考虑焊缝错缝的要求，将上述切割好的钢板按如图 4.1-6 所示的尺寸进行拼接。图中实粗黑线为焊缝。

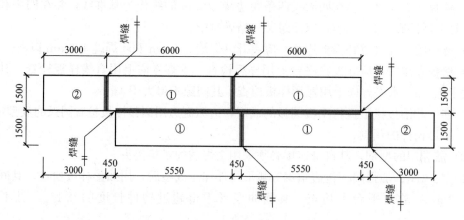

图 4.1-6　钢板拼焊

沿虚线用自动火焰切割机进行钢板切割，单元板切割如图 4.1-7 所示。

如图 4.1-8 所示，两块③号板就是两块大的拱顶单元板，两块④号板是余料。

用四块对应的③号单元板在后续工序中可以拼接成如图 4.1-9 所示的花纹。

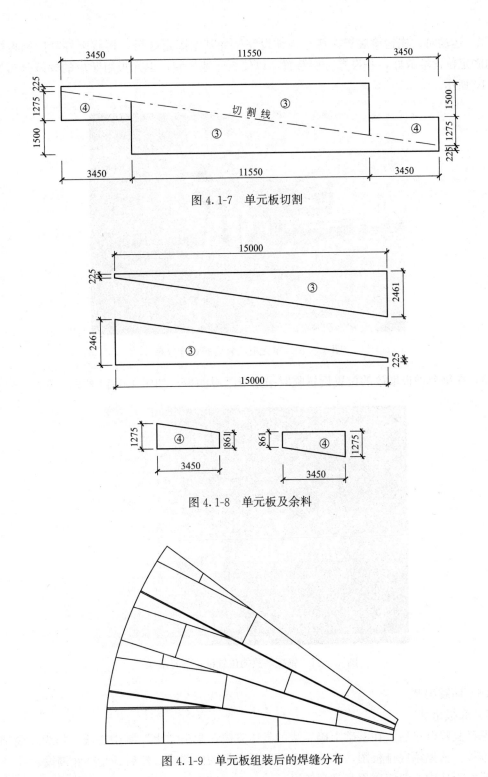

图 4.1-7　单元板切割

图 4.1-8　单元板及余料

图 4.1-9　单元板组装后的焊缝分布

（5）钢板运输

1）将下料完成的顶板及侧板装上自制板车运输至安装位置，覆土罐里起重采用 3t 叉车进行运输安装工作。

2）运输时，先运输底板，待底板铺设完毕并基本固定好后，再将下好料的侧板按相应的固定位置堆放好，并设置分层装置，以便更好地吊装，单元板组装后的焊缝分布如图4.1-10所示。

图4.1-10　单元板组装后的焊缝分布

3）在每个钢板堆放的位置设置临时吊架以组对侧板，如图4.1-11所示。

图4.1-11　钢板堆放的位置设置临时吊架

（6）储罐组装

1）底板组装

基础验收合格后，在基础上确定罐的具体方位，画出"十"字中心线，作为罐底铺设的基准线。依据罐底排板图，在基础上画出各底板的位置线，然后开始罐底铺设。

罐底板从中心向四周逐张进行铺设。

① 罐底组装要求

a. 根据设计要求，制订底板排板图。

b. 底板铺设前其下表面应涂刷防腐涂料，每块底板边缘50mm内不刷涂料。

② 底板铺设

底板采用人工铺设。施工时先铺设中心定位板，再向两侧铺设中幅板，底板采用铺设一张、就位固定一张的方法。

具体工序为：施工准备→罐底放线→罐底中心定位板→中间幅板铺设→两侧幅板和异形板铺设→罐底边缘板铺设。

③ 罐底放线

以基础中心和四个方位标记为基准，画十字中心线，并确定基准线做出永久标记。画出底板外圆周线，考虑焊接收缩量，底板外圆直径应比设计直径放大 0.1‰～0.2‰。铺设的顺序为：从中心线向四周铺设。

④ 中幅板安装

铺设中心定位板（中心的一块底板），并在该板上画出底板中心点和中心线，打上样冲眼做出明显标记。

中幅板铺设按照中心板→中间条板→两侧条板→边缘板连接板的顺序铺设，铺设时先将相邻两板点焊，中幅板采用防变形卡具，先将相邻两板焊接，确保焊接时自由收缩，然后再按照从中心向外的顺序依次焊接。与边缘板连接板预留收缩余量。

中幅板边组对边点焊，点焊时两底板要紧贴，间隙控制在 1mm 以下；点焊方式采用每隔 200mm 焊 50mm 的方法。

铺中幅板时要随时检查板的位置与排板图相符合，铺板时要保证与基础踏实接触。

铺设时，必须保证组对间隙，边铺设边用组合卡具固定，其示意图如图 4.1-12 所示。

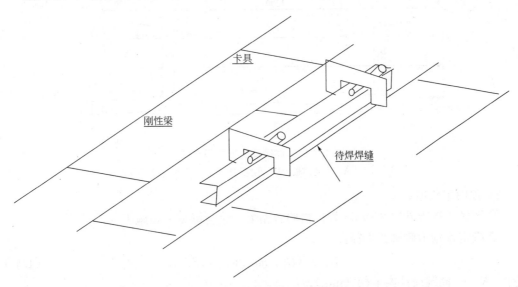

图 4.1-12　铺中幅板时用组合卡具固定

⑤ 边缘板铺设

边缘板采用对接形式，在后一块边缘板铺设前，要在前一块边缘板坡口处点焊垫板，边缘板之间不点焊，只用临时卡具固定。根据收缩系数及施工便利，选用外大内小的外坡口形式。

边缘板铺设时，按 0°→90°、180°→90°、0°→270°、180°→270°的方位进行定位铺设，

以确保铺板位置的准确性。铺设时，必须保证组对间隙内大外小的特点，边铺设边用组合卡具固定。其示意图如图 4.1-13 所示。

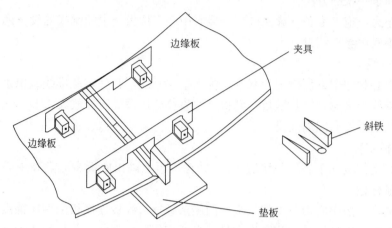

图 4.1-13　铺边缘板时用组合卡具固定

边缘板点固焊必须在坡口内进行，焊接前，为减少对接焊缝的角变形，在组对点固焊后，可将组合卡具更换成图 4.1-14 所示的焊接反变形龙门夹具，并通过锤击反变形龙门夹具的斜铁预做 6～8mm 的焊接反变形，焊接反变形龙门夹具如图 4.1-14 所示。

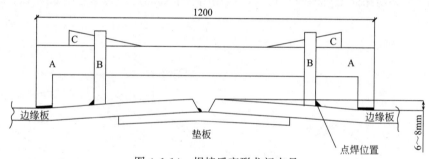

图 4.1-14　焊接反变形龙门夹具
A—大龙门板；B—小龙门板；C—斜铁

2）顶圈壁板组装

① 罐底边缘板外边 300mm 焊接检验合格后，进行罐壁组装施工。

② 确定罐壁内侧画线半径：

$$R_{组} = (R + na/2\pi)/\cos\beta \qquad (4.1\text{-}1)$$

式中　R——储罐设计内半径（mm）；

　　　n——顶圈壁板立缝数量；

　　　β——基础坡度夹角（°）；

　　　a——每条焊缝收缩量（mm），手工焊取 3mm。

③ 画线。以基础的中心为中心，以 $R_{组}$ 为半径，在罐底边缘板上画圆，此圆为罐壁组装圆，根据排板图画出每张壁板的位置；另外画一个同心圆（其半径为 $R_{组}-100$mm），作为检测圆（图 4.1-15）；两个同心圆每隔 500mm 打一个洋冲眼，并用铅油标记好。

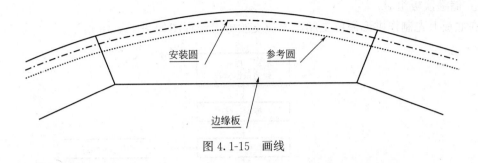

图 4.1-15 画线

④ 顶圈壁板安装。

a. 相邻两张壁板用卡具组对完毕后，应点固加强弧板以防止焊接变形，加强弧板示意图如图 4.1-16 所示。

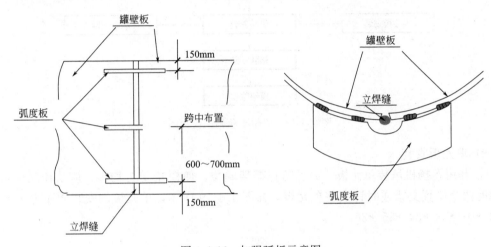

图 4.1-16 加强弧板示意图

b. 在承重支座内外均焊上限位挡块，外挡块以所用壁板厚度加上适当间隙为间距，内挡块为 $R_{组}$ 的内侧，壁板用可调式斜杠支撑，如图 4.1-17 所示。

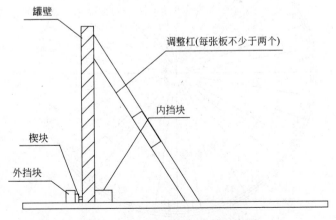

图 4.1-17 可调式斜杠支撑示意图

⑤ 储罐顶板组对。

在底板上先制作拱形原位支胎，原位支胎施工流程图如图 4.1-18 所示。

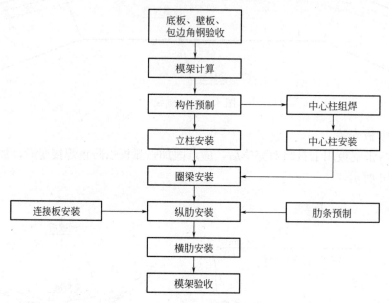

图 4.1-18　原位支胎施工流程图

3）单元板安装

① 利用卷扬机吊装单元板。为了防止模架倾覆，使模架受力均衡，应从模架中心点对称的两个位置交错逆时针安装单元板，如图 4.1-19 所示，单元板的安装顺序为 1→2→3→4→…→33→34→35→36。

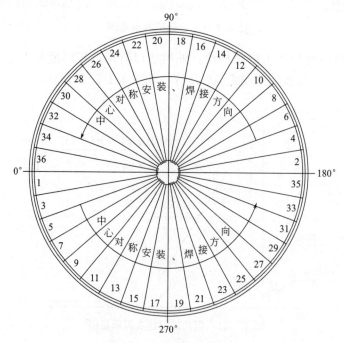

图 4.1-19　单元板安装顺序

② 安装完单元板后，胎架拆除顺序与安装顺序相反。

4）电动葫芦提升倒装法组装

电动葫芦提升倒装法施工原理：电动葫芦均匀分布在罐壁周围，所有的电动葫芦通过控制电缆统一接到同一控制箱内，控制箱控制所有的电动葫芦动作带动整体罐壁上升到预定高度，组焊两层壁板之间的环焊缝。然后电动葫芦下降并带动胀圈降至第二层壁板下缘，再固定胀紧。如此往复，实现储罐整体组装和焊接。

提升装置安装如下：

① 电动葫芦数量确定

计算最大提升载荷：

$$G_{\max} = F(G_1 + G_2) \tag{4.1-2}$$

式中　F——摩擦系数，一般取 $F = 1.2$；

　　　G_1——储罐的最大提升重量；

　　　G_2——施工附加载荷；

确定提升装置数量：

$$n = G_{\max}/P \tag{4.1-3}$$

式中　P——电动葫芦允许工作荷载，取 10t/个。

$n = 1.2 \times (220+5)/10 = 27$，取电动葫芦为 28 个。

② 提升装置安装

设置 28 个 10t 电动葫芦，并在罐体中心设置整体控制系统。提升装置安装如图 4.1-20～图 4.1-22 所示。

图 4.1-20　胀圈组件、电动葫芦及支撑件

5）胀圈组件安装

拱顶安装完毕后，在顶层壁板内下缘处安装胀圈组件，胀圈至壁板下缘口的距离视液压提升机的尺寸而定。胀圈组件用于罐体的撑圆和罐体的提升，组件包括胀圈和千斤顶。胀圈需在拱顶安装前吊至罐底板上，如图 4.1-23 所示。

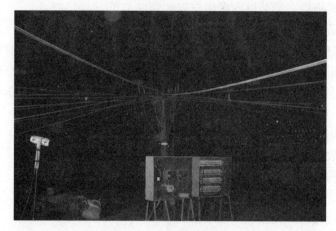

图 4.1-21　控制系统

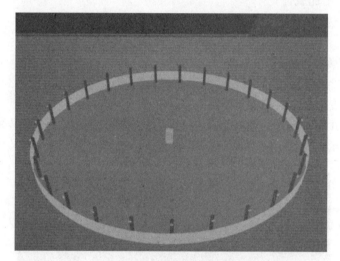

图 4.1-22　电动葫芦分布

图 4.1-23　胀圈及千斤顶装置

胀圈组件安装步骤如下：

① 在现场钢平台上放胀圈 1：1 大样，检查其圆弧度，整节胀圈与大样偏差不得超过 3mm；

② 在油罐拱顶安装前将胀圈吊至罐内相应的安装位置附近；

③ 拱顶安装完毕后，在顶层壁板内侧下缘画出胀圈及其定位卡具的安装定位线；

④ 每节胀圈设四个卡具，卡具安装在距胀圈端部 2m 位置；

⑤ 在相邻两胀圈挡板之间放置一台 10t 千斤顶，放置好后同时顶紧 6 台千斤顶，直至胀圈与壁板贴紧为止，胀圈组件即安装完毕。

6）活口收紧装置安装

活口收紧装置用于罐体提升时两个预留活口的收紧。活口收紧装置由倒链和拉耳组成，沿水平方向设置在活口两侧，其安装尺寸如图 4.1-24 所示。

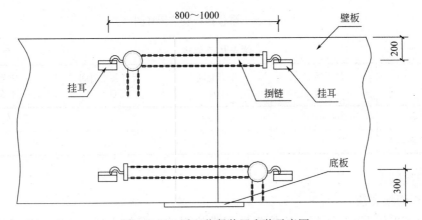

图 4.1-24　活口收紧装置安装示意图

活口收紧装置的安装在下一圈壁板围设之后进行，其安装步骤如下：

① 下一圈壁板围设之后，按示意图在每个活口画出收紧装置挂耳的安装定位线；

② 按定位线组立上、下两对拉耳并焊接。焊缝高度 8mm，焊缝表面不得有气孔、夹渣、裂纹等缺陷；

③ 将两台型号为 3t×3m 的倒链分别挂在两对拉耳上。

7）限位挡板安装

① 限位挡板用于罐体提升时调整环缝对接间隙和错边量。

② 限位挡板包括内挡板和外挡板。限位挡板的安装在下一圈壁板围设之后进行，沿罐壁一周每隔 1m 设置一个。挡板组立焊接时，焊缝高度为 8mm，焊缝表面不得有气孔、夹渣等缺陷。限位挡板安装示意图如图 4.1-25 所示。

2. 钢制内罐焊接及检验

（1）焊接方法及焊接材料选择

1）焊接方法采用手工电弧焊及 CO_2 气体保护焊相结合的方式。焊工必须持证上岗，施焊的位置与焊工合格证上的位置相符。

2）Q235B 材质钢板选用 E4303 焊条焊接；Q345R 材质钢板选用 E5015 焊条焊接；CO_2 气体保护焊采用 ER-06 焊丝。焊接前焊条应烘干，焊条烘干要求见表 4.1-5。

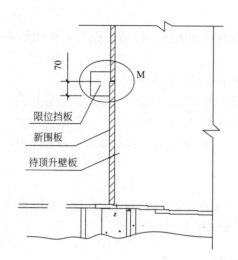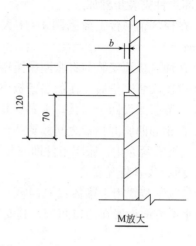

图 4.1-25　限位挡板安装示意图

焊条烘干要求　　　　　　　　　　　　　　　表 4.1-5

种类	烘干温度（℃）	恒温时间（h）	允许使用时间（h）	重复烘干次数
酸性焊条	100～150	0.5～1	8	≤3
碱性焊条	350～400	1～2	4	≤2

（2）焊接顺序

1）底板焊接方法

底板焊接采用手工电弧焊。边缘板采用带垫板的对接接头焊接，对接焊缝应完全焊透，表面应平整。弓形边缘板的对接接头，外侧间隙为 6～7mm，内侧间隙为 8～12mm。

搭接接头三层钢板重叠部分，应将上层底板压制成 Z 形，如图 4.1-26 所示。在上层底板铺设前，应先焊接上层底板覆盖部分的角焊缝。

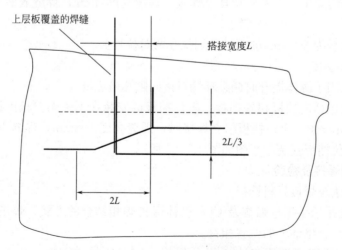

图 4.1-26　底板三层钢板重叠部分图示

2）底板的焊接顺序

边缘板对接焊缝中第一圈壁板底部 300mm 焊缝先焊接（供组装用）→中幅板短焊缝焊接→中幅板长焊缝焊接→第一圈壁板与底板间环形角焊缝焊接→边缘板其余对接焊缝焊接→中幅板封闭焊缝焊接→边缘板与中幅板间龟甲缝焊接。

① 互相平行的焊缝采用隔行焊接的方法；

② 各条焊缝均采用从中间向两端施焊；

③ 各条焊缝均采用分段退焊法施焊；

④ 长焊缝由几名焊工同时施焊；

⑤ 罐底角焊缝焊接，应由数对焊工从内、外沿同一方向分段焊接。

3）壁板的焊接方法

壁板焊接采用 CO_2 气体保护焊，立缝对接接头的坡口角度 α 应为 $60°\pm5°$，钝边 F 为 1mm，组对间隙 G 应为 3mm，壁板立缝焊接坡口形式如图 4.1-27 所示。

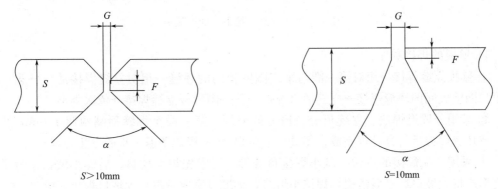

图 4.1-27　壁板立缝焊接坡口形式

S—壁厚

环缝对接接头的坡口角度 α 应为 $50°\pm5°$，钝边 F 为 1mm，组对间隙 G 应为 3mm，壁板环缝焊接坡口形式如图 4.1-28 所示。

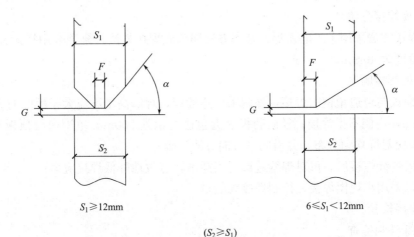

$S_1\geq12mm$　　　　　　　　　　$6\leq S_1<12mm$

$(S_2\geq S_1)$

图 4.1-28　壁板环缝焊接坡口形式

S_1，S_2—壁厚

壁板焊接先焊立缝，再焊环缝，立缝焊接前，先焊上定位龙门板，然后拆下立缝组对卡具，12mm 及以上的壁板立缝为 X 形坡口。其余 V 形坡口焊接时，先焊外部，后焊内部，焊缝采用 CO_2 气体保护焊，立缝焊接上端加熄弧板如图 4.1-29 所示。

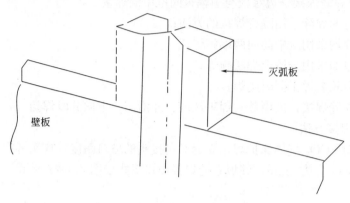

图 4.1-29　立缝焊接上端加熄弧板

4）壁板的焊接顺序

① 壁板立缝焊接→组对第一圈与第二圈壁板间的环缝→组对立缝焊接活口→第一圈与第二圈壁板间的环缝焊接→立缝活口焊接→下一圈壁板立缝焊接→依次类推。

② 采用分段退焊法；立缝可分三段分段退焊，第一段至焊缝顶端预留 150mm 暂不焊，待环缝焊接后将其补焊完成；环缝可采取焊 3～4 根焊条退一步的方法施焊。

③ 采用交叉焊接的方法，减小焊接角变形。通常先焊大坡口，后焊小坡口，为了控制变形应将大坡口填平后清根，焊接小坡口，小坡口完成后再将大坡口焊接完成。

④ 包边角钢与壁板焊接时，应先焊包边角钢对接焊缝，再焊内侧间断角焊缝，外部角焊缝仅作定位焊，留待顶板组装完毕之后，与顶板焊接一并进行。

⑤ 采用同时对称施焊；立缝焊工可每人一道焊缝或隔缝对称布置，同时施焊；环缝焊工沿圆周均布，同向同时焊接。

5）拱顶焊接方法

拱顶焊接方法采用手工电弧焊，基本方法同罐底焊接方法，罐顶采用搭接方法进行焊接，搭接宽度为 40mm。

6）顶板焊接顺序

① 拱顶板与包边角钢的焊接，外侧采用连续焊，焊脚高度不应大于板厚的 3/4，且不得大于 4mm，内侧不得焊接；径向肋板靠近包边角钢处 500mm 范围内与顶板不得焊接；焊接时焊工应对称均匀分布，并沿同一方向分段退焊；

② 顶板焊缝焊接后，可对焊缝进行适当锤击，有效地降低焊接应力；

③ 尽量采用小规模焊接，控制焊接线能量。

（3）焊接检验

1）焊缝外观检查

焊缝应进行外观检查，检查前应将熔渣、飞溅物清理干净，焊缝及热影响区不得有裂纹、气孔夹渣和弧坑等缺陷。

2）罐底的真空试验

施工现场需要制作真空箱 2 个，构造如图 4.1-30 所示。

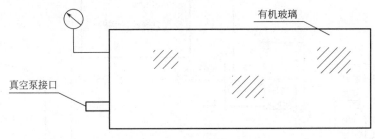

图 4.1-30　真空箱示意图

试压压力为－53kPa，焊缝涂刷发泡剂无发泡为合格。

3）焊缝无损检测

① 底板三层钢板重叠部分的搭接接头焊缝和对接罐底板的丁字焊缝，在沿三个方向各 200mm 范围内，应进行渗透探伤，全部焊完后，应进行渗透探伤或磁粉探伤。

② 纵向焊缝

a. 底圈壁板的每条纵向焊缝、底圈壁板与第二圈壁板之间的 T 形焊缝均应进行 100％射线检测。

b. 其他各圈壁板，对每一个焊工焊接的每种板厚在最初焊接的 3m 焊缝的任意部位取 300mm 进行射线检测；以后不考虑焊工人数，对每种板厚在每 30m 焊缝及其尾数内的任意部位取 300mm 进行射线检测。

③ 环向对接焊缝应在每种板厚（以较薄的板厚为准）最初焊接的 3m 焊缝的任意部位取 300mm 进行射线检测；以后对于每种板厚（以较薄的板厚为准）应在每 60m 焊缝及其尾数内的任意部位取 300mm 进行射线检测。

④ 罐壁 T 形焊缝检测部位应包括纵向和环向焊缝各 300mm 的区域。

⑤ 在罐内及罐外角焊缝焊完后，应对底圈壁板与罐壁的 T 形接头的罐内角焊缝进行磁粉检测或渗透检测；在储罐充水试验后，应用同样的方法进行复检。

对厚度≥16mm 的低合金钢壁板，焊缝质量不得低于相关国家标准规定的 Ⅱ 级，其他材质及厚度的焊缝质量不低于相关国家标准规定的 Ⅲ 级。

3. 钢制内罐质量检验

（1）注水试验

1）盛水试验方法：由于本次储罐共计 25 个，为节约资源以及加快施工进度，从标高最高的一个储罐开始充水，然后利用重力将水依次灌入标高稍低的储罐来进行试验。储罐灌水示意图如图 4.1-31 所示。

2）储罐灌水过程中，严格检查各焊缝及接头部位，并观察储罐稳定性。

（2）罐顶稳定性试验

罐顶的稳定性试验应在充水试验合格后放水时进行。此时的水位为最高液位。在开口封闭的情况下缓慢放水，当罐内空间压力达到设计规定的负压试验值时，此时检查罐顶无残余变形和其他破坏现象，认为罐顶的稳定性试验合格。试验后立即使油罐与大气相通，恢复到常压。

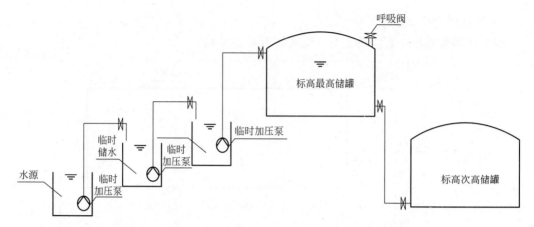

图 4.1-31　储罐灌水示意图（加压泵选择及临时储水选择依其水源与储罐标高决定）

（3）基础沉降试验

在储罐灌水前，在罐壁周围设 16 个临时标高观测点。基础沉降允许值：外围的不均匀沉降在 10m 弧长内不应该超过 13mm，并且在外围任意点之间应不大于 25mm。

充水前，对所有的基础沉降观测点进行标高测量，并做好记录。

按照施工图，打开储罐顶部接管口及管口阀门。

设专人持续监视注水高度和注水速度，注水速度最大允许值为：0.9m/h。

当充水高度分别达到最高液位的 1/4、1/2、3/4 时，暂停充水，对所有的基础沉降观测点进行标高测量，并与前次测量的标高进行比较；如果发现沉降不均匀时，暂停充水，直至沉降停止或沉降均匀后，再继续往储罐内充水。

当充水高度达到最高液位时，停止充水，对所有的基础沉降观测点进行标高测量，并和充水前测量的标高进行比较；静止 48h 后进行观测，在此期间，相隔 8h，对所有的基础沉降点进行标高测量，并和前次测量的标高进行比较；计算基础总体沉降量，直至均匀沉降减少或停止。

4.2　强、弱电系统施工

4.2.1　工程概况及特点

电力系统中，36V 以下的电压称为安全电压，1kV 以下的电压称为低压，1kV 以上的电压称为高压，直接供给用户的线路称为供电线路，用户电压为 380/220V 时，称为低压供配电系统，又称强电。强电的特点是电压高、电流大、功率大、频率低。油库类工程强电系统通常包含防雷接地系统、供配电系统、照明系统、动力系统等。

弱电相比于强电，主要区别在于用途，强电是用作一种动力能源，弱电是用作信息传递。常见的弱电系统工程包括：闭路电视监控系统、防盗报警系统、门禁系统、电子巡更系统、停车场管理系统、可视对讲系统、背景音乐系统、LED 显示系统、三表抄送系统、楼宇自控系统、防雷与接地系统、UPS 不间断电源系统、机房系统、综合布线系统、计算机局域网系统、物业管理系统、多功能会议室系统、有线电视系统、卫星电视系统、电话通信系统、消防系统等。

4.2.2 强电系统

1. 强电系统概况及重难点分析

（1）强电系统概况

油库工程中的电气系统主要内容包括储油库区、铁路装卸油栈桥、油泵房、越野管道、公路发油区、行政区等区域的防雷接地系统，供配电系统，照明系统，动力系统安装。

防雷与静电接地系统建设在油库工程中是至关重要的一环，油库由于其储存介质的特殊性，除了通常的建筑物防雷和设备金属外壳需设置接地外，金属油罐及其附件、工艺管道、阀门以及某些重要部位均需要进行设置接地和防静电处理，并且实测达到规范要求的接地电阻值，确保库区投入运营后的绝对安全。

供配电系统、动力系统、照明系统的安装均应严格按照规范要求进行。高压电源直埋引入变压器室，低压电缆出线保护形式，中性点接地方式，接地电阻等均应满足相应的规范要求。库区内低压配电采用放射式与树干式相结合的方式，电缆敷设路由基本沿库区内消防道路敷设，采用铜芯铠装电缆直埋，穿越道路、输油管线及排水沟等应穿电缆保护管加以保护。根据爆炸危险区域等级的划分，在爆炸危险场所的动力配电采用铠装电缆直埋或电缆穿管暗敷，照明配线采用铜芯线穿镀锌钢管明敷。

（2）重难点分析

防雷与接地系统是油库电气施工中的重点，特别是油库按规范被划为一级防爆保护区，对防雷防静电的要求极高。防雷接地分为两类，一是防雷，防止因雷击而造成损害。油是易燃易爆品，在金属钢储罐内存储时，雷电条件下，更易引起爆炸；二是静电接地，防止静电产生危害。在成品油大量聚集或运输流动过程中，会产生大量静电，在一定条件下也会自燃或爆炸。一旦油库发生爆炸事故，往往引起重大的生命或财产损失，造成严重的社会不良影响。因此，储油库区和公路发油区的防雷接地系统的施工质量尤为重要。此外，储油库一般地质条件复杂，构筑物设置分散，也给防雷接地系统的施工造成一定难度。

2. 施工组织部署及准备

强电系统是整个油库工程的动力来源，重要性不言而喻，但就油库总体造价而言，强电系统所占体量较小，且工期穿插整个施工过程，因此，在工程施工过程中，需各专业管理人员及时沟通，及时掌握相互的施工动态，并依据建筑总体施工区域和施工阶段划分，合理安排电气专业施工部署。

施工准备阶段，电气专业技术人员应会同土建施工技术人员共同对建筑工程全套土建施工和电气安装工程的图纸进行全面、深入地会审，核对建筑、结构、安装图纸是否相符，内部结构及工艺管线、工艺设备有无矛盾。对设计采用的做法，应认真研究是否容易出现质量通病，有无可靠的替代做法。电气安装人员应该了解土建施工进度计划和施工方法，并仔细地校核自己准备采用的电气安装方法能否和这一项目的土建施工相适应。对某些特殊部位，在读审图纸时还应着重审查，必要时进行相应的修改。根据设计图纸、设计交底、图纸自审、会审情况编制出切实可行且有可操作性、实用性的专业施工方案。土建施工开始前，还需对土建施工过程中需要预埋的各种预埋件、预埋管道和零配件进行加工制作并运至施工现场准备好。

3. 防雷接地系统施工

防雷接地系统施工主要集中在基础和主体施工阶段。

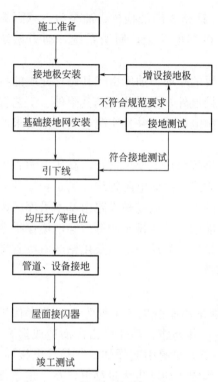

图 4.2-1　建筑防雷接地施工流程

（1）建筑物防雷接地

建筑防雷接地施工流程如图 4.2-1 所示。

基础接地网主要是指地下室底板钢筋将所有引下线串联在一起，然后通过桩基础中的引下线导入大地的一种防护措施。在基础开挖完成后，按照规范要求设置接地极，接地体材料宜采用热镀锌钢材，腐蚀严重的环境可采用不锈钢或锌包钢材料，垂直接地体可采用 G50 镀锌钢管或 L50×50×5 镀锌角钢，长度为 2.5m。水平接地体可采用 40mm×4mm 的镀锌扁钢或 ϕ18 圆钢，垂直接地体埋设间距均宜为 5m，当受地方限制时可适当减小，埋设深度不小于 0.5m，并宜敷设在当地冻土层以下。需利用基础主筋作接地装置时，要将选定的柱子内的主筋在基础根部散开与底筋焊接，并做好颜色标记，引上留出测接地电阻的干线及测试点。当实测接地电阻不满足规范要求时，还需增加接地极，在条件允许情况下，尽量利用土建开挖基础沟槽，把接地极和接地干线做好。接地网埋地部分要注意焊接处的防腐质量，避免出现未防腐或防腐不到位的情况。

通过采用柱内主筋作为避雷引下线时，应按规范要求将两根主筋的各处用红漆做好标记，并在每层对该柱内作为避雷引下线的主筋绑扎接头按相应工艺要求进行焊接处理，直至建筑物顶端，再用镀锌圆钢与其焊接引至女儿墙、挑檐上与屋顶避雷网连通。

（2）工艺设备及管道防雷接地

钢储罐应沿罐体周长均匀布置接地点，罐壁周长间距不应大于 30m，且不少于两组。用 40mm×4mm 的热镀锌扁钢沿罐体竖向焊接作为上接地端子，接地端子距离油罐底板高度为 200～300mm，与罐体的有效焊接长度不得小于 200mm，且三面施焊。用 40mm×4mm 的热镀锌扁钢焊接在接地网上作为下接地端子，与接地网的有效焊接长度不小于 80mm，且三面施焊。下接地端子距离罐基础≥100mm 处引出地面，与油罐上接地端子连接，两接地端子采用 2 枚 M12×30mm 的不锈钢螺栓连接，形成断接卡，高度离地面 0.3～1.0m，接地网敷设的接地极距离罐基础大于 3m，如图 4.2-2 所示。

内浮盘用直径不小于 6mm 不锈钢钢丝绳 2 根，连接内浮盘与灌顶透光孔专用接线端子。当罐容≥10000m³ 时，需要对称使用 4 根或以上该规格的不锈钢钢丝绳。

图 4.2-2 罐体接地网的敷设

少于 5 根螺栓连接的油罐附件用 25mm×3mm 的铜板、25mm×4mm 镀锌扁钢、BVR6 及以上的 BVR 或截面面积不小于 6mm^2 软铜编织带跨接。

油罐仪表采用不小于 BVR-4mm^2 的接地线将仪表金属外壳与钢储罐进行等电位联结；仪表信号线穿镀锌钢管敷设，镀锌钢管的相互连接处和镀锌钢管与钢储罐之间采用不小于 BVR-6mm^2 的接地线作等电位联结。

每座覆土罐巷道口，立式罐钢盘梯处，铁路装卸油栈桥、公路发油岛、油气回收设备、油泵房等防爆危险区域需设置人体除静电装置，装置另一端与接地网可靠连接。

沿管线轴向焊接长度 180～200mm，截面面积为 40mm×4mm 镀锌扁钢或不锈钢带，焊接的有效长度不小于 80mm，且四面焊接，扁钢折成 L 形与管线轴向垂直，制成管线接地端子。在管道起始端、末端、分支处、拐弯处及直线段每隔 200～300m 设置一个接地端子，采用不小于 BVR-16mm^2 的接地线或镀锌扁钢与接地网可靠连接或者单独设立接地极，如图 4.2-3 所示。

图 4.2-3 管线接地端子

阀门与管道连接法兰处应设置静电跨接，法兰静电跨接可采用跨接铜线，软编织带，跨接铜片等，跨接线安装前，应仔细清除螺栓孔附近油漆，保证电气贯通良好。安装结束后，实测接地电阻应满足规范要求。法兰静电跨接如图 4.2-4 所示。

图 4.2-4　法兰静电跨接

铠装电缆的钢带应做接地，将铠装电缆线的绝缘护套拨开，铠装裸露长度 150～200mm，一般的 BVR 接地线或软铜编织带沿电缆来的方向锡焊在铠装带上，用 1mm² 的裸铜线沿电缆线接线鼻端进行密实捆绑，捆绑 50mm 左右将软铜编织带反折过来再进行捆绑，直至将裸露铠装部分完全捆绑完毕。

此阶段电气专业施工特点为区域分散，各单体的预埋安装工程量小，无法出现大面积的整体工作面，需合理安排好施工人员，避免出现人员窝工或者人员不足的情况。

本阶段主要施工设备有：液压撅弯机、套丝机、切割机、电钻、电焊机等。

4. 供配电系统施工

（1）油库主要用电设施

油库主要用电设施通常包括三部分内容：一是油库生产设施，如装卸油栈桥、油泵房等；二是油库辅助生产设施，如消防泵房、污水处理等；三是生产管理区域，如办公场所及其配套设施等。

（2）电源的选择

油库用电设备负荷较大，一般选用外接电源，采用架空线的方式引自附近 10kV 或 6kV 电源；选址距离外接电源较远的油库，也可采用自备电源，如柴油发电机等。

（3）负荷等级的确定

油库的发输油动力设备在规范中明确为三级负荷；库区普通照明为三级负荷；仪表类通信电源、应急照明、消防泵等为一级负荷。

（4）供电方案的编制

供电方案的编制应充分考虑油库各个功能区的负荷等级及其分配状况，合理地设置高压接入点的位置以及变压器的容量和数量，在满足规范要求的前提下，尽可能地提高用电安全系数和电能质量，并节省成本。油库通常采用 TN-S 配电系统，重要场所应配备 UPS 不间断电源，如自控机房、安防中心等。

当供电方案审核通过后，需配合当地供电部门进行高压电源接入施工，结合库区选址实际情况，采用架空敷设或者埋地敷设的方式引入库区变配电室。供配电系统施工主要在变配电间内部进行，当配电室内部图纸深化设计确定后，开始进行内部设备基础槽钢制作安装、母线和线槽等的支架预装、变压器安装、高低压开关柜安装、系统调试送电等，此外应配备柴油发电机作为备用电源，保证断电情况下一级负荷的正常供电。

此部分施工内容涉及高低压施工，专业性强且有一定的危险性，相关施工单位必须具备相应资质，施工人员持证上岗，严格做好施工记录并存档。

本阶段主要施工设备有：电焊机、小型起重设备、剥线钳、压线钳、万能表、兆欧表等。

5. 动力系统施工

（1）动力系统施工内容

油库的动力系统是油库能够正常运营的重要组成部分，其施工主要在油库总平面施工阶段进行。动力系统的施工内容有：设备安装、配电箱安装、电缆沟开挖、电缆敷设、送电调试等。

（2）设备及配电箱基础施工

设备基础和配电箱基础的施工应根据选型情况提前完成，并预留相应的接地点和进出线管。油库建设选址大多地貌较为复杂，总平面施工具有一定的复杂性，且在施工过程中可能出现局部的调整，这对于电缆沟的开挖以及电缆敷设方案会产生影响，需及时沟通并做好相应的应对方案。

埋地敷设的电缆应采用铠装电缆，挖掘的沟底必须是松软的土层，没有石块或其他硬质杂物，不能满足时，应在沟底铺设 100mm 的砂层或软土，埋深不应小于 0.7m。电缆在沟内敷设时，应采用波纹状形式敷设，避免电缆冷却缩短受到拉力，敷设完成后，上表面应盖上 100mm 厚的软土或细砂，再盖上混凝土保护板或砖，覆盖宽度应超过电缆直径两侧以外各 50mm。电缆与电缆、管道、道路、建筑物等之间允许的最小距离见表 4.2-1。

电缆与电缆、管道、道路、建筑物等之间允许的最小距离　　　　表 4.2-1

电缆直埋时的配置情况		平行（m）	交叉（m）
控制电缆之间			0.5
控制电缆之间或电力电缆之间	10kV 及以下电缆	0.1	0.5
	10kV 以上电缆	0.25	0.5
电缆与地下管沟	热力管沟	2.0	0.5
	油管或易燃管道	1.0	0.5
	其他管道	0.5	0.5
电缆与建筑物基础		0.6	
电缆与排水沟		1.0	

设备的通电和调试工作必须由专业人员编制专项调试方案，通过审核之后方可进行，调试工作必须严格按照审批方案执行，通电前先检查线路电缆头施工质量，有无错相、虚接等情况存在。先点动再通电运行，先空载再带负荷运转，不能盲目通电调试，以免造成不必要的损失；此外，部分专业设备应在厂家技术人员指导下进行调试，如大型柴油发电机等。

此施工阶段需在复杂地貌埋地敷设电缆，回路较长且敷设路由复杂，要求足够的人工和机械配合，需提前做好施工部署，保证总平阶段的施工进度。

本阶段主要施工设备有：放线架、剥线钳、压线钳、切割机、兆欧表、水准仪等。

6. 照明系统施工

照明系统施工包括基础施工阶段的预留预埋，主体施工阶段的明管、线盒、配电箱安装，电缆电线敷设，装饰装修阶段的灯具、开关、插座等安装以及调试收尾阶段的送电调试。

油库工程中照明系统中的路灯照明系统施工应与库区总平面施工密切结合，在动力电缆敷设阶段同步敷设路灯电缆，避免电缆沟二次开挖；此外，路灯照明控制系统建议设置感光控制，方便使用管理和控制。

防爆场所的照明设置是油库照明系统的一项重点内容。按规范划分为防爆危险场所的区域，如铁路装卸油栈桥、油泵房、公路发油岛等，照明系统的设置必须符合防爆等级要求。对进场防爆施工材料需严格审查，确保其防爆性能；施工过程中作为重点监控工序，确保其施工质量。

照明是油库工程中的基础保障功能，对于夜间作业较为频繁的场所，例如铁路装卸油栈桥尤其重要；此外储油库区的路灯需做单独接地，防爆危险区域内路灯应选用防爆路灯。

本阶段主要施工设备有：放线架、剥线钳、压线钳、万能表、兆欧表等。

7. 施工总结

强电系统在油库工程中发挥着不可替代的作用，它是整个油库正常运营的动力源泉，还为油库的安全生产保驾护航，施工总结如下：

（1）在规划设计阶段，从源头出发，充分结合库区的地形因素，考虑功能区位置，选择正确的电气设计思路。

（2）施工准备阶段，各个专业技术人员认真审核图纸，充分理解设计意图，反复比对找出各专业图纸中的矛盾之处，并思考解决方法，在工程正式开工之前，做好万全准备。

（3）施工阶段，通过科学的策划和精细的实施，确保各个施工阶段和各个工作面有序衔接，保证工程顺利地推进。

（4）调试阶段，提前编制电气系统调试方案，调试过程中严格照方案执行，一步一个脚印，落到实处。

4.2.3 弱电系统

1. 弱电系统概况

随着信息化的飞速发展和生产数据的日积月累，传统的管理方式和数据手工记录模式已不能满足现代油库的生产管理要求，对油库工作状态的实时监控、对生产信息的实时采集、数据统计和查询的共享化已成为现代油库保证工作质量、提高工作效率、降低成本的必然管理方式。

油库的弱电系统主要包括自动控制系统、安全防范系统以及信息管理系统。自动控制系统负责油库生产作业的监控及各子系统的数据集成；安全防范系统负责油库安全监视及各子系统的数据集成。

2. 自动控制系统施工

自动控制系统设置储罐管理子系统、铁路装卸车子系统、公路发油子系统、中心控制室子系统、可燃气体及火灾报警子系统等。

在前期准备阶段，应与土建专业共同审核施工图纸，是否存在专业上的矛盾和冲突，并请具备资质的弱电专业公司对各个系统进行深化设计，使其功能更加完善，性价比最优。

3. 储油罐管理子系统施工

储油罐管理子系统主要用于储油罐液位、温度实时监测、现场显示，高液位检测，实时监测可燃气体浓度并报警。油罐自动计量系统通常包括液位计、超高液位音叉开关、罐前显示表、PLC控制器、I/O模块、通信接口单元、油罐自动计量计算机等设备。

安装相关测量仪表，如液位计、音叉开关等，并配套计量系统管理软件，实时监测液位、体积、温度、水高等参数。系统具有高液位、低液位、高水位、低水位、进错油、发错油、漏油、仪表故障、精度超标等报警功能，可以采用屏幕弹窗、声音等形式提示报警信息。根据实际需要，选择显示油罐的参数组合，具有趋势分析功能，不同油品以不同的颜色区分显示；具有调试管理功能，记录手工计量和自动计量的数据，并载入相应账目内；具有进出油、溢耗量、作业次数和计量次数的统计功能；具备油品质量数据、收发统计数据、油罐账目及其他数据的查询功能，提供相应报表；提供 OPC SERVER/CLIENT 接口以及对第三方系统的 RS485 MODBUS 接口。系统主要指标，如系统计量误差、油品液位测量准确度、系统重复性、油水界面测量准确度、温度测量准确度等参数应满足具体要求。

油罐计量系统采用自动方式计量。通过每座油罐安装的带多点温度计的高精度伺服液位计、超高液位音叉开关，以及在罐室入口处、立式罐盘梯处设置的单罐防爆罐前表，对本罐油品液位、温度及水油界面等参数进行采集、整合，并通过搭建现场总线模式实现数据的统一上传及现场显示。

罐区现场机柜间内设 PLC 远程 I/O 模块机柜，通信接口单元通过 RS485 总线转换为网络协议。此外，罐区现场机柜间内设光端机，通过光端机将油罐各项参数信号转换成光纤信号，回传至作业区中控室，通过网络信号接入油罐计量计算机（操作站），在油罐计量计算机上运行油罐自动计量监控软件，进行集中显示和操作。

油罐自动计量监控软件将采集到的液位数据根据罐容表计算出油品的体积，实现对液位的采集、监测和油品的质量计量，从而在罐群自动计量计算机上实时显示储罐液位、油品多点温度、平均温度参数等，具有油品存量、进/出油量、总容积、实际容积、空容积的实时显示、监测、管理功能。

在油罐自动计量计算机上可以设定每个油罐的液位上、下限，当油位超限时计算机自动报警，当未操作油罐液位异常时，也会触发报警，从而防止漏油和串油事故的发生，实现对油品及油罐的动态管理。当油位超高触发超高液位音叉开关时，进行声光报警，并通过 PLC 连锁停泵关阀。该系统可自动记录报警时间和报警油罐，还可以进行历史趋势记录、液位趋势、罐区报表的显示和打印，实现液位的采集、监测和数据管理功能。

将储油区现场油罐和作业区现场油罐合理分组，每组设 1 组现场总线。每个油罐上的高精度带温度测量的磁致伸缩液位计通过铠装屏蔽计算机软电缆连接至罐前防爆接线箱内各自接线端子排上。罐前表通过铠装屏蔽计算机电缆连接至罐前防爆接线箱内各种端子排上，总线最终连接至罐区中部现场机柜间内通信串口单元中。同时超高液位音叉开关通过铠装控制电缆传至罐区中部现场机柜间内 PLC 机柜 I/O 模块。然后，通过光端机，将现场机柜间 PLC 机柜网络信号及通信串口单元网络信号转至光纤信号，由多模光纤引至作业区中控室光端机。最后，再通过网络，将数据连接到局域网，进入油罐自动计量计算机。

4. 铁路装卸子系统施工

铁路装卸子系统主要用于铁路装车防溢油静电报警、油泵状态和泵出口压力的监测、电动阀控制，实时监测可燃气体浓度并报警。系统组成主要包括：控制室的泵房监控计算机，泵房机柜间的 PLC 控制柜、配电间的变频控制柜，泵房的泵后压力变送器，铁路栈桥的鹤管、超高液位开关，管道上的阀门电动执行机构等。

实现输油泵、火车装卸油泵的运行监控及控制；收油过程的管道泵出口压力检测和油泵启停，以及设备故障检测和紧急处理；当储罐超高液位报警时，自动关闭相应的阀门；实现油路管线阀门自动控制；实时记录、查询泵与工艺设备运行中的数据；为油库管理信息系统提供数据。系统主要指标，如系统计量误差和压力变送器精度应满足具体要求。

通过设置阀门电动执行机构、管道压力变送器和栈桥鹤位高、超高液位报警开关，高液位时提醒现场作业人员关阀，超高液位连锁停泵关阀。能够防止收发作业过程中出现溢油；配电柜和变频柜、阀门、液位开关全部接入专用 PLC 控制柜，实现统一控制，然后通过以太网连接到局域网。每个泵的出口监测压力，用以构成作业判断条件，实现连锁保护。

5. 公路发油子系统施工

公路发油子系统主要用于汽车定量装车，实时监测可燃气体浓度并报警。系统能够在自控室内进行发油作业的自动监控，支持 IC 卡自助发油，与门禁系统进行数据共享；上、下装鹤管具有液位（溢油）连锁保护、静电接地连锁保护功能。采用集散式控制，由上位机和现场发油控制器（下位机）组成。上位机设在发油管理室，带有 IC 卡功能的发油控制器设在现场发油台，上位机或发油控制器都可直接控制发油。将汽车零发油自动灌装系统连接到油库局域网，并在油库服务器上建立发油数据库。

系统主要指标：计量系统误差不大于 0.3%；温度测量精度 0.1℃；发油控制器存储发油记录不少于 4000 条；发油控制器数据掉电保护时间不小于 90d；系统可以实现在线控制发油和离线控制发油两种模式；发油控制器具有 IC 卡读卡功能。

汽车零发油自动灌装系统以灌装控制器为核心，组成现场分布式定量装车控制系统。每个车位现场安装一台灌装控制器，用于一个车位的实时自动定量控制。发油量计量采用双转子流量计及温度计，流量控制采用电液阀。采用 RS485（MODBUS 协议）电缆将全部控制器与上位计算机连接，组成一个实时控制网络系统。与定量装车相关的现场操作、测量、控制装置和设备全部采用电缆连接到现场控制器。

6. 中心控制室施工

在中心控制室内应设置生产过程监控及业务操作站，通过自控平台软件实现对整个油库自控设施的自动控制和信息共享。中心控制室内宜配置实时/历史数据库服务器，用于生产过程监控数据的存储。操作站和控制站之间应采用冗余的 TCP/IP 网络连接，所有的操作站应接入油库局域网连接。

7. 可燃气体探测及消防报警子系统施工

储油区消防泵房值班室及中控室各设置消防操作站或消防报警主机，实现全罐区的数据采集、显示、报警和控制，值班人员可以通过该终端了解全库区的火灾状况，当发生火情时可了解到火灾报警的具体位置，经人工确认后远程启动消防设施，如消防电动泵、消防柴油机泵等，实现快速消防。平时可对泡沫稳压泵进行控制，以对泄漏引起的管线失压进行预警。

消防操作站配备人机界面软件和本地数据库。每个消防值班室设置报警终端及声光报警器，当手动火灾报警控制器接到报警信号时，自动报警。消防控制系统可对消防值班室报警终端设置操作权限，在消防值班室以只读方式观看消防控制系统数据。消防操作站与消防值班室报警终端之间通过网络信号进行数据传递。每个消防水罐均设投入式液位计，信号均送至消防值班室液位计二次表，并通过网络信号将液位数据上传至办公楼中控室内消防操作站及消防值班室消防报警终端。火灾报警系统采用手动方式，由罐区内的手动火灾报警按钮及中控室内火灾报警控制器等设备组成。在消防值班室设置 1 套消防操作站及声光报警器。消防人员确认火情后，同时通过消防值班室内消防直拨电话向外部消防协作单位报警。可燃气体报警设置在容易聚集油气的爆炸危险区域内，报警控制器分别设置在就近机柜间内。报警控制器就近联网，并将报警信号送至各个消防值班室内的消防操作站或消防报警主机。每个报警器可就地声光报警。每个控制器可以单独显示浓度，设置为两级报警，分别为 25％ 与 50％，当达到第一级别报警浓度时，仅报警；当达到第二级别浓度时，通过报警器输出信号启动相应房间内轴流风机。报警信息通过网络显示在安防操作站上，并可向上级报警。三座消防水池、两座消防水罐均设置带现场显示的液位计，并可在消防泵房及中控室内实时显示液位高度。消防泵房内设置消防电泵和一台稳压装置，均将启停及状态信号远传至中控室，实现远程启停，并可自动连锁控制。储油区含油污水调节池、污水处理池、事故集水池和公路发油区事故池设有液位计，并远传至中控室显示。公路发油区变频水泵房内水箱设置液位计，并对极高、高、低液位进行报警，并远传中控室显示。电接点压力表设置超压报警，现场报警，并远传中控室进行报警。

8. 安防系统施工

安防系统分为入侵报警系统、视频监控系统、出入口控制系统、保安通信系统 4 个子系统以及监控中心。

（1）入侵报警系统

储备油库属于易燃易爆物资仓库，为了防止非法的入侵和各种破坏活动，需在油库储油区和公路发油作业区外围设置周界入侵报警系统。周界入侵报警系统是一类安全防御系统，使用电、磁、振动等多种探测技术实现外物入侵目标防御区域时的及时探测与报警，具有以下功能：

1）防止进入功能。具有防拆、防攀爬、防翻越等功能，可对人为破坏或翻越周界进入防区的行为实施报警，发出报警信号，记录报警信息。

2）按时间、区域编程设防和撤防，入侵探测设备覆盖范围内没有盲区。

3）具有防破坏报警等功能。

4）能够与视频监控系统联动，当入侵报警系统报警时，提供联动控制接口信号，自动调整防区附近摄像头监控防区情况。

5）分级报警、分级控制功能。相应区域大门值班室、监控中心和勤务值班室同时报警并在电子地图上显示报警防区，监控中心和相应区域大门值班室可以对系统进行布、撤防操作。

通常可选用的周界入侵报警系统有：主动红外对射探测器，脉冲电子围栏入侵报警，振动传感光缆入侵探测，泄漏电缆周界报警系统，埋地电缆入侵探测，微波传感入侵探测报警等。在系统选取过程中，应充分考虑库区的地形状况，结合各种周界入侵报警的优缺点，选择最适用的系统保证储油库区的安全生产运营。

以贵州某油库为例，库区外围设有完整的围墙，设计周界入侵报警系统采用振动光缆沿围墙敷设。振动光缆入侵报警系统主要由振动探测光缆、报警主机（数据处理器）、传输光缆、监控计算机和报警管理软件等组成。

（2）视频监控系统

视频监控系统是集硬件、软件、网络于一体的大型联网监控系统，以"综合监控平台软件"为核心，实现多级联网及跨区域监控，在监控中心对前端系统集中监控、统一管理，为油库综合监控管理提供保障。在中控室设置大型拼接屏，用来显示各种生产数据、报警情况和视频图像，能够为会议提供必要的信息支持。

视频监控系统由采集部分、传输部分、存储部分、显示部分和管理控制部分组成。视频监控系统选用符合 SVAC 标准的前端设备、编解码设备以及中心端软硬件设备。系统中采集部分有彩色固定高清红外网络摄像机、彩色半球高清红外网络摄像机、室外彩色高清红外网络快球和彩色高清红外网络枪机，爆炸危险区域内摄像头及相关设备增加防爆处理，级别不低于 ExdIIBT4Gb；传输部分包括光纤收发器和 IP 网络；存储部分为网络磁盘阵列和 NVR；解码部分为多路解码器；显示部分为 9 块（3×3 结构）42 寸 LCD 液晶监视器墙；控制部分为监控主机；管理部分为软件平台。

其主要功能如下：

1）全天候实时监控功能。采用高品质全天候监控摄像机，实现 24h 不间断、全方位、多视角、无盲区、全天候式监控。

2）昼夜成像功能。能见度良好的状况下对 200m 范围内的观察监视识别；黑白模式则具有优良的夜视性能和较高的视频分辨率，对于照度很低的区域也具有良好的成像性能。

3）高清成像功能。覆土罐入口和罐顶、地面罐组、放空罐组、铁路栈桥、公路发油棚、油泵棚、储油区和作业区入口等重点位置布置百万像素高清网络摄像机，利用高清成像技术对重点部位实施监控，有利于获取出入者的身体细部特征。

4）录像存储功能。系统支持中心存储模式，录像存储时间不少于 30d。

5）报警功能。系统对各监控点进行有效布防，避免人为破坏；报警发生时，现场发出告警信号，同时将报警信息传输到监控中心，使管理人员第一时间了解现场情况。

6）联动处置预案功能。系统与入侵报警、出入口控制和消防报警等系统报警信号联动，配合视频监控第一时间发现事故点。

7）前端设备控制与监测功能。可控制镜头的变倍、聚焦等操作，实现对目标细致观察和抓拍的需要；视频综合管理平台能实时监测主要场所的状况，对异常的状况可发出报警信号。

8）集中管理指挥功能。在监控中心实现对各监控点多画面实时监控、录像、控制、矩阵输出显示、报警处理和权限分配；采用轮巡方式检测设备工作异常，提高视频监控系统有效性。

9）回放查询功能。有突发事件可以及时调看现场画面并进行实时录像，记录事件发生时间、地点，及时报警联动相关部门和人员进行处理，事后可对事件发生视频资料进行查询分析。

10）电子地图功能。系统软件设置多级电子地图，可以用储油区和作业区的三维电子地图、业务楼各楼层的平面电子地图以可视化方式呈现每一个监控点的安装位置、报警点位置、设备状态等，利于操作员方便快捷地调用视频图像。

11）智能监控管理平台软件。平台软件是一套定位在监控专网环境中使用的网络集中监控软件，以分布式系统设计理念为基础，从监控业务中抽象出各功能模块，各司其职、相对独立，之间的信令交互又构成一个有机的整体。网络视频监控系统需要实现前端接入、网络存储、网络接处警、监控中心图像呈现与控制和集中管理的功能。平台软件主要包括：中心服务模块、存储服务模块、流媒体服务模块、报警服务模块、配置客户端模块和操作客户端模块。平台软件宜由国家局组织统一定制开发。

（3）出入口控制系统

出入口控制系统是采用现代电子设备与软件信息技术，在出入口对人或物的进、出，进行放行、拒绝、记录和报警等操作的控制系统，系统同时对出入人员编号、出入时间、出入门编号等情况进行登录与存储，从而成为确保区域的安全，实现智能化管理的有效措施。

系统主要由门禁控制器、读卡器、电控锁、感应卡、管理计算机和门禁管理软件等组成。车辆进出口控制系统主要由电动伸缩门或道闸、门禁控制器、车辆感应器（含地感线圈）、车辆识别系统、远距离读卡器、管理计算机等组成。

1）人员出入口控制系统主要具有以下功能：实现禁区不同权限人员进出管理；对门禁实时状态进行监控，在门禁工作站上可以显示门开关状态、进出情况以及门开启超时及故障报警等运行状态信息；管理系统能够对门出入权限进行设控、撤控等设置；将所有进出禁区的人员姓名、进出时间等信息实时上传到门禁工作站进行记录和管理。

2）车辆出入口控制系统功能。记录车卡信息：包括卡号、卡标签、车牌号、车型、车位号、司机信息等。以上信息均录入到管理软件中，实现一车一卡。有卡车辆实现不停车通过大门，并自动记录车辆和司机车牌号、出入大门时间等信息。车辆通过大门后，自动伸缩门自动回位。

（4）保安通信系统

保安通信子系统通常采用有线电话和无线对讲两种通信系统相结合的方式。

1）有线电话：在覆土罐入口、洞库巷道设置防爆电话机。在各办公室、值班室、分控室、地面罐组周边设置有线电话机。储油区的自动电话系统，采用行政和调度合一的电话系统。程控交换机设于信息机房，业务用房内有线电话与内网采用综合布线。在各业务用房内设电话分线箱。储油区和作业区的电话线缆采用铠装单模光纤直埋地敷设至信息中心，同时在两个区域的主入口和信息中心程控电话交换机处设置电话光端机。普通电话机采用双音多频电话机，消防控制室和监控中心采用自动录音电话机。消防控制室还应设119直通电话。火灾报警电话由火灾报警系统考虑设置。

2）无线对讲：根据场地条件设置基地台和中继台，配置防爆无线对讲机。无线对讲系统设备须取得国家有关监督、检验、认证机构的认证；设备要求抗干扰能力强，操作简单，维护工作量小，在设备标定的通话范围内，通话质量清晰，音量可调。

9. 施工总结

随着时代的发展，油库工程中自动控制系统和安防系统的实现方式越来越多样化，信息化集中程度也越来越高，操作和维护却向着简单化的方向发展，这也让施工选择变得更加多样化。但总体来讲，还是应把握以下原则：设备性能先进，系统功能完善，操作简单实用，标准化和通用化以及网络可继承性。

4.3 管道设备安装施工

4.3.1 管道设备概况

1. 管道施工特点

油库类项目管道施工通常由油工艺管道系统、消防管道系统、给水管道系统三大类组成。

油工艺管道系统在油库类项目中由油管及其附件组成，并按照工艺流程的需要，配备相应的油泵机组，设计安装成一个完整的管道系统，用于完成油料接卸及输转任务。

消防管道系统在油库类项目中是指用于消防方面，连接消防设备、器材，输送消防灭火用水、气体或者其他介质的管道材料。由于特殊需求，消防管道的厚度与材质都有特殊要求，喷红色油漆为输送消防用水，喷绿色油漆的为输送泡沫混合液。

给水管道系统在油库类项目中分为室外和室内两部分管道，室外给水系统通常连接市政自来水，设置不锈钢水箱、变频给水设备及消毒设备，作为库区的二次加压供水设备，保证库区生产、生活用水需求及水质的稳定。偏远区域油库无市政自来水时采用深井取水和生活水池供水，系统管道为 DN100 球墨铸铁给水管，采用埋地支状敷设，各单体处设阀门控制；室内给水系统主要分为冷水系统和热水系统两部分，系统管道均为 PPR 管沿墙体内暗敷。

2. 施工概况

管道敷设有地上敷设和埋地敷设两种方式。埋地管道敷设在经开槽后处理回填密实的地基上或混凝土结构管沟中，埋地管道穿越消防道路处加设套管，地上、斜坡上管道采用钢筋混凝土支墩。管道安装采用焊接连接与法兰连接相结合的连接形式，管道与设备或阀门连接处采用法兰连接。管道的焊接采用氩弧焊打底、手工电弧焊填充及盖面。氩弧焊焊丝采用 ER50-6（《气体保护电弧焊用碳钢、低合金钢焊丝》GB/T 8110—2008）；20 号钢无缝钢管对焊，焊条采用 E4303；材质为 20 号钢与 16MnR 焊接，焊条采用 E4315。

管道正常操作压力为 0.1～1.6MPa，主卸车泵出口至储油区界区间输油管道设计压力2.5MPa，储油罐装车管道设计压力为 1.0MPa，作业区进罐管道设计压力 1.3MPa，倒罐管道设计压力为 1.0MPa，压力管道等级为 GC2 级，按 SH3501 管道等级分级为 SHB3

管道内介质为汽油、柴油或航空煤油，管道材质为20号钢无缝钢管。

4.3.2 施工组织部署及准备

1. 施工部署

油库类项目管道施工区域小且管线密集，因此在正式施工前，需对所需施工管线进行图纸深化，确保提前杜绝或减少管道交叉干涉的问题，根据所在项目的实际情况，可按照分系统、分区域的方式组织流水施工，细小管道及管件的组对、焊接可在规划的预制区域完成，制作完成后运至现场，进行小部分焊接安装工作。

2. 施工准备

（1）人员准备

完成对进场作业的人员培训并合格。

焊工等特种作业人员须持有操作证并通过考核，焊工考试如图4.3-1所示。

安装前安排专人对中心线和支架高层进行复核，对检查结果形成记录。

根据划分的工区及施工段，进行合理的人员分配，管道制作安装人员配备表见表4.3-1。

（2）材料准备

每个项目的施工图纸不尽相同，材料的规格型号及数量都存在一定的差异，此处，以某油库类项目为例，列举一些常见的材料及所需的规格型号。

图4.3-1 焊工考试

管道制作安装人员配备表　　　　　　　　　　　　　表4.3-1

序号	工种	数量	备注
1	管工	n	—
2	铆工	n	在高级别管道及复杂管道的安装情况下需由铆工配合焊工施工
3	焊工	n	根据焊接要求分为电焊及气焊
4	普工	$(2\sim3)n$	根据管道安装环境进行合理安排即可
5	看火员	$1\sim2$	根据施工区域范围大小设置即可

1）无缝钢管

常见型号规格尺寸见表4.3-2。

无缝钢管常见型号规格尺寸　　　　　　　　　　　　表4.3-2

DN	15	20	25	40	50	80	100	150	200	250	300
外径(mm)	18	25	32	45	57	89	108	159	219	273	325
壁厚(mm)	3.0	3.0	3.5	4.0	4.0	5.0	5.0	6.0	7.0	7.0	8.0

2）管件

工艺管道管件均采用钢制对焊无缝管件，结构尺寸及技术要求按《钢制对焊管件　类型与参数》GB/T 12459—2017 规定，外径及连接端壁厚与连接管子相一致。弯头采用长半径无缝弯（$R=1.5DN$），支管连接可采用三通管件，无三通管件可选用支管口径 DN≤40mm 的无缝对焊支管座连接，无缝对焊支管座结构尺寸及技术要求按《锻制承插焊、螺纹和对焊支管座》GB/T 19326—2012 规定。管道走向发生改变时除使用 45°、90° 弯头管件外，其余角度应使用预制弯管，不得使用虾米弯或褶皱弯。预制弯管最小弯曲半径不小于 $5D$（D 为管子外径），预制弯管母材所采用无缝钢管应与连接管道的标准和材质相同，弯管制作后弯曲部位最小壁厚不应小于与之连接的管道壁厚，弯管制作及检验应严格执行《石油化工有毒、可燃介质钢制管道工程施工及验收规范》SH 3501—2011 相关规定。

3）法兰

工艺管道法兰、法兰盖执行《钢制管法兰》GB/T 9124.1、9124.2—2019，采用凸面对焊钢制法兰、钢制法兰盖，材质为 20 号锻钢，压力等级为 PN1.6MPa/2.5MPa 两种规格。接管外径及连接端壁厚与管子连接管子相一致。

4）垫片

工艺管道管法兰垫片均采用带内环和定位环形金属缠绕垫片，执行标准《缠绕式垫片 管法兰用垫片尺寸》GB/T 4622.2—2008，压力等级为 PN1.6MPa，定位环材料为低碳钢，金属带材料为 06Cr19Ni10，内环材料为 06Cr19Ni10，非金属材料为柔性石墨。

5）紧固件

工艺管道管法兰用紧固件执行标准，螺母执行《Ⅰ型六角螺母》GB/T 6170—2015，厚型，材质 30CrMo；螺栓执行《等长双头螺柱 B级》GB/T 901—1988，材质 35CrMoA，选用双头螺柱（B型）。螺栓、螺母＜M36 选用粗牙螺纹。

6）压力表及管嘴

压力表及压力变送器管嘴选用 ZG1/2-Sch160，温度计管嘴选用直型管嘴 27×2，$H=80$mm。

7）阀门

油库所有工艺阀门均采用钢质阀门，包括平板闸阀、双关双断阀、球阀、截止阀、旋启式止回阀、安全回流阀等。压力等级为 1.6MPa/2.5MPa。采用法兰连接阀门，厂家均配套法兰、螺栓、紧固件，其标准及技术要求与本项目选用的管道器材一致。

平板闸阀主要用于油罐进出口、泵进出口及管路上 DN≥80 截断阀，执行标准《管线阀门 技术条件》GB/T 19672—2005。油罐进出口第一道阀门采用双关双断阀，其他部分的阀门采用无导流孔钢制平板闸阀，铁路卸车 4 台主输泵出口采用可调节型平板闸阀 LZ43wbY-25。

法兰连接浮动球阀 Q41F-16C，执行标准《石油、石化及相关工业用的钢制球阀》GB/T 12237—2007，用于 DN≤150mm 需要快速切断的部位：铁路卸车鹤管、公路发油鹤管及公路卸车口。

截止阀 J41H-16C，执行标准《石油、石化及相关工业用钢制截止阀和升降式止回阀》GB/T 12235—2007，用于 DN＜50mm 管路的截断阀或安全回流阀两侧。

旋启式止回阀 H44H-16C/H44H-25，执行标准《石油、化工及相关工业用的钢制旋启式止回阀》GB/T 12236—2008，用于泵出口管道。

波纹管平衡式安全回流阀 WAHN42F-16C，执行标准《弹簧直接载荷式安全阀》GB/

T 12243—2005，用于罐前管道及发油泵进出口间管道，当管道压力超过规定值时，阀门自动开启并起安全开启回流作用，保证设备和管路安全运行。

压力表截止阀 JJM1-64P，执行标准《针形截止阀》JB/T 7747—2010，用于压力表下。

8）管道附件

管道附件主要有抗震金属软管、快开盲板蓝式过滤器、航煤预过滤器、过滤分离器、全天候防爆阻火呼吸阀、防爆阻火通气帽、管道视镜等。管道附件均采用法兰连接。

抗震金属软管，主要用于管道与储罐连接处。如某地抗震设防烈度 7 度，按横向补偿量为±100mm 选用抗震金属软管。金属软管采用法兰连接，软管一端松套法兰一端凸面对焊法兰，软管公称压力为 PN1.6MPa，执行标准《波纹金属软管通用技术条件》GB/T 14525—2010 等。采用双层钢带网套，网套材质为不锈钢304，波纹管材质为不锈钢316L。

快开盲板蓝式过滤器，主要用于油泵入口，管道泵入口过滤器精度为 30 目，转子泵入口过滤器精度为 40 目，过滤器过滤面积不小于连接管道通流面积的 5 倍。过滤器技术执行标准为《石油化工泵用过滤器选用、检验及验收规范》SH/T 3411—2017。接管及法兰的标准及技术要求与选用管道器材要求一致。

航煤过滤分离器及预过滤器用于铁路装车出口管道上，过滤分离器的选用级别一般为 B 级，预过滤精度 $10\mu m$，过滤分离器过滤精度 $1\mu m$。按《喷气燃料过滤分离器相似性技术规范》GB/T 21357—2008 及《喷气燃料过滤分离器通用技术规范》GB/T 21358—2008 确定安装高度及长度。

全天候防爆阻火呼吸阀用于汽油油气回收集气管排放立管，以及埋地卧罐通气管排放立管，呼吸阀设定压力：正压 3000Pa，负压 1500Pa。呼吸阀执行标准《石油储罐附件 第 1 部分：呼吸阀》SY/T 0511.1—2010，通气帽执行标准《石油化工石油气管道阻火器选用、检验及验收标准》SH/T 3413—2019，管道视镜执行标准《压力管道硼硅玻璃视镜》HG/T 4284—2011。

4.3.3 施工流程及工艺流程

1. 施工流程

管道设备的安装分为地上管道的安装和埋地管道的安装，地上管道施工流程如图 4.3-2 所示，埋地管道施工流程如图 4.3-3 所示。

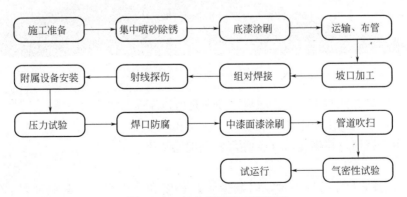

图 4.3-2 地上管道施工流程图

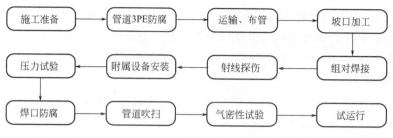

图 4.3-3　埋地管道施工流程图

2. 施工方法

（1）施工准备

对进场管材、管件进行验收，保证进场材料合格。根据图纸尺寸及现场进场材料尺寸进行合理的下料施工。

（2）集中喷砂除锈

对已下料完成的管材、管件集中堆放在喷砂场地，进行统一的喷砂除锈工作，对于细小管件在喷砂除锈之前应做好固定措施，防止在喷砂除锈过程中被砂石冲击发生位移，导致除锈效果不佳。

为了确保喷砂防腐质量，选择在湿度及温度适宜的环境下进行喷砂防腐，除锈及喷砂后管道表面效果如图 4.3-4 所示。粒径应符合规范要求（具体结合当地砂石采购实际情况进行调整），砂子应干燥无杂物。压缩空气工作压力：$0.52\sim0.7\text{MPa}$（$5.2\sim7.0\text{kgf/cm}^2$）为宜，以 0.7MPa 最理想，除锈达 Sa2.5 级（表面无锈蚀、油污，管材表面呈金属光泽）。

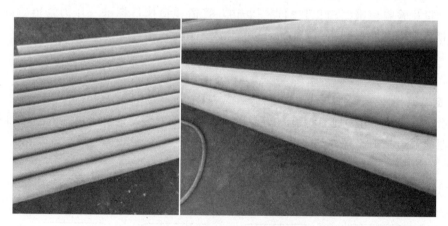

图 4.3-4　除锈及喷砂后管道表面效果

喷射角：喷射方向与工件表面法线之间夹角应以 $15°\sim30°$ 为宜。

喷射距离：喷嘴到工作距离一般取 $100\sim300\text{mm}$。

喷嘴：由于磨损，喷嘴孔口直径增大 25% 时宜更换。

操作要点：

1）喷砂设备应尽量接近工件，以减少管路长度和压力损失，避免过多的管道磨损，也便于施工人员相互联系。

2）喷砂软管力求顺直，减少压力损失和磨料对弯折处软管的集中磨损。对使用中必须弯折处，要经常调换磨损方向，使磨损比较均匀，延长软管使用寿命。

3）为了防止漏喷和空放、减少移位次数、提高磨料利用率和工作效率，应该在施工前对整个结构全面考虑，合理安排喷射位置，拟定喷射路线。

4）喷嘴移动速度视空气压力、出砂量及结构表面污染情况灵活掌握，喷嘴移动速度过快，表面处理不彻底，再补喷时会使附近已喷好的表面遭到磨损，且降低工效。喷嘴移动速度过慢，会使工件遭到削弱。

5）料、气比例的调节：在喷射过程中，控制适当的料、气比例是提高工效、保证质量、降低磨料损耗和节省材料的关键。磨料过少，不能充分利用压缩空气能量，工效低，不经济。磨料过多，管路被大量砂粒占据，每个砂粒分配的能量就有限，喷射无力，砂耗大，工效低。因此，必须根据空气压力、喷嘴直径、结构表面锈蚀状态、处理的质量、效率等情况经常而及时地加以调整。既要避免砂阀过小，空气量大引起磨料供应太少而影响工效，又要防止砂阀过大，空气量过小引起喷射无力，灰尘弥漫，影响视线而盲目乱喷、漏喷和复喷。

6）喷射完毕，应用压缩空气吹净表面的灰尘和附近的积砂。

7）涂装前如发现金属表面被污染或返锈，应重新处理以达到要求的表面清洁度等级。

（3）底漆涂刷/3PE防腐

喷砂除锈完成的地上管道涂刷防腐底漆，防止管材返锈。埋地输油管道则进行3PE防腐施工。

埋地输油管道采用喷砂除锈Sa2.5级，管道表面处理执行标准《涂覆涂料前钢材表面处理 表面清洁度的目视评定 第1部分：未涂覆过的钢材表面和全面清除原有涂层后的钢材表面的锈蚀等级和处理等级》GB/T 8923.1—2011。埋地输油管道采用常温型加强级3PE防腐（三层结构挤压聚乙烯防腐）。底层采用熔结环氧粉末涂层，中间层为胶粘剂层，外层为聚乙烯层。管件采用热收缩带防腐，并涂刷配套的无溶剂液体环氧涂料，干膜厚度不小于$120\mu m$。钢管、管件和焊道表面处理时先去除焊渣、毛刺，然后喷砂除锈至Sa2.5级。

1）3PE防腐

① 3PE防腐层材料要求。3PE防腐层材料最小厚度要求见表4.3-3的规定。

<table>
<tr><td colspan="3">3PE防腐层材料最小厚度要求　　　　　　　　　　　　　　　　　表4.3-3</td></tr>
<tr><td>环氧涂层（μm）</td><td>胶粘剂层（μm）</td><td>防腐层最小厚度（mm）</td></tr>
<tr><td>≥120</td><td>≥170</td><td>2.9</td></tr>
</table>

三层结构挤压聚乙烯防腐（3PE防腐）各材料的性能要求需要满足《埋地钢质管道聚乙烯防腐层》GB/T 23257—2017第4.2节的所有规定。

防腐层材料适用性试验：涂敷厂应对所选定的防腐层材料在涂敷生产线上进行防腐层材料适用性试验，并对防腐层性能进行检测。当防腐层材料生产厂家或牌（型）号或钢管规格改变时，应重新进行适用性试验。适用性试验检验合格后，涂敷厂应按照适用性试验确定的工艺参数进行防腐层涂敷生产。

按确定的工艺参数涂敷聚乙烯层（不含胶和环氧粉末涂层）进行性能检测，结果应符合表 4.3-4 的规定。从防腐管或在同一工艺条件下涂敷的试验管段上截取试件对防腐层整体性能进行检测，结果应符合表 4.3-5 的规定。

聚乙烯层的性能指标　　　　　　　　　　　　　　　　表 4.3-4

项目		性能指标	试验方法
项目	轴向(MPa)	≥20	《塑料 拉伸性能的测定 第2部分:模塑和挤塑塑料的试验条件》GB/T 1040.2—2006
	偏差(%)	≤15	
断裂伸长率(%)		≥600	《塑料 拉伸性能的测定 第2部分:模塑和挤塑塑料的试验条件》GB/T 1040.2—2006
压痕硬度(mm) (23℃) (50℃或70℃)		≤0.2 ≤0.3	《埋地钢质管道聚乙烯防腐层》GB/T 23257—2017 附录 G
耐环境应力开裂$(F)/h_0$		≥1000	《塑料 聚乙烯环境应力开裂试验方法》GB/T 1842—2008

注：1. 偏差为轴向和周向拉伸强度的差值与两者中较低者之比。
　　2. 常温型试验条件为 50℃；高温型试验条件为 70℃。

3PE 防腐层的性能指标　　　　　　　　　　　　　　　　表 4.3-5

项目	性能指标	试验方法
剥离强度(N/cm) (20±10℃) (50±50℃)	≥100(内聚破坏) ≥70(内聚破坏)	《埋地钢质管道聚乙烯防腐层》GB/T 23257—2017 附录 J
阴极剥离(65℃,48h,mm)	≤6	《埋地钢质管道聚乙烯防腐层》GB/T 23257—2017 附录 D
阴极剥离(最高使用温度,30d,mm)	≤16	
环氧粉末固化度:固化百分率(%) 环氧粉末固化度:玻璃化温度 变化值$\|\Delta T_g\|$(℃)	≥95 ≤5	《埋地钢质管道聚乙烯防腐层》GB/T 23257—2017 附录 B
冲击强度(J/mm)	≥8	《埋地钢质管道聚乙烯防腐层》GB/T 23257—2017 附录 K
抗弯曲(−30℃,2.5°)	聚乙烯无开裂	《埋地钢质管道聚乙烯防腐层》GB/T 23257—2017 附录 E

② 3PE 防腐层涂敷

防腐层涂敷前，先清除钢管表面的油脂和污垢等附着物，并对钢管预热后进行喷射除锈。在进行喷射除锈前，钢管表面温度应不低于露点温度以上 3℃。除锈质量应达到现行国家标准《涂覆涂料前钢材表面处理 表面清洁度的目视评定》GB/T 8923.1～8923.4 中规定的 Sa2.5 级要求，锚纹深度达到 50～90μm。钢管表面的焊渣、毛刺等应清除干净。

应将钢管表面附着的灰尘及磨料清扫干净。钢管表面灰尘度应不低于《涂覆涂料前钢材表面处理 表面清洁度的评定试验 第 3 部分：涂覆涂料前钢材表面的灰尘评定（压敏粘带法）》GB/T 18570.3—2005 规定的 2 级。

喷射除锈后的钢管应按《涂覆涂料前钢材表面处理　表面清洁度的评定试验　第9部分：水溶性盐的现场电导率测定法》GB/T 18570.9—2005规定的方法或其他适应的方法检测钢管表面的盐分含量，钢管表面的盐分含量不应超过20mg/m²。

钢管表面处理后应防止钢管表面受潮、生锈或二次污染。表面处理后的钢管应在4h内进行涂敷，超过4h或当出现返锈或表面污染时，应重新进行表面处理。

在开始生产时，先用试验管段在生产线上分别依次调节预热温度及防腐层各层厚度，各项参数达到要求后方可开始生产。

应用无污染的热源对钢管加热至合适的涂敷温度，最高加热温度不应明显影响钢管的力学性能。

环氧粉末应均匀涂敷在钢管表面。回收环氧粉末的使用及添加比例应按《埋地钢质管道聚乙烯防腐层》GB/T 23257—2017表2、表3规定的性能进行检验后确定。

胶粘剂涂敷应在环氧粉末胶化过程中进行。

采用侧向缠绕工艺时，应确保搭接部位的聚乙烯及焊缝两侧的聚乙烯完全辊压密实，并防止压伤聚乙烯表面。

聚乙烯层包覆后应用水冷却至钢管温度不高于60℃，并确保熔结环氧涂层固化完全。防腐层涂敷完成后，应除去管端部位的防腐层。管端预留长度宜为100~150mm，且聚乙烯层端面应形成不大于30°的倒角；聚乙烯层端部外可保留不超过20mm的环氧粉末涂层。应防止防腐管端部防腐层剥离或翘起。

2）底漆涂刷

① 涂料配比

整桶漆使用前必须充分搅拌，使之混合均匀。底漆和面漆必须按厂家规定比例配制，配制时先加底漆和面漆入容器，再缓慢加入固化剂，边加入边搅拌均匀。配好的涂料需熟化30min后方可使用，常温下涂料使用周期一般为4~6h。

② 涂刷底漆

钢管表面处理完成后8h内必须涂底漆，管道刷漆如图4.3-5所示，天气恶劣时还应进一步缩短处理间隔时间，涂刷均匀不得漏涂，管子两端或钢板边缘各留裸管100~150mm不刷，以利焊接。

图4.3-5　管道刷漆

（4）坡口加工

管道施工前对管道进行检查，按设计要求核对其规格、材质及技术参数，并进行外观检查，管材应无裂纹、缩孔、夹渣、粘砂、折叠、重皮等缺陷。

坡口加工采用管道坡口机。坡口加工时，保证坡口有适当的钝边，对接管口内径一致。当管道弯头壁厚比直管壁厚要厚时，应先对端部进行内坡口加工，以使弯头端部壁厚与直管等厚，然后再加工外坡口，坡口加工如图 4.3-6 所示。

图 4.3-6　坡口加工

打磨清除干净管道和管件的坡口及内、外壁 10～15mm 范围内的油漆、污垢、铁锈等，直至显示金属光泽。

检查坡口是否符合设计要求，管子切口表面平整，无裂纹、重皮、毛刺、凸凹、缩口、熔渣、氧化物、铁屑及明显割痕等。

为保证管子对口质量，管子切口端面倾斜偏差不大于管子外径的 1‰，且不大于 3mm。

（5）运输及布管

1）管道运输

管道在防腐场地经防腐检验合格并办理交接手续后，才能运往安装现场。

运输管道的汽车内两头固定弧形垫木，其弧形部位铺垫橡胶软垫。拖车两侧应加装钢制防护架，架内侧铺挂橡胶板，以防挤坏钢管的防腐层。管道装车、卸车用吊绳采用专用宽边尼龙吊带。

管道装车按两层堆码，并用宽边尼龙带绑扎固定。管道装车、卸车时应小心吊放，严禁用撬、滚、滑的方法卸车。管道吊装如图 4.3-7 所示。

图 4.3-7　管道吊装

管道在防腐场进行防腐后，按防腐日期有序堆放。在运往安装现场时，应按防腐日期先后装车，先防腐先装车，防腐未验收的不能装车。

2）管道布管

现场二次运输布管应在布管侧沿线摆放，同时应注意在上根管头下根管尾相靠的位置垫草袋隔开。管道应垫沙袋稳定或置于弧形枕木上，与管道防腐层接触的位置应包缠橡胶软垫，不得滚动；布管时，应注意首尾衔接，相邻管口应呈锯齿形错开，以方便管内清扫。在布埋地管道时，管沟边缘与钢管外壁间的安全距离不得小于500mm。

布管及组装焊接时，管道的边缘至管沟边应保持一定的安全距离。布管后，组对前要对单根钢管内进行清管，将管内脏物及杂物、砂石尘土等清扫干净，清扫方法采用自制圆盘拖板，用人工来回拖拉进行清扫。

如经检查发现有管道端部管口碰扁变形后，立即采用液压管口凹陷复圆千斤顶进行整圆，以保证焊接对口的质量。

管道运输过程中管道的底部应使用专用楔块底架支撑，管道上部应用钢丝绳捆绑牢固，钢丝绳与管道之间应使用缓冲垫，管道不得相互撞击，接口及钢管的防腐层应采取保护措施。

（6）管道组对

1）组对方法

管道组对在沟上组对，组对时先在钢管下方铺放150mm×150mm×1000mm的枕木（每根钢管至少放2根枕木），枕木上铺垫麻袋或草袋，并用木楔将管子卡紧。

管道组对采用对口器组对，组对时应选择端口周长较接近的两根管组对在一起。

管道组对，接口应自然合拢，严禁强力对口。组对时，用手操作其调整装置即可对管口错边量进行调整。在用对口器对管口进行调整过程中，使用焊接检验尺对管口的内壁、外壁错边量及对口间隙进行检查，直至达到规范要求。管道组对如图4.3-8所示。

图4.3-8　管道组对

2）组对的其他要求

管口组对完毕，应由组对人员依据规定进行对口质量自检，并由焊接人员进行互检，检查合格后由质检人员进行专检，然后办理工序交接手续。

确认管道对口符合要求后，及时做好对口记录，并用记号笔标明管口编号（施工前统一确定焊口编号原则）。为避免焊接过程中产生变形，施焊前将待焊管道可靠固定。

组对完成后待监理检查确认后方可进入下道工序。组对焊接的管段下班前应用临时盲板封堵管端，以防脏物进入管内。

（7）管道焊接

1）焊接工序

管道焊接工序是管道施工的关键工序。焊接工艺采用单面焊，双面成型工艺；所有的管道对接焊缝均采用氩弧焊打底，手工电弧焊盖面。

所有参与施焊的焊工上岗前进行实操检验考核，经监理工程师、业主单位审核通过后方能上岗。

焊条、焊丝有制造厂的质量合格证书。

焊条使用前必须进行烘干，现场使用时装入温度保持在100～150℃的专用保温筒内带至现场，随用随取，不得受潮。

每个单位工程管道焊接施工前提供焊接工艺卡及焊接工艺评定，在得到监理工程师审核，经业主批准后实施；施焊过程中焊接工艺改变必须得到监理工程师审核，业主批准后才能实施。

管道焊接采用逆变直流电焊机，随施工作业点移动很方便。管道焊接如图 4.3-9 所示。

图 4.3-9 管道焊接

管道组对后先进行定位焊，然后进行根部焊，每道焊口完成50%的焊接工作量后才能撤出对口器。

管道焊接采用氩弧焊打底，手工电弧焊盖面。直径≤DN50的管道对接必须采用全氩弧焊焊接工艺。钨极氩弧焊用的电极采用铈钨棒，保护气体氩纯度必须≥99.95%。

焊条型号根据母材型号选择，20号钢焊接采用 J507 焊条，L245、Q235 钢焊接采用J422。焊接要求见表 4.3-6。

焊接要求

表 4.3-6

管壁厚度（mm）	焊接层数	焊条直径（mm）	焊接电流 A
3～6	2	2.0～3.2	按有关规范规定执行
6～10	2～3	3.2～4.0	按有关规范规定执行
10～13	3～4	3.2～4.0	按有关规范规定执行

多层多道焊时，接头应错开，且应逐层进行检查，经自检合格后，方可焊接次层，直至完成。同时还应特别注意接头和收弧的质量，收弧时应将熔池填满。

焊接时应认真操作，仔细检查，及时处理焊接缺陷。氩弧焊打底后的焊缝，应及时进行次层的焊接，以防止产生裂纹。

露天焊接作业时，在焊接位置采用搭棚或加防风罩的防风措施（图4.3-10），保证焊缝自由收缩和防止焊口快速冷却。

图4.3-10　防风罩（防风棚）

2）焊接质量检验

在施工过程中，焊接质量检验应按下列次序进行：

① 对口质量检验；

② 表面质量检验；

③ 无损探伤检验；

④ 强度和严密性试验。

外观检查合格的焊缝才能进行无损探伤检查。焊工焊完后，应及时清除焊渣和飞溅物等，进行100％的外观自检，质检员抽检评定合格后，才能进行无损探伤。

（8）直埋管道安装

进入现场的直埋油管、管件逐件进行外观检查，发现破损和不符合采购技术规范要求的严禁使用。

直埋油管安装前分类堆放，工作管端口保护密封管帽无破损。

直埋油管安装前检查沟槽底高程、坡度、地基处理等符合设计要求。管道对接前彻底清除干净管道内杂物及砂土。

直埋油管采用两根或多根对接焊接完吊入管槽内安装时，两根以上管道组装必须在加工厂或平坦的地面组装。管道吊入沟槽时使用大于50mm的尼龙吊带吊装，严禁使用铁棍撬动外套钢管和使用钢丝绳直接捆绑外套钢管吊装。

直埋油管安装时，提前排除沟槽内积水，当日工程完工时及时使用管帽严密封堵管口，防止水或泥沙等杂物进入管内。

直埋油管下管时，用起重机下管或用两台起重机抬管下管，吊点的位置按平衡条件选择，使用大于50mm的尼龙吊带起吊，起吊稳起、稳放，严禁将管道直接推入沟槽内。对无法用起重机或起重机下管的地方，采用自制龙门式起重机吊运和安装。直埋管道吊装敷设如图4.3-11所示。

雨期施工应采取防止浮管及防止雨水、泥浆进入的措施。

施工间断时，管口应采用堵板封闭；管道安装完成后，应将内部清理干净，并及时封闭管口。

图 4.3-11　直埋管道吊装敷设

（9）架空管道安装

管道安装前，应完成管道支、吊架的安装。支、吊架的位置应正确、平整、牢固，坡度应符合设计要求。管道支架支承表面的标高可采用加设金属垫板的方式进行调整，但不得浮加在滑托和钢管、支架之间，金属垫板不得超过两层，垫板应与预埋铁件或钢结构进行焊接。

支架结构接触面应洁净、平整；固定支架卡板和支架结构接触面应贴实；导向支架、滑动支架和吊架不得有歪斜和卡涩现象。支架预制及安装如图 4.3-12 所示。

图 4.3-12　支架预制及安装

架空管道的安装采用起重机或者龙门架吊装的方式，将预先组对焊接好的钢管用起重机（龙门架）吊起放置在已经安装就位的支座上，坡口加工、管道焊接方法同直埋管道。

管道安装时，使标高、水平管道的坡度方向和大小、立管垂直度等符合设计和规范要求。

管道连接时，严禁强力组对。管道对接焊缝不得与支架安装位置重合。

管线上安装仪表插座、管座等开孔施工，须在管道安装前开好。当孔径小于 30mm

时，采用电钻开孔；孔径大于30mm，采用气割开孔时需对孔边缘打磨处理光滑。开孔后将管道内部清理干净，经验收合格后才能进行安装对接施工。

固定支座下底板与固定管墩（架）预埋钢板的焊接必须周边满焊，且焊缝高度不得小于最薄件的高度；滑动支座滑动底板与预埋件的焊接必须满焊，焊缝高度不得小于最薄件的高度；所有支座的卡箍螺栓必须拧紧。滑动支架安装如图4.3-13所示。

图4.3-13　滑动支架安装

管道导向、滑动支架安装位置应从支承面中心向位移反方向偏移，偏移量应为位移值的1/2。

管道与固定支架、滑托等焊接时，管壁上不得有焊痕等现象存在。有补偿器的管段，在补偿器安装前，管道和固定支架之间不得进行固定。

（10）附属设备（阀门、法兰、补偿器等）安装

1）阀门

阀门在安装前应根据设计文件要求核对阀门的型号、规格、安装方向和管道配置情况，必须符合设计要求，并且复核相关厂家合格证书及性能检测报告。

热力管网主干管所用的阀门及支干线首端处的关断门、调节门均应逐个进行强度和严密性试验，单独存放，定位使用，并填写阀门试验记录。

阀门安装前清扫干净，保持关闭状态。安装和搬运时不得以手轮作为起吊点；安装时的手轮朝上或水平，以便操作和检修。

在阀门安装时，阀门方向与介质流向保持一致。焊接连接的阀门，焊接施工进行时保持半开状态，焊接完成后，阀门金属温度冷却至室温后关闭阀门。

所有阀门连接自然，不得强力对接或承受外加重力负荷。法兰周围紧力均匀，以防止由于附加应力而损坏阀门。

2）法兰

法兰安装前，对法兰密封面及金属石墨缠绕垫片进行外观检查，不得有影响密封性能的缺陷。

法兰焊接到管道上，法兰与管道中心保持同心，法兰平面与管道轴线相垂直，平焊法兰内侧角焊缝不漏焊，焊后清除杂质。

两个法兰连接端面应保持平行，偏差不应大于法兰外径的1.5%，且不得大于2mm。不得采用加偏垫、多层垫或采用强力拧紧法兰一侧螺栓的方法消除法兰接口端面的偏差。

法兰连接应使用同一规格的螺栓，安装方向应一致。紧固螺栓应对称、均匀地进行，松紧应适度。紧固后丝扣外露长度应为2~3倍螺距，当需用垫圈调整时，每个螺栓应只能使用一个垫圈。

法兰螺栓应涂二硫化钼油脂或石墨机油等防锈油脂进行保护。

法兰距支架或墙面的净距不应小于200mm。

3) 补偿器

安装前检查补偿器型号、规格及管道支座配置必须符合设计要求,衬筒方向与介质流动方向一致。

补偿器两侧管墩上设有导向管托,波纹补偿器位置设在两管墩中间,所有支座按设计要求进行油漆防腐。

波纹补偿器按图纸要求进行预拉伸安装,波纹补偿器管段按图纸所注管架位置安装导向支座确保管道同心度。

严禁利用补偿器变形的方式来调整管道的安装差异。旋转补偿器补偿能力大,越靠近管托位移量越大,按设计要求进行管托偏装及设置限位支架,以免管托在运行时从支架上掉落。

安装过程中,防止波纹管部分的任何损伤,焊接时采用有效措施防止焊渣、飞溅物直接接触波纹管表面。

补偿器的第一个、第二个导向支座与土建预埋件接触表面打磨光滑,以利于支座在管道热膨胀时自由滑动。

管线安装完毕后,立即撤除补偿器上的附件,检查补偿器是否被外部构件卡死或自由位移受限制。

管线试压时,波纹补偿器两端法兰用临时螺栓临时拉紧,以防固定墩受力过大,试压合格后撤除。

旋转补偿器按照生产厂家产品说明书的要求安装,补偿器与管道同轴,补偿器指示方向与介质流向一致,临时约束装置待管道安装完毕后再拆除。

图 4.3-14　旋转补偿器安装

旋转补偿器在安装时根据两固定支架间管段的热位移量,按旋转角的一半进行预偏装,或按 ΔL 的一半进行预偏装,以增加补偿器的补偿能力。旋转补偿器安装如图 4.3-14 所示。

(11) 焊口防腐

管道焊口防腐施工在管道试压合格后进行,焊口及周边管道表面的油垢、焊渣、灰尘及铁锈必须清除干净,管道焊口除锈受施工环境复杂及操作空间小的限制,以人工使用手持打磨机为主要除锈手段。

地上管道焊口及周边根据周边环境温度、湿度在 4h 以内涂刷底漆,防止焊口二次腐蚀,焊口底漆刷漆要求同管道底漆涂刷一致。

埋地管道焊口及周边在除锈完成后,应尽快使用与 3PE 防腐相配套的 3PE 补口热收缩带进行补口防腐工作,防止焊口二次腐蚀。

1) 补口材料

3PE 防腐管的补口采用环氧底漆、辐射交联聚乙烯热收缩带(套)结构。使用热收缩带(套)厂家配套提供或指定的无溶剂环氧树脂底漆(无溶剂环氧液体涂料),干漆膜厚度不小于 $120\mu m$。管径 DN 大于 200mm 时宜采用热收缩带补口。热收缩带(套)缠绕、烘烤应密实、抚平、不留空隙，与外防腐层搭边宽度不小于 100mm。

辐射交联聚乙烯热收缩带（套）应按管径选用配套的规格，产品的基材边缘应平直，表面应平整、清洁、无气泡、裂口及分解变色。热收缩带（套）的厚度应符合《埋地钢质管道聚乙烯防腐层》GB/T 23257—2017 的规定。热收缩带的周向收缩率应不小于 15%；热收缩套的周向收缩率不小于 50%，其性能应符合《埋地钢质管道聚乙烯防腐层》GB/T 23257—2017 的规定。

对每一牌号的热伸缩带（套）及其配套环氧底漆，使用前且每年至少对热收缩带的厚度、性能指标和安装系统的性能指标的项目进行一次全面检验。使用过程中，每批（不超过 5000 个）到货后，应对热收缩带（套）的基材、胶以及底漆的性能进行复检，性能应达到规定的要求。

2）管件防腐

弯头等管件焊接前应先进行喷砂除锈并达 Sa2.5 级，并做无溶剂液体环氧底漆（干膜厚度不小于 120μm，热收缩带厂家配套无溶剂液态环氧底漆）和辐射交联聚乙烯热收缩带防腐，管件端头焊接部分暂留 100mm 宽不做防腐，待焊接完成后再按照补口要求及方法进行补口，补口前应先对焊口进行清理，环向焊缝及其附近的毛刺、焊渣、飞溅物、焊瘤等应清理干净，并进行喷砂除锈，并达 Sa2.5 级。管件防腐用热收缩带宽度应不小于 160mm，热收缩带之间搭接宽度为 50%收缩带宽度，收缩带与 3PE 外防腐层搭边宽度不小于 100mm。

（12）中间漆面漆涂刷

对已完成压力试验的管道涂刷环氧云铁中间漆 1 道，干膜厚度不小于 100μm；脂肪族聚氨酯面漆 2 道，干膜厚度不小于 80μm；干漆膜总厚度不小于 280μm。富锌涂料要求干膜锌含量≥80%，固体含量≥65%，管道表面色执行《石油化工设备管道钢结构表面色和标志规定》SH/T 3043—2014。

（13）阴极保护

利用镁合金牺牲阳极对直埋输油管道实施牺牲阳极保护，系统安装电位测试桩，可随时检测外套管对地电位。

施工工艺如下：

1）阳极床开挖。按照设计要求，在指定地点开挖阳极床，距离管道 3～5m 为宜，最近不小于 0.4m，地床大小能放下牺牲阳极即可，深度在冻土层以下，距地面 1.3m 左右。

2）牺牲阳极安装。在每处测试桩安装点设置 2 支镁合金牺牲阳极。牺牲阳极并联后通过测试桩与埋地管道相连。镁合金阳极自带电缆与另备阳极电缆间的连接采用"一"字形电缆连接头。

牺牲阳极和填料包组装时，应使阳极处于填料包的中央位置；牺牲阳极和填料包组装后，入坑后应全部浸水中 20min 以上。

对牺牲阳极组与直埋管道采用铝热焊作电性连接。在管道上破坏一定面积的防腐层，大小在 8cm×8cm 左右，使管道露出金属表面，然后去污除锈。剥掉牺牲阳极的电缆绝缘保护层露出长约 25mm 的铜芯电缆。

将金属垫片凹面朝上放入磨具，然后倒入大包铝热焊剂，最上面撒上小包引火粉，将拨好的电缆线沿着孔槽插入磨具放在焊点处，用打火枪将引火粉引燃，操作人员要配备安全装备，防止被烧伤，等磨具冷却后拿掉磨具，用铁锤检查是否焊接牢固。

将热熔胶融化铺满焊点。加热补伤片使之与管道贴合牢靠。

3）牺牲阳极埋设。镁合金阳极每组2支，阳极包埋设于管道气流方向左侧，位置距管道外壁1.5m，镁合金阳极底部与埋地管道底部持平，顶部距地面1.3m。阳极棒和阳极包如图4.3-15所示。

图4.3-15　阳极棒和阳极包

牺牲阳极的电缆长度应留有余量，防止回填的土料压断电缆，甚至焊点脱落。回填前清除沟内石块、杂物。阳极进行回填时，应充分浇水，每回填20～30cm应浇水一次，等水渗完后，继续回填夯实，使填料包达到饱和，最后恢复地貌。

阳极组回填时应用软土及细土回填压实，禁止有砖头、瓦片等杂物混入并做好记录。

4）极化探头安装。每支测试桩安装处设置1支极化探头。极化探头设置于与管道相同的土壤中，与测试桩位于管道同侧。埋深为极化探头中心与埋地管道中心标高相同。极化探头的水平里程与电位测试桩的水平里程保持一致。

极化试片引出电缆与被保护管道相连，焊点距离牺牲阳极焊点20cm左右处，焊接完毕后，进行补口防腐。自腐蚀试片引出电缆不和被保护管道相连，仅连到测试桩相应接线柱上。

极化探头埋入距离管道3cm处，采用牺牲阳极回填方法进行回填。

5）电位测试桩埋设。测试桩埋设于管道气流方向左侧约2m处，基础底距地面1.3m。

电缆通过铜接线端子与接线板的接线柱连接，铜接线端子与电缆芯连接处应压接牢固，并采用绝缘胶带密封绝缘。

接线板正面连接螺栓必须拧紧，确保电气连接良好。

电位测试桩与焊点的水平里程应保持一致。电缆与管道的焊接及防腐、密封应符合图纸要求。镁阳极与输油管铝热焊及电位测试桩埋设如图4.3-16所示。

测试电缆连接完毕后，应对测试桩钢管下部开孔处进行胶泥封堵，以防止水汽进入。

6）阴极保护系统调试。牺牲阳极保护参数投产测试，必须是在阳极埋入地下及填包料浇水10d后进行。牺牲阳极投入运行后进行阳极开路电位、阳极闭路电位、管道开路电位、管道保护电位、测试片自然电位的测试，阳极输出电流、阳极接地电阻、埋设点的土壤电阻率测试。

阴极保护有效性测试与调整完成，应编制测试与调整报告。

图 4.3-16　镁阳极与输油管铝热焊及电位测试桩埋设

（14）管道系统吹扫冲洗

管道在压力试验合格后，即可进行管道吹扫清洗。

1）管道吹扫清洗前的准备工作。不允许吹扫的设备和管道应与吹扫系统隔离。吹扫前应将与管道相连的仪表加以保护，重要的阀门、调节阀、仪表等应采取相应的保护措施。

检查管道支吊架是否牢固可靠，必要时应予以加固。

吹扫拆除的零部件及临时盲板应做好标记，妥善保管，管道吹扫合格后复位。

2）吹扫验收。验收方式可采用水冲洗或空气吹扫。吹扫应以最大流量进行，水流速不得小于 1.5m/s，空气流速不得小于 20m/s。水为清洗介质时，应以目测出、入后水色透明一致为合格。

管道吹扫的气源可利用外供的压缩空气，吹扫所使用的贮气罐的设计压力应大于吹扫压力，吹扫应间断性进行，吹扫时应以最大流量进行，空气流速不得小于 20m/s，吹扫过程中，应在排出口用白布或涂有白色油漆的靶板检查，在 5min 内，靶板上无铁锈及其他杂物为合格。吹扫合格的管道，及时对管道进行密封，并填写管道吹扫记录。管道吹扫验收如图 4.3-17 所示。

图 4.3-17　管道吹扫验收

3. 检验试验

（1）油工艺管道检查检验概述

油工艺管道检验试验内容见表 4.3-7。

表 4.3-7

序号	检验试验内容
1	对口质量检验
2	阀门试压试验
3	压力表校验
4	管道焊口探伤检验
5	管道压力试验
6	管道气密性试验
7	防腐管道电火花检漏试验

（2）对口质量检验

对口质量检验内容见表 4.3-8。

对口质量检验内容 表 4.3-8

序号	检验内容
1	对接管口时,应检查管道平直度,在距接口中心 200mm 处测量。允许偏差为 1mm,在所对接钢管的全长范围内,最大偏差值不应超过 10mm
2	钢管对口处应垫置牢固,不得在焊接过程中产生错位和变形
3	管道焊口距支架的距离应保证焊接操作的需要
4	焊口不得置于建(构)筑物等的墙壁中
5	每个管组或每根钢管安装时都应按管道的中心线和管道坡口对接管口

（3）阀门试压试验

阀门的壳体试验压力不得小于公称压力的 1.5 倍，试验时间不得小于 5min，以壳体填料无渗漏为合格；密封面试验以公称压力进行，以阀瓣密封不漏为合格。对于强度试验不合格的阀门应进行修复。试验合格的阀门，应及时排尽内部积水，关闭进出口。阀门试压如图 4.3-18 所示。

图 4.3-18　阀门试压

224

试验合格的阀门，应及时排尽内部积水并吹干。干燥后密封面上涂防锈油，关闭阀门、封闭出入口，做好标识，置于防雨棚内。

（4）压力表校验

现场施工监测管道试验压力的压力表及运营使用的压力表均需100%送往当地计量所进行校验，校验合格后方可使用。

（5）管道焊口探伤检验

焊接接头表面无损检查应符合国家现行标准《承压设备无损检测 第8部分：泄漏检测》JB/T 4730.8的规定。

管道焊接接头无损探伤形式采用X射线探伤检测。射线检测技术等级为AB级，焊缝射线检测应严格执行国家现行标准《承压设备无损检测 第8部分：泄漏检测》JB/T 4730.8的规定。射线探伤如图4.3-19所示。

图4.3-19 射线探伤

焊接接头无损检测的比例和验收标准应按检查等级确定，并不应低于表4.3-9的规定，公路发油区过车处埋地工艺管道焊接接头无损检验数量及验收标准提高一个检查等级，即按等级2检查。

管道焊接接头无损检测比例及验收标准 表4.3-9

检查等级	管道级别或材料	对接接头		角焊接头		支管连接接头	
		比例	验收标准	比例	验收标准	比例	验收标准
1	SHA1、SHB1、剧烈循环工况管道	100%	RTⅡ级或UTⅠ、MTⅠ级或PTⅠ级	100%	MTⅠ级或PTⅠ级	100%	TⅡ级或UTⅠ、MTⅠ级或PTⅠ级(a)
2	SHA2、SHB2	20%		20%	MTⅠ级或PTⅠ级	20%	TⅡ级或UTⅠ、MTⅠ级或PTⅠ级(a)
3	SHA3、SHB3	10%	RTⅢ级或UTⅡ	—		10%	MTⅠ级或PTⅠ级

注：1. 适用于等于或大于DN100的支管连接的焊缝。
    2. 对碳钢和不锈钢不进行MT或PT检查。
    3. 铬钼合金钢、双相不锈钢管道检查等级不得低于2级。
    4. 奥氏体不锈钢管道、有低温冲击试验要求的碳钢管道检查等级不得低于3级。

1）管道焊接接头检测比例应按以下规定执行：

①公称直径小于500mm时按焊接接头数量计算，抽查的焊缝受条件限制不能全部检

测时，经检验人员确认可对该条焊缝按相应检查等级规定的检测比例进行局部检测；

② 公称直径≥500mm 时应按每个焊接接头焊缝长度计算，检测长度不小于 250mm；

③ 每个管道编号的焊接接头无损检测数量应达到规定的比例要求。

2) 管道焊接接头按比例抽样检查时，检验批应按以下规定执行：

① 每批执行周期宜控制在 2 周内；

② 应以同一检测比例完成的焊接接头为计算基数确定该批的检测数量；

③ 焊接接头固定口检测不应小于检测数量的 40%，埋地套管及管涵内的焊接接头应 100%进行检测；

④ 焊接接头抽样检查应符合：

a. 应覆盖施焊的每名焊工；

b. 按比例均衡各管道编号分配检测数量；

c. 交叉焊缝部位应包括检查长度不小于 38mm 的相邻焊缝。

3) 抽样检测发现不合格焊接接头时，应按以下要求进行累进检查：

① 在一个检验批中检测出不合格焊接接头时，应对同批中该焊工焊接接头按不合格接头数加倍进行检测，加倍检测接头及返修接头评定合格，则对该批焊接接头予以验收；

② 若加倍检测接头中又检测出不合格焊接接头时，应对同批中焊接接头中该焊工焊接的全部焊接接头进行检测，并对不合格焊接接头进行返修，评定合格后可对该批焊接接头予以验收。

4) 局部检测的焊接接头发现不合格时应对该缺陷延伸部位增加检测长度，增加的长度为该焊接接头的 10%，且不小于 250mm。若仍不合格，则对该焊接接头做 100%检测。

5) 不合格焊缝应进行返修，并应按原规定的检测方法检查合格。焊缝同一部位的返修次数不得超过 3 次。

6) 无损检测完成后，应填写相应的检测报告与检测记录，进行无损检测的管道，应在单线图上标明焊缝编号、焊工代号、焊缝位置、无损检测方法、返修焊缝位置、扩探焊缝位置可溯性标识。

（6）管道压力试验

管道安装完毕，无损检测合格后，应对管道系统进行压力试验，压力试验应严格执行《石油化工有毒、可燃介质钢制管道工程施工及验收规范》SH 3501—2011 第 8 章之规定。

管道系统应采用液压试验，试验压力为设计压力的 1.5 倍。试验介质应采用工业水，试验水温不得低于 5℃，液压试验应分级缓慢升压，达到试验压力后停压 10min 且无异常现象，然后降至设计压力，停压 30min，不降压、无泄漏、无变形为合格。

试验过程中如有泄漏，不得带压修理。缺陷消除后应重新试验。

分段试压合格的管道系统，如连接两端之间的接口焊缝经过 100%射线检验合格，则可不再进行整体系统压力试验。

（7）管道气密性试验

压力试验合格后应进行管道气体泄漏性试验，试验介质宜采用空气，试验压力为管道系统设计压力，应逐级缓慢升压，当压力升至试验压力的 50%时，稳压 3min，未发现异常或泄漏，继续按试验压力的 10%逐级升压，每级稳压 3min，达到试验压力，稳压 10min 后，用涂刷中性发泡剂的方法，检查所有密封点，无泄漏为合格。应重点检查：阀门填料函、法兰或螺纹连接处、放空阀、排气阀、排水阀。试验合格后应及时缓慢泄压。

（8）防腐管道电火花检漏试验

防腐管道在防腐层施工完成后，应做电火花检漏试验，防腐层的漏点应采用在线电火花检漏仪进行连续检查，检漏电压为 25kV，无漏点为合格。单管有两个或两个以下漏点时，可按规范规定进行修补；单管有两个以上漏点或单个漏点轴向尺寸大于 300mm 时，该防腐管为不合格。

埋地防腐管下沟前，应用电火花检漏仪对管道全部进行检漏，检漏电压为 15kV。如有漏点应进行修补至合格，并填写记录。

5 项目施工经验总结及改进

5.1 设计经验总结

5.1.1 油库类项目研究方向与目的

国家储备成品油库按油罐构筑形式分为洞库、覆土库及地面库等类型。本书的重点为覆土库。

覆土式油库储罐多用于国家战略储备的油库，目前尚未形成统一的国家规范标准，考虑到工程领域规范标准数量的庞大，部分规范条文存在交叉重复或者矛盾的现象，以往的覆土式油库储罐容量通常为 3000～5000m³ 或更大。近年来为了提高工程建设的效益，油库单罐容积达到了 100000m³，随着体量规模的增大，设计计算的难点也变得更多，本节从总平面设计、建筑设计、结构设计、消防安全设计这几方面总结了油库设计的一些细节。

5.1.2 总平面设计

1. 库址的选择

国家储备成品油库项目的设计应首先从库址的选择着手，首要考虑油库建设规模、库址的安全性以及运输的便捷性三个方面，根据城乡规划、水文地质、交通运输、供水、排水、供电、通信及生活等方面的建设条件择优选址，应具备良好的地质条件，不得选择在有土崩、断层、滑坡、沼泽、流沙及泥石流的地区和地下矿藏开采后有可能塌陷的地区。

2. 油库功能分区布置

国家储备成品油库的建设内容由工艺设施、辅助作业设施、行政管理设施及警卫设施等构成，各类设施的布置设计应按储油区、作业区、行政管理区及警卫营区进行布置。各功能分区应严格按照《国家储备成品油库建设标准》建标 168—2014 的规定设计。

3. 油库间距要求

油库储罐之间的间距需要统筹协调多方面的因素，例如防火间距、消防操作距离、成本造价等，地上储罐区与覆土立式油罐相邻储罐之间的防火间距应满足以下规定：甲B、乙、丙A类油品覆土立式油罐之间的防火距离，不应小于相邻两罐室直径的 1/2，当按相邻两罐室直径的 1/2 计算超过 30m 时，可取 30m；丙B类油品覆土立式油罐之间的防火距离，不应小于相邻较大罐室直径的 0.4 倍；当丙B类油品覆土立式油罐与甲B、乙、丙A类油品覆土立式油罐相邻时，两者之间的防火间距应按照第一条执行，其他要求可详见《石油库设计规范》GB 50074—2014。油库区内储罐的埋设位置宜结合地勘报告考虑开挖的难易程度，对于开挖困难较大的罐体进行位置的微调。

5.1.3 建筑构造

1. 建筑结构

本书的重点为覆土库罐室，通常采用圆柱形直墙和钢筋混凝土球状壳体的结构形式，罐室采用密实性材料建造，确保壳体在油罐发生泄漏事故后不会泄漏；罐室球壳顶内表面与金属油罐顶的距离不小于1.2m，罐室壁与金属罐壁之间的环状走道宽度不小于0.8m；罐室顶部周边均匀设置采光通风孔，直径不大于12m的罐室，采光通风孔不少于2个，直径大于12m的罐室，采光通风孔不少于4个，采光通风孔的直径或最小边长不小于0.6m。罐室及出入通道应有防水措施。阀门操作间应设集水坑。推荐做法：沿罐室环墙根部设置内排水明沟，沟宽一般为100mm，并引至集水坑；罐室的出入通道口，应设置向外开启并满足口部紧急时刻封堵强度要求的防火密闭门，耐火极限不得低于1.5h。通道口部的设计，应有利于在紧急时刻采取封堵措施。

2. 防渗防腐

油罐混凝土罐室可采用不低于P8抗渗等级的混凝土建造，并采用铝模浇筑，提高平整性且防水性能良好，罐室底部铺设HDPE防渗膜并上翻至适宜高度，防渗膜做法可参考《石油化工工程防渗技术规范》GB/T 50934—2013。钢制油罐在与空气中水分长期接触过程中容易发生不良化学反应造成一系列化学腐蚀问题，除了涂覆防腐漆（如稀有金属纳米重防腐漆、钛合金金属纳米重防腐漆、脂肪族可覆涂聚氨酯漆及环氧沥青漆）外，还可以通过以下几点来减少腐蚀作用：控制腐蚀性介质含量、牺牲阳极阴极保护、选用优质抗静电涂料以及采用先进的检测技术。

5.1.4 结构设计

1. 基础做法

钢制油罐底部为环形混凝土基础，油罐基础从上到下的构造分别为：沥青砂绝缘垫层、砂垫层、防渗膜或不小于100mm抗渗混凝土底板、砂垫层、天然地基。

油罐罐壁下方已设置钢筋混凝土环梁，环梁上部宜高出地坪50mm左右。

油罐基础宜设检漏管，检漏管应由防渗混凝土底板或防渗膜的上表面级配砂石垫层引出罐室环形通道地面以上20~30mm，检漏管的公称直径应为50mm。检漏管应沿油罐基础环向均布设置，间距不大于25m，且每罐至少2个。

2. 结构计算

（1）罐室球壳顶

油罐罐室球壳顶荷载考虑恒荷载和活荷载作用，恒荷载包括壳顶混凝土自重（可由软件自动计算），包含防水层在内的建筑面层自重、上覆土自重；活荷载主要包括上覆土表面活荷载、油罐安装荷载、雪荷载。

球壳顶应采用钢筋混凝土现浇，球壳顶应与环墙顶混凝土圈梁连成整体，其连接区域的构造要求：

1）圈梁附近的壳板，应根据内力大小均匀逐渐加厚至不小于2倍的壳体厚度。加厚范围自圈梁内边缘算起，水平距离不宜小于壳体净跨的1/12~1/10或斜距不小于净跨的1/7.5。

2）在壳体增厚区内，至少配置 $\phi6$~$\phi10$ 且间距不大于200mm的双层双向钢筋网，且均应锚入圈梁内。

3）在壳体受压区及主拉应力小于混凝土抗拉强度的受拉区域内，可按构造要求配筋，且钢筋直径不小于 $\phi6$ 单层配筋时，钢筋最大间距不大于 250mm，双层配筋时，上下两层钢筋网应错开配置，钢筋最大间距不大于 300mm。

（2）罐室环墙

混凝土环墙上的恒荷载包括回填土压力（考虑地下水作用）、混凝土顶传下来的荷载，活荷载包括地面活荷载（根据周边是否通行车辆考虑车辆轮压）传至侧壁压力。

罐室环墙可按上、下端铰接的圆筒壳计算，径向截面按砌体中心受压构件计算，环向截面按偏心受压构件计算，纵向弯曲系数取 1.0。

（3）抗浮计算

根据地勘报告抗浮设计水位和罐室埋地深度计算整体水浮力，根据罐室自重（包含条形环状基础）计算整体压重，抗浮安全系数 K＝压重/水浮力$\geqslant1.05$，注：计算压重时可按照油罐内油空载考虑。

5.1.5 消防安全设计

1. 消防系统选择

覆土立式油罐不宜采用固定式消防系统，储存甲、乙类油品的覆土立式油罐，应设置带有泡沫枪的半固定式或移动式低倍数泡沫灭火系统，用于扑救罐室内外等部位可能发生的油品流淌或流散火灾，同时还应设置冷却水系统，对罐周围地面及油罐附件进行冷却。

储存丙 B 类油品的覆土立式油罐，可不设泡沫灭火系统，但应按《石油库设计规范》GB 50074—2014 的规定配置灭火器材。

2. 消防给水

覆土立式油罐的消防冷却水供水范围和供给强度应符合下列规定：覆土立式油罐的保护用水供给强度不应小于 0.3L/（s·m²），用水量计算长度应为最大储罐的周长。当计算用水量小于 15L/s 时，应按不小于 15L/s 计，覆土立式油罐的消防冷却水最小供给时间不应少于 4h。

储存甲 B、乙和丙 A 类油品的覆土立式油罐，应配备带泡沫枪的泡沫灭火系统，并应符合下列规定：

1）油罐直径≤20m 的覆土立式油罐，同时使用的泡沫枪数不应少于 3 支。

2）油罐直径>20m 的覆土立式油罐，同时使用的泡沫枪数不应少于 4 支。

3）每支泡沫枪的泡沫混合液流量不应小于 240L/min，连续供给时间不应小于 1h。

3. 消防水源

受地理环境制约，油库周边通常没有市政管网的稳定供水，因此消防水源宜就地取材，选用地下水、地表水、周边江河湖海以及水库内的水，宜饱和式供水，即保证水源供应的多样性以此达到供水稳定的目的，即便是在河流枯水季节也能够顺利取水，必要时可修建水坝、水渠、取水口等设施，取水设施应稳定耐用，能够自流尽量采用自流，不能自流则采用水泵和稳压泵等设施保证水流水压的稳定供应。

4. 消防水池和消防泵站

消防水池容积应能保证火灾延续期间的有效用水量，若在火灾情况下能够保证连续补水，其容积也可以减去灭火期间的补充水量。考虑到大部分覆土罐区均位于山区，可因地制宜，在罐室高处修建消防水池，保证较大的水压，不需要消防车的加压就能进行灭火作业。消防水池应设置液位检测装置，寒冷地区的消防水池还应采取抗冻措施，防止池水结冰。

对于消防车无法到达或达到着火罐、场区的时间较长以及库区给水管网内的压力在不加压的情况下不能满足低压给水压力的情况下，需设置消防泵站。

5. 消防管网和消火栓

油罐区的消防给水管道尽可能采用环状管网敷设，若采用环状管网布置确实有困难的，可采用枝状敷设；消火栓宜沿道路路边设置，与道路路边的距离宜为 2~5m；与房屋外墙的距离不应小于 5m；与储油洞库洞口和覆土罐出入通道口的距离不应小于 10m，且不应设在洞库口部可能发生流淌火灾影响消火栓使用的地方。寒冷地区的消火栓还应考虑防冻措施。

6. 消防道路

库区宜尽量设置环形消防车道，有困难的可设尽头式消防车道，但必须设回车场。消防道路应在适当位置设置会车道。道路应尽量满足消防车可以到达所有的洞口及覆土罐周围。考虑到消防作业的方便，消防道路与覆土罐的距离不宜小于 5m，与洞库口部的距离不应小于 10m。在消防道路的保护范围内，不得有妨碍消防作业的障碍物。

5.1.6 施工优化设计

考虑到油库选址通常远离城镇繁华地段，交通不便，施工取材运输、设备租赁存在较多制约，以及油库结构的特殊性，设计时宜提前考虑施工的可行性和经济性，根据已有项目经验，总结出以下设计要点：

（1）复杂地质条件下，工艺设计应尽可能优化减小工艺管道埋深，提高施工效率和节约成本。

（2）场区道路边坡护坡处理，宜因地制宜采用毛石、片石挡土墙，对于土工格栅、土钉墙以及锚杆格构梁等护坡方式，工期和成本增加较大，可以在安全的前提下尽量避免。

（3）对于高边坡的挡土墙方案，可采用排桩＋锚索这种锚拉式支挡结构（造价虽高但施工更安全），宜避免高大陡峭的挡土墙方案（造价虽低但施工风险更大）。

（4）罐壁的防裂钢筋网可以采用成品钢筋网片，有利于节约工期。

（5）罐壁外侧防水材料可避免采用防水砂浆，宜选择 JS 聚合涂料，由于防水砂浆施工周期过长，必须和结构同步施工才能保证工期，无法连续作业，相比于防水砂浆，JS 聚合涂料防水效果略差，但罐壁本身是靠结构防水，故影响较小。

5.2 施工技术经验总结及改进

5.2.1 新型组合爆破技术的运用

1. 工程背景

在大型覆土罐油库项目建设初期，油罐及道路的土石方开挖是主要及关键工序，并且不免要遇到或多或少的岩石地质地貌，必须采用爆破施工以达到开挖的条件，而开挖形成的高边坡或深基坑都属于危险性较大的分部分项工程，同时爆破产生的振动等也会给施工区周边邻近建（构）筑物的结构安全带来一定的隐患，如何选择合理的爆破技术，既能提高工效，又能保证基坑、边坡及周边环境的安全可靠，是爆破技术运用的重难点。

2. 主要技术原理

在多个大型覆土罐油库的施工中均不同程度地运用了组合爆破技术，综合各项目特点，主要采用的爆破技术为浅孔爆破、中深孔台阶爆破、预裂爆破、微差延时爆破相组合的形式。

（1）浅孔爆破

浅孔爆破主要用于道路的石方开挖和单孔岩石爆破，单次爆破量小，应控制装药量，防止飞石。

（2）中深孔台阶爆破

中深孔台阶爆破主要用于罐室基坑的中部位置，可有效减小爆破次数，并且一次性达到设计标高，避免二次清底浅孔爆破或机械凿岩清理底板，有效缩短工期，提高工效。

（3）预裂爆破

预裂爆破主要用于边坡坡率和坡面的完整性控制，预裂炮孔采用斜孔，倾斜角按边坡设计要求，以满足边坡安全。

（4）微差延时爆破

按照《爆破安全规程》GB 6722—2014 的安全允许值，利用毫秒延时微差起爆网路技术，控制爆破单响最大炸药量和延时起爆时间（5 段延时），使爆破振动值不超过附近相邻建（构）筑物的允许振动值。

3. 经验总结

通过以上爆破技术的组合运用，给覆土罐土石方工程的顺利开展带来了极大的帮助，主要表现在以下方面：

（1）实用性

针对不同岩体、不同部位、爆破施工的不同阶段采取相应灵活的爆破方式，可覆盖绝大部分工况，实用性强。

（2）安全性

1）根据经验值、计算值、实际爆破试验的测量值及实际效果确定爆破的各项技术参数，为爆破方案设计提供有效数据，能更好地控制爆破产生的各种因素，安全性大幅提高。

2）预裂爆破形成稳定光面边坡，增加结构主体施工阶段边坡的安全性。

（3）经济性

1）预裂爆破有效地控制了基坑边坡设计坡率，避免土石方超量，同时节约了临时边坡支护费用。

2）中深孔台阶爆破使基坑底部一次性到达设计标高，避免二次清底浅孔爆破或机械凿岩清理底板，提高了工效。

5.2.2 弧形铝合金模板技术的运用

1. 工程背景

覆土罐混凝土罐室结构用于保护罐室内钢储罐安全储油的外壳，罐室建成后需回填覆土而长期埋置于山体中，罐室的防水效果直接关系到钢储罐储油的耐久性，其中罐室的弧形罐壁墙是罐室结构的重要组成部分，罐壁墙体结构施工的支模质量直接影响墙体的混凝土质量，罐室数量众多，需要大量的模板及支撑材料，而罐室墙体高度均在17m左右，采用分段浇筑，而且罐室的结构统一，因此选用一种既能保证支模质量又能多次周转且损耗最低、经济实用的支模体系尤为关键。

2. 主要技术原理

在覆土罐油库项目施工中，设计一种铝合金组合模板体系并成功运用。

(1) 罐壁铝合金模板是采用纯圆弧形定位K板与矩形平直标准板组合构成近似圆的方式，并且矩形模板边框在开模加工时角度微调，使得模板之间拼缝完美。

(2) 铝合金模板本身的加固体系也经过合理设计，背楞采用纯圆弧双方钢，配合三段式止水螺杆的加固，背楞和螺杆的间距按加固体系设计要求设置。

(3) 使用铝合金模板相比传统的木模其变形量小，混凝土成型质量好，而且铝合金模板周转使用率超高（可达150次以上），损耗极低，节能环保。

3. 经验总结

通过在油库项目成功运用铝合金组合模板体系，避免了传统木模板造成的各类质量通病，提高了整体质量；模板体系拆装便捷，工效大幅提高；模板周转使用率超高，节能环保，值得大力推广。

5.2.3 穹顶胎架支撑体系技术的运用

1. 工程背景

覆土罐的穹顶结构形式一般都为钢筋混凝土球壳顶，该类型穹顶结构具有大跨度（33m）、高支模（支模高度17～23m）、球壳形变截面顶板三大特点，属于超过一定规模的危险性较大的高支模分部分项工程，而且覆土罐项目罐体数量多，因此支模体量大，如何在其支模体系安全稳固的前提下快速进行支、拆模工程是施工的关键。

2. 主要技术原理

穹顶胎架支撑体系是针对覆土罐结构特点设计的一种独特的钢结构胎架结合上部小型满堂脚手架体系，替代了传统的全满堂扣件式钢管脚手架体系。

(1) 钢支撑胎架与胎架基础和罐壁通过预埋件的连接形成一个整体的受力体系，能满足上部脚手架和穹顶的荷载要求，然后在胎架的平台上搭设局部脚手架。下部的胎架主要作用是承受荷载、传递荷载以及搭建一个空中脚手架搭设平台，上部满堂脚手架的主要作用是来完成弧形穹顶模板支撑。

(2) 设计的胎架体系为定型、标准化产品，中心立柱采用标准节现场安装法兰连接，辐射钢桁架设计构件种类仅为5种，在确保安拆方便的基础上也提高了现场容错率，如现场出现某根构件损坏，可快速代替使用，不影响施工。

3. 经验总结

该胎架支撑体系在覆土罐项目中成功运用实施，施工便捷，工效显著，创造了一定的社会效益和经济效益。

（1）施工进度方面，与传统的全满堂脚手架相比，每套支撑体系施工周期缩短 2 周左右，工期效益明显。

（2）施工安全性方面，胎架结构整体稳定性高，安装和拆除时的安全风险大幅降低，有利于施工安全管理。

（3）施工成本方面，单个罐室穹顶的胎架支撑体系投入的措施费及安拆费用较之传统全满堂脚手架更节约，若胎架体系的周转次数越高，其施工成本将随之减少。

本胎架体系已获得实用新型专利一项，省级施工工法一篇，可在各类大直径薄壁混凝土筒体穹顶混凝土浇筑用支撑体系中推广应用，特别适用于穹顶高度 20～40m 范围构筑物。

5.2.4 盘扣式支撑体系技术的运用

1. 工程背景

工程背景参见 5.2.3。

2. 主要技术原理

盘扣式支撑体系全称为"大型覆土罐薄壳穹顶新型盘扣式模板支撑体系"，利用盘扣架强度高、承载力强的特点，具有搭拆快捷、结构强度高、整体稳定性好、耗用钢材量较少等优点，有效提高工效和安全可靠性。

盘扣架体系底部 90% 均为 1.8m×1.8m 立杆间距，步距 1.5m，使得搭拆工程量大幅减少，而承载力不变；由于盘扣式脚手架为定型脚手架，且单根立杆承载能力较强，脚手架间距较大，穹顶模板体系支点较少，穹顶成弧难度较大，因此体系顶部两步进行架体转换，采用两立杆中央增加一道悬空立杆，将定型三脚架安置在悬挑立杆上，使立杆间距缩小为 0.9m×0.9m，便于穹顶成弧。

3. 经验总结

该支撑体系在某两地共计 36 个罐室穹顶得到成功运用，充分发挥了该体系的优势，工效显著，安全、质量、进度方面的效益明显。

与传统扣件式满堂脚手架对比：

（1）盘扣架在每个罐的施工中更节约成本。

（2）搭拆周期可节约 20d，大大提高了材料的周转效率。

（3）盘扣架采用热镀锌的独特工艺，使用寿命比一般扣件式脚手架要长很多，平均可以使用 10 年，损耗率极低，重复利用率高，大大节省了材料与人工，节能效果优良。

5.2.5 不规则变截面穹顶混凝土施工技术的运用

1. 工程背景

覆土罐混凝土穹顶为弧形薄壳结构，薄壳跨度达 33m 以上，支模高度在 20m 以上，薄壳厚度外边缘→中部→中心孔边缘由厚→薄→厚的趋势连续渐变，尤其在外边缘与罐壁外环梁交接段最厚（750mm），并且坡度达到 40°，因此这种大直径弧形薄壳变截面穹顶构造给混凝土浇筑成型质量的把控带来了极大挑战。

2. 主要技术原理

通过一系列试验研究，结合施工区域的地形特点，一种大型覆土罐弧形变截面穹顶混凝土浇筑工法应运而生。其主要包括以下方面的技术原理：

（1）通过设计一套施工分阶段混凝土配合比及坍落度精细控制体系，使各阶段混凝土在施工面上能稳定成型。

（2）采用两台汽车泵进行环形对称式浇筑，保证模板支撑体系整体受力均匀稳定，并缩短了浇筑的时间，提高工效，而且保证了相邻段混凝土浇筑衔接紧密，减少了施工冷缝的发生概率，提高了结构整体性，防渗效果更好。

（3）施工过程中充分考虑弧形穹顶厚度渐变的影响，为厚度变化较大的穹顶设计合理的配合比及坍落度，并合理安排浇筑顺序；采用特殊定性垫块并把垫块用扎丝牢固固定在弧形穹顶底层钢筋下部，并增加垫块的使用数量，保障了混凝土的保护层厚度，减少了露筋、裂纹等缺陷。

3. 经验总结

（1）经济效益

较传统混凝土施工方法相比节省了50%的浇筑时间，每个穹顶浇筑能节省1d的关键路线上的工期，缩短了穹顶支模的使用周期，提高了材料的周转率。

（2）社会效益

通过某地工程实践，采用大型覆土罐穹顶对称浇筑施工工法，保证了设计要求"穹顶球壳"造型的顺利成型，精确地控制了要求的整体坡度以及截面厚度，提高了施工质量，为国家建设提供了高品质的施工，为工程顺利竣工赢得了宝贵的时间，得到了外界良好的反响。

5.2.6 钢制储罐原位支胎净料技术的运用

1. 工程背景

拱顶储罐容积为300～30000m³不等，对应的罐体直径10～50m，重量2～60t。储罐拱顶内部为无中柱式的球冠形结构，拱顶上面安装6mm厚的钢板，钢板下面的径向和横向肋条不仅起着梁的支撑作用，同时也防止由于油罐内压波动而引起的钢板失稳。

拱顶施工的传统做法是单元预制吊装法，即在加工厂（场）的胎架上组装、焊接单元板和肋条，形成半成品的拱顶结构单元，将结构单元用运输胎具运至安装地点后吊装拼接成型。在施工过程中，上述预制式方法有几个固有缺点：

（1）由于采用的是"人"字形拼板方式，边角料没有充分利用。

（2）罐体尺寸过大时，结构单元的尺寸过大，运输、吊装困难。

（3）结构单元在运输、吊装过程中会产生变形，矫正难度较大。

（4）在洞库内等情况下，汽车式起重机吊装操作无法进行。

2. 主要技术原理

针对以上储罐拱顶施工中所遇到的困难，一种不同于"预制吊装法"的全新拱顶施工技术研发并得到成功应用。

本技术主要包括两大要点：一是原位支胎技术，二是互补放样技术。

（1）原位支胎技术是利用拱顶板下方设计的径向和横向肋条作为胎架的一部分，先行和胎架一起支设，然后将加工分片成型的 6mm 厚拱顶钢板直接铺在支设好的胎架上，在现场将钢板与肋条焊接固定，最后拆除底部胎架。

（2）互补放样技术的核心是一种直角梯形互补排板技术，避免了"人"字形排板法对钢板的过多切割；单元板板数与钢板宽度间的自适应调节关系使材料的使用效率进一步提高。对于大型拱顶，因为错缝需要而形成的余料可以作为拱顶肋条的原材料，从而达到整体净料效果。

3. 经验总结

通过运用该施工工法，施工工效显著，质量大幅提高。

（1）原位的成型胎架减少了预制单元的转运次数，提高工效 5%；利用拱顶肋条作为胎架的一部分节省了胎架材料 20%。

（2）互补放样技术使得余料很少或者得到充分利用，钢板损耗率 1% 以下；焊缝数量减少，便于机械化操作，提高工效 5%。

2013 年，湖北省住房和城乡建设厅专家鉴定该施工技术达到"国内领先水平"。2014年，该工法获选为湖北省建设工程施工工法。同年，相应的关键施工技术获中国施工企业协会科技创新成果二等奖，其核心技术已获国家发明专利授权。

5.2.7 钢制储罐旋转吊臂技术的运用

1. 工程背景

覆土罐室内的钢制储罐的材料吊装有以下特点：

（1）钢制储罐的材料吊装属于受限空间起吊，其吊装作业空间非常小。

（2）材料运输量大，10000m^3 的罐体重量达 110t。

（3）受限空间起吊可选的起重设备范围非常小。

传统的壁板吊装方法是在混凝土罐壁上安装三角吊架，然后在吊架上设置捯链，通过人工操作捯链吊装壁板。该方法有着明显的缺陷：

1）损伤混凝土结构：因三角吊架是通过膨胀螺栓安装于混凝土罐壁上，所以会对混凝土结构造成损伤；

2）施工效率低：捯链需要反复的安装与拆卸，一圈壁板的安装至少需要 4h 才能完成；

3）劳动强度大，安全性差：钢板全靠人工操作捯链起重，劳动强度太大，且存在较大的安全隐患。

2. 主要技术原理

利用钢结构吊装原理设计一种制式工装替代传统的三角吊架，该工装的组成有：中心旋转机构、三段可装配式吊杆、前端可调节吊臂及其 3 套可旋转滑轮。在其下部底板上设置一台卷扬机，然后通过钢丝绳与导向滑轮实现对壁板的吊装。

3. 经验总结

利用该技术实施钢板吊装拼板，相比传统方式有以下优点：

（1）更安全：将手动操作改为自动，大大地降低了劳动强度，并且排除了安全隐患；

（2）更高效：可 360°旋转，工作范围辐射整个钢储罐，只需 30min 即可完成一圈壁板的吊装作业；

（3）更方便：只需控制一台卷扬机即可实现起重吊装作业。

工期效益：该工装运用于某地三个油库项目共 61 个钢制储罐，共节省工期 1921.5h，大大提高施工效率。

经济效益：人工成本大大降低，采用传统三角吊架施工时，需要 8 人才能完成一圈壁板的安装，而采用该工装后，只需 3 人即可完成，大大节省了人工成本。

社会效益：该工装改善了施工现场环境，提高了施工效率，在实际施工中起到了非常好的效果，其不仅仅只是在钢制储罐项目中能得到很好的运用，而且还可推广于多种类型的受限空间起重吊装作业工程，比如：地下室起重吊装工程、因环境原因大型机械无法进入的工程等。

5.2.8 需改进点

1. 弧形铝合金模板技术

针对弧形铝合金模板技术的运用，模板体系中的矩形标准板可以通用于其他弧形和平面结构工程，但圆弧 K 板及圆弧方钢背楞的尺寸还不能达到通用的效果，因此在今后的铝合金模板体系设计中可考虑优化设计一种既能用于可调节弧度的纯圆弧结构又能用于平面结构的 K 板和背楞。

2. 穹顶胎架支撑体系技术

针对穹顶胎架支撑体系技术的运用，胎架支撑体系的中心立柱基础对地基承载力要求较高，因此在地质条件较为软弱的地基上运用本胎架，需要增加地基处理的成本，因此，在选用本支撑体系时，需根据地质条件设计评估地基处理费用，如果地基处理费用较高，应综合考虑施工成本，选用更加经济的方式。

5.3 管理经验总结

5.3.1 总平面布置管理经验总结

覆土罐油库的建设一般都在具有复杂地理环境的山区，而且是群体工程，各分项工程体量大、工序交叉复杂，现场协调难度大，部分工程还需要考虑不影响原有库区生产作业。作为总承包施工管理者，施工的总平面布置尤为重要。根据某地等油库工程的建设管理，总平面布置管理必须考虑以下方面：

1. 群体工程施工协调

（1）平面合理布置：进场后进行合理的平面及道路规划、土方堆场布置，及早进行运输道路的铺设，确保运输的畅通。

（2）进行合理的分区分段，分多个区同时进行作业，确保开挖及运输的顺利实施。根据土石方挖运总量及工期计算出每天需挖运的工程量，然后布置相应数量的风炮、挖机、自卸车，保证挖方量和运输量。

（3）室外作业受天气的影响较大，及时关注天气变化，土方开挖计划详细到天，详细到每个班组每天要挖的工作量，提前进行工作及劳动力、机械部署，做好年月周日各级进度计划，在雨期施工期间做好快速降水措施。

2. 各单体、专业及工序协调

（1）成立项目协调管理部，对各专业进度进行跟踪，对各施工程序进行协调；平面进行合理规划，全面履行项目管理职能。

（2）从整个施工角度合理安排施工流程，包括土石方与基础搭接，土建与工艺、工艺与机电专业的搭接，及时提供后续工程的施工作业面，保证各专业正常的施工。

（3）作业面、机械、临设、加工区、堆场等进行统一规划，确保专业交叉、平行施工能顺利展开。

（4）强化对专业技术审核和施工质量的控制，以满足设计及使用功能。定期召开专题会，及时解决各专业相互间存在的问题，加强联系与沟通，在满足使用功能的前提下，尽量提升施工质量。

3. 原有库区作业不影响生产的组织协调

部分工程属于扩建工程，在原有库区有投入使用的储罐及管道，且部分分布在现有施工区域，新旧工艺管道要对接，要求合理组织及部署，不影响库已有设施及库区生产的正常进行。

（1）平面道路设置及运输独立：道路、运输及平面布置不允许与作业处交叉，要求单独设置。对原有设施及道路采取专门的防护和隔离。

（2）人员管理：设置门禁管理系统，人员进出实行打卡制及 IC 管理，严禁在库区穿行，加强对人员的教育，提高人员自身的素质。

（3）重点工序监控：爆破作业时加强对已有储罐周边环境的监护，设置专人定点检查。

（4）要求与原有库区工艺管道对接及设备更新的，制订详细的施工方案，提前与业主沟通，做好书面交底及工序交接会签制度，现场由专人负责看守和联络。

5.3.2 资源配置管理经验总结

在总平面布置完成的前提下，根据施工分区及各分项工程量合理分配施工资源，根据生产要素，主要考虑以下方面的资源配置：

1. 模板及支撑体系的数量投入

由于覆土罐室体量大，需要投入的模板及支撑体系工程量也非常大，必须根据施工分区及工期合理地分配模板及支撑体系套数。根据经验数据，施工覆土罐室时，一套罐壁的模板必须相应配置两套穹顶的模板，以便罐壁和穹顶施工工序顺利衔接，模板顺利完成周转。

2. 施工班组投入

施工班组最好采用不少于两个班组，并制订奖惩机制，在班组工人作业水平一致的情况下，班组之间采取技术比武的方式，从施工质量、进度、安全等方面进行综合评比，成绩更优的班组进行奖励，落后的班组适当惩罚，形成良性竞争，有利于整理施工管理。

3. 商品混凝土供应管理

由于多数油库建设所在地的山区有大量的石方需要爆破开挖，而山区离附近的商品混凝土站距离较远，因此可因地制宜，和当地的商品混凝土搅拌站合作，在施工现场建设碎石场及商品混凝土搅拌站，既能满足现场混凝土施工需求，避免了混凝土运距过大导致的混凝土质量问题，又能合理利用现场的石方资源。

4. 垂直运输机械管理

根据各工程所处的山区地形及布置的施工道路，合理选用混凝土罐室结构施工的垂直运输工具。

（1）能布置塔式起重机的尽可能布置塔式起重机，一台塔式起重机至少可以供两个罐室结构施工材料运输，塔式起重机也要根据罐室施工顺序进行周转安装使用。

（2）地形复杂，不适宜布置塔式起重机的地区则选用汽车式起重机进行材料垂直运输。

5. 工程测量管理

由于山区地形复杂，覆盖面积广，尽可能地采用 GPS-RTK 综合测量技术进行施工测量，可大幅提高施工测量效率。

6. 进度管理

工程进度是受生产四要素制约的，覆土罐油库总承包工程在生产要素方面尤为重要。而进度管理首要的管理方式就是计划管理，编制合理可行的计划是工程进度管理的前提。按照总计划→年度计划→季度计划→月计划→周计划分级细化编制并进行交底。

总计划包括总进度、劳动力、机械设备、工程材料、周转材料的总计划，下级计划也和总计划同步分类编制。

抓关键施工线路，主要从土石方开挖、罐室结构主体、储罐基础、钢储罐主体、钢储罐试水五大关键节点进行控制。

根据实际施工经验数据统计，以单个罐室为分析对象，各关键分部分项工程的施工周期必须控制在表 5.3-1 所示的时间内。

施工周期控制表   表 5.3-1

序号	分部分项工程名称	施工周期（工作日）
1	土石方开挖	50
2	罐室结构主体	100（罐室基础 15、罐壁 35、穹顶结构 22、穹顶养护 28）
3	储罐基础	15
4	钢储罐主体	30
5	钢储罐试水	10

5.3.3 质量管理经验总结

1. 土石方开挖质量管理

为保障土石方开挖质量，严格遵循下述五个步骤：

（1）测量放线。

1）确定基坑开挖底边线。

2）确定边坡开挖线位置。

3）开挖前用 GPS 定位仪布设测量控制点。

4）罐室基础施工时预留沉降量。

（2）表层危岩、植被清理。

（3）土石方开挖。

根据现场实际情况，合理安排劳动机械，从上往下分层挖运土石方。开挖深度按 8～15m 为一阶，放阶处退台马道宽度不小于 2m。

边坡开挖时应随时观察边坡岩土性质，如发现异常土质时应停止开挖，并及时通知监理和设计单位，待确定处理方案后再继续施工。

（4）施工通道的留设。

土方开挖施工至基坑内部时，优先开挖出施工通道供施工人员及施工机械进出。

（5）基坑施工安全技术措施。

1）对于上方山体的危岩和滚石在开挖前进行清运，对于大的危岩体进行爆破后清理。开挖边坡经实际测量满足方案要求。

2）土方开挖及边坡修理时，对局部不稳定块体应予清除或进行加固。

3）由于罐体施工时间较长，边坡长期暴露，为保证基坑内施工的安全，应制订边坡监测专项方案，定期对边坡进行监测，尤其是暴雨季节，要加强监测，保证对边坡实时监控。

4）土方挖填或边坡使用中，应对堆土或材料堆放、车辆行走到边坡的安全距离和荷载进行控制，防止附加变形引起边坡破坏。

5）基坑开挖完成后，在基坑周边设置警戒带，用钢管和钢丝绳网做 1.2m 高护栏，距离基坑边不小于 2m。

6）边坡排水系统：沿坡顶基坑边线外 5m 按施工图修筑截水沟，或做 300mm 厚 800mm 高钢筋混凝土挡墙，避免雨水流入基坑内；坡脚和水平台阶处设 500mm×500mm 排水沟。截水沟与边坡边缘抹水泥砂浆护面。

7）为防止土质边坡被雨水侵蚀，沿放阶坡面覆盖防水雨布，再加盖一层土工网，防止被大风刮起。防水雨布铺设沿顺流方向在放阶处搭接。

2. 罐室结构质量管理

认真按照施工程序施工，做到图纸有会审、施工有方案、技术有交底、施工有记录、工序有交接、隐蔽有共检验收、竣工有评定，交工资料整理齐全。各种材料进场必须按规范进行现场抽检，抽检合格后方可使用，抽检不合格的材料必须退出施工现场，严禁使用在工程中。各道工序完成后由施工单位进行自检，自检合格后，通知有关单位进行检查，检查合格后可进行下道工序施工。各种测量仪器必须在检定合格的有效期内使用，严禁使用未经检定合格的仪器。认真做好"三检一评"制度，加强工序管理和材料取样管理，及时报验，发现质量问题及时上报监理、业主和项目部，制订整改方案，严格整改并连续监督检查直至业主满意。

按 ISO9002 建立质量体系。由工程技术负责人负责本工程施工质量的监督检查和管理工作，各班组明确质量兼职检查员，做好质量管理工作，形成自上而下的现场质量监督检查网。切实加强工程质量"三期管理"（即施工准备管理、施工过程质量管理、竣工期质量管理）。

3. 钢制储罐质量管理

以某地工程为例，首先对施工工序质量控制点的设置，根据重要程度的不同，划分四个等级：

（1）A1级：对投料试车及生产运行有重大影响的重要质量控制点。该控制点的工程质量需经业主、设计方、监理方、施工承包方四方确认。

（2）A2级：为重要质量控制点，是确保工程质量的关键。该控制点的工程质量需经业主、监理方、施工承包方三方确认。

（3）B级：较为重要的质量控制点，该控制点的工程质量需经监理方、施工承包方双方确认。

（4）C级：一般质量控控制点，由施工单位的质量检查部门进行检查，各相关质量管理部门抽查。

（5）所有质量控制点必须经施工承/分包商自检合格后，才能向相关单位和部门报验。

同时，根据待控制内容匹配相应质量控制点：

（1）各参建单位应根据相关施工规范和规定的要求，结合所承担的工程项目，制订相应控制内容。A1、A2、B级控制点的质量控制内容需经监理方及项目部审查同意及备案。

（2）对C级控制点，要求承包商根据设计文件及相关施工规范，结合所承担的工程项目制订相应工序质量控制点和控制内容，并报监理工程师审批；控制点主要分为储罐组装控制点、储罐焊接控制点、附件安装控制点，在控制点施工过程要严格执行《立式圆筒形钢制焊接储罐施工规范》GB 50128—2014。

5.3.4 安全管理经验总结

1. 土石方开挖安全管理

（1）多台机械同时开挖时，挖掘机间距应大于10m。在挖掘机工作范围内，不准进行其他作业。

（2）土石方开挖应由上往下、分层分段开挖，严禁先挖坡脚或逆坡挖土。

（3）严格按要求坡比放坡，随时注意观察土壁变化，发现裂缝和部分坍塌现象，应及时进行加固或加大放坡。

（4）施工中在基坑周边应设排水沟，防止地面水流入或渗入坑内，以免边坡塌方。

（5）基坑周边严禁超堆荷载。重物距土坡安全距离：汽车不小于5m，土方堆放不小于2m，堆土高不超过1.5m。

（6）照明：夜间施工时，应合理安排施工地点，防止挖方超挖，场地内应根据需要安设照明设施，在危险地段应设置明显标识及防护措施。

（7）开挖至基底设计标高后，应及时封闭并进行基础施工。

（8）对边坡和岩壁进行不间断的变形监测，委托专业单位进行。随时反馈岩壁的变化情况，给施工决策提供科学依据。由专业单位另行编制监测方案。

2. 罐室结构安全管理

（1）罐室结构施工临时架搭设完毕，须经安全员检查验收后方可使用，垂直运输机具要严格限制起吊重量。吊笼、滑车、刹车、绳索等用前要仔细检查。垂直运输机械的上升下降要有统一、明确、可靠联络信号，在起吊时，吊件转动范围内的下方不得站人。

（2）操作层的脚手架必须满铺跳板，严禁搭设探头板。

（3）砌体中的落地及碎砌块应及时清理成堆，装车或装袋运输，严禁从楼上或架子上抛下。

（4）砌块运输、装卸过程中，严禁抛掷和倾倒，进场后按规格、品种分别堆放整齐。堆放高度：蒸压加气混凝土砌块和烧结普通砖不得超过 2m。加气混凝土砌块开始砌筑时，其产品龄期应超过 28d。

（5）墙身砌体高度超过 1.2m 以上时，应搭设脚手架，脚手架上堆料量不得超过规定荷载，堆砖高度不得超过 3 皮侧砖，同块脚手板上的操作人员不应超过 2 人。

（6）正常施工条件下，每日砌筑高度宜控制在 1.5m 或一步脚手架高度内。

3. 钢制储罐安全管理

（1）油罐金属部分应可靠接地，仔细检查一次、二次电源线是否有破损情况，一次进线与罐体金属接触的部位应用橡胶板隔离。

（2）混凝土罐室入口设置送气轴流风机，钢储罐顶必须配置排风轴流风机，风机每小时排风量以 5 倍封闭容积为宜。

（3）在基础圈梁底部设置施工、检查人员进出钢储罐的通道，兼作应急通道和送排气通道。

（4）钢板或单元板运输的胎具应有防止构件滑动的措施。

（5）拱顶踏步可提前安装，以方便在拱顶上的操作施工。拱顶栏杆安装前，拱顶上部应按要求设置安全钢丝绳。

（6）每带壁板提升时应统一指挥、各负其责、分工明确、步调一致，随时观察高度标记，提升高度应一致，避免摆动。若发生倾斜时，应暂时停止提升，及时调整罐体高度。

（7）罐内应采用安全电压照明（采用 LED 灯，管制线路 220V）。

（8）设置钢储罐施工安全通道：利用罐基础的后浇带，在环梁的下面预留 1 个高×宽×长为 0.8m×0.8m×0.4m 的通道，同时也作为钢储罐内紧急情况的疏散通道。在罐体焊接施工完成后，先对通道进行回填、密实，然后进行沥青砂的夯实，最后将罐底板按照相关规范进行焊接、真空试验，封闭通道。

采用预留进出通道的方法，避免了高空攀爬的危险性。经实际现场演练，13 人共需 65s 可全部出罐，平均每人用时 3~5s，随身的设备和消耗材料都可通过通道轻松进出，安全有保障，省时省力，大大提高工效。